石油和化工行业"十四五"规划教材

化学实验室安全

王亚珍　吴爱斌　方红明　主编

化学工业出版社

·北京·

内 容 简 介

　　《化学实验室安全》依据高校对化学实验室安全教育的需求，从树立实验室安全意识和安全理念开始，依次介绍了化学实验室相关的安全问题。全书共分为9章，系统介绍了化学实验室的基本安全知识，包括化学实验室安全概述、化学实验室消防安全与应急设备、化学实验室安全用电常识、化学实验室仪器设备安全使用方法及操作规程；危险化学品的基本知识，如化学品的分类及标志、化学品的危害与预防控制、化学品的管理与应急处理、压力容器等，书中还对近十年来发生在化学实验室的常见事故案例进行了分析，并提出了应急处理预案。每章节后均附有参考文献和一定数量的思考题，同时在文末附有3套实验室安全准入考试模拟题，题型主要包括单选题、多选题、判断题，与安全准入考试系统和网络在线课程平台考试题型一致，便于学生复习使用。

　　本书可作为高等院校化学化工相关专业师生的教材，也可供化工企业员工、科研工作者和化学实验室工作人员参考。

图书在版编目（CIP）数据

化学实验室安全 / 王亚珍，吴爱斌，方红明主编.
北京 ： 化学工业出版社，2025. 9. -- （石油和化工行业
"十四五"规划教材）. -- ISBN 978-7-122-48194-8

Ⅰ. O6-37

中国国家版本馆 CIP 数据核字第 2025PS9690 号

责任编辑：李　琰　宋林青　　　　　　　文字编辑：孙云艳　刘　璐
责任校对：李雨函　　　　　　　　　　　装帧设计：关　飞

出版发行：化学工业出版社（北京市东城区青年湖南街 13 号　邮政编码 100011）
印　　装：北京云浩印刷有限责任公司
787mm×1092mm　1/16　印张 13¼　字数 326 千字　2025 年 9 月北京第 1 版第 1 次印刷

购书咨询：010-64518888　　　　　　　　售后服务：010-64518899
网　　址：http://www.cip.com.cn
凡购买本书，如有缺损质量问题，本社销售中心负责调换。

定　　价：35.00 元　　　　　　　　　　　　　　版权所有　违者必究

《化学实验室安全》编写人员名单

主　编

王亚珍　江汉大学

吴爱斌　长江大学

方红明　武汉科技大学

副主编

鲁　珍　江汉大学

余卫星　江汉大学

编写人员

王亚珍　江汉大学

吴爱斌　长江大学

方红明　武汉科技大学

鲁　珍　江汉大学

余卫星　江汉大学

陈　芳　江汉大学

谭　芳　江汉大学

方　文　江汉大学

李海峰　江汉大学

前言

化学研究活动的开展离不开化学实验室，化学实验室是教师、学生开展实验教学和科学研究的重要场地，是培养学生实验技能、知识创新和科技创新的必备场所。因化学实验室经常涉及高温操作、高压操作、危险化学品、气瓶等危险因素，在化学实验室中任何一个不经意的动作或者小小的疏忽，都有可能存在安全隐患，如果没有受过必要的安全教育，很容易因缺乏安全意识和安全知识导致意外发生，甚至造成人身伤害，可以说，确保实验安全进行是实验人员应尽的责任和义务。

"生态文明建设是关系中华民族永续发展的根本大计。"近年来，随着国家对生态环境保护的日益重视，国家和地方政府关于生态环境保护方面的法律法规不断修订和完善，与危险化学品相关的一些法规、条例、国家标准、行业标准等也在不断修订和更新，所以很有必要更新已有的化学实验室安全知识。随着实验室开放程度不断提高，高校化学实验室火灾、中毒、伤亡、化学品泄漏等安全事故时有发生，产生了诸多不良的社会影响，一旦酿成大的事故，社会影响极大！学会化学实验室安全知识是保障师生生命、财产安全和学校正常教学、科研秩序的重要前提，也是创建平安和谐校园的重要组成部分。因此出版一本与时代同向同行的化学实验室安全知识教程，对于高校教师、学生、实验技术人员、实验室管理人员等确有必要。

针对地方高等院校化学实验室的常见安全隐患，组织了一批长期在实验室一线工作、有丰富的实验室安全和管理经验的教师，通过查阅最新的国际和国内有关的法律法规、标准、规范和建议书等，结合江汉大学、长江大学、武汉科技大学三所湖北省属高校化学实验室的特点及编者多年积累的实际工作经验编写而成《化学实验室安全》。本书集化学实验室专业理论知识与实际安全操作于一体，引导学生科学、规范地进行实验操作，避免实验室安全事故的发生，确保高校实验教学、科研工作顺利开展，最大限度地降低安全风险，更好地为人才培养服务。本书编写组成员有王亚珍、吴爱斌、方红明、鲁珍、余卫星、陈芳、谭芳、方文、李海峰等，其中王亚珍、吴爱斌和方红明担任主编，鲁珍和余卫星任副主编。余卫星负责编写第 1 章；吴爱斌负责编写第 2、3 章；王亚珍负责编写第 4、5 章；鲁珍、陈芳负责编写第 6 章；谭芳、方文负责编写第 7 章；方红明负责编写第 8 章部分内容和第 9 章；李海峰负责编写第 8 章部分内容和附录。王亚珍负责主持并组织全书的编写、审阅工作，鲁珍负责全书的统稿、校对。

本书的编写得到了中国化工教育协会，化学工业出版社，江汉大学教务处、设备与实验室管理处、光电材料与技术学院，长江大学和武汉科技大学以及北京微瑞集智科技有限公司和南京市杰畅教育科技有限公司的大力支持，在此表示衷心感谢。编写过程中，参考了大量的文献资料，包括书籍、标准和应急处理部门事故调查报告等，在此对原作者表示衷心的感谢。

在编写此教材时，我们均引用最新的法律法规、国家标准等，但由于编写水平所限，书中存在不妥或疏漏之处在所难免，敬请各位专家和读者批评指正。

编者

2024年12月5日

目录

第4章　化学品的分类及标志　/037

第5章　化学品的危害与预防控制　/073

第6章　化学品的管理与应急处理　/095

第7章 化学实验室仪器设备安全使用方法及操作规程 / 110

第8章 压力容器 / 140

第9章 化学实验室常见事故与案例分析 / 170

第1章
化学实验室安全概述

化学实验室安全概述

1.1 化学实验室的安全问题与影响因素

1.1.1 化学实验室的安全问题

高校实验室尤其是化学实验室近年来发生了一系列安全事故,造成了人员伤亡和重大财产损失,据不完全统计,从 2001 年至 2020 年的 20 年间,媒体公开报道的全国高校实验室安全事故就有 113 起,造成 99 人次伤亡,其中最典型的就是 2018 年 12 月 26 日北京某大学市政与环境工程实验室爆炸起火造成人员伤亡的重大安全事故。2021 年、2022 年高校实验室又连续发生多起安全事故,其中 2021 年 10 月 24 日南京某大学材料科学与技术学院材料实验室发生的爆燃事故影响最大,属多人伤亡的重大事故。

高校化学实验室频频发生安全事故,与化学实验室本身的特点有很大关系。化学实验室是进行化学教学实验、科研实验、分析检测等活动的重要场所,涉及的仪器设备台套数多、危险源品种多,实验过程经常用到各种化学药品、生物制剂和仪器设备,还会遇到高温、低温、高压、真空、高电压、高频或带有辐射源的实验环境,以及水、电、气等,存在着一定的安全风险;而且近二十年也是我国高等教育飞速发展、办学规模扩大时期,实验室数量与承担的科研任务大幅增多,科学试验过程不确定性高、难以预测、可控措施相对复杂;同时高校实验室人员出入多、流动性大,如果安全教育不到位、缺乏安全管理与防护,发生安全事故的概率就会非常大。有专家甚至认为:学校实验室出事故的概率是化工厂的 100 倍。

保障实验工作安全有序开展,防范实验室安全事故发生,需要研究了解影响实验室安全的因素,有针对性地采取管控措施。

1.1.2 影响化学实验室安全的因素

安全生产与安全管理领域有一个很重要的法则就是海因里希法则(Heinrich rule),又称

"海因里希安全法则""海因里希事故法则""海因法则",是美国著名安全工程师海因里希（Herbert William Heinrich）提出的 300：29：1 法则，如图 1-1。

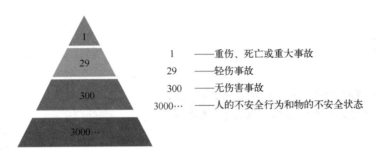

图 1-1　海因里希法则

这个法则是 1941 年海因里希从统计许多灾害中得出的。当时，海因里希统计了 55 万件机械事故，其中死亡、重伤事故 1666 件，轻伤事故 48334 件，其余则为无伤害事故。从而得出一个重要结论，即在机械事故中，死亡或重伤、轻伤或故障以及无伤害事故的比例为 1：29：300，国际上把这一法则叫作事故法则。这个法则说明，在机械生产过程中，每发生 330 起意外事件，有 300 件未产生人员伤害，29 件造成人员轻伤，1 件导致人员重伤或死亡。并且在这些事故统计的背后，还存在着 3000 个人的不安全行为和物的不安全状态。海因里希法则阐明了任何一起事故都是有原因、有征兆的，同时说明安全生产和实验是可以控制的，安全事故大都是可以避免的。

对于不同的生产过程、不同类型的事故，上述比例关系不一定完全相同，但这个统计规律说明了在进行同一项活动中，无数次意外事件必然导致重大伤亡事故的发生。要防止重大事故的发生，必须减少和消除无伤害事故，要重视事故苗头和未遂事故背后的安全隐患并加强防控，否则终会酿成大祸。

现代安全管理理念的事故致因理论中，实验室安全事故的构成因素由人的不安全行为、物的不安全状态、环境的不安全条件以及管理缺陷组成（如图 1-2 所示），其中人、物、环境的因素是造成事故的直接原因，管理因素是事故发生的本质原因，对人和物的控制以及对环境的改善，本质上都依赖于管理工作的有效实施。

化学实验室潜在的危险来源或安全影响因素较多，比如环境因素主要有实验空间拥挤，疏散通道不畅，水电消防隐患，实验空间的温度、湿度及气体浓度等；物的因素有易燃、易爆、有毒、有害、有腐蚀性的危险化学品，高温、低温、高压、高负荷及长时间运转的设备等；人的因素有负荷超限（体力、听力、视力及其他负荷超限）、健康状况异常、心理异常、辨识感知功能缺陷、违反标准操作规程（SOP）、操作失误等不安全行为；管理因素有组织机构不健全，管理制度不完善，责任未落实，培训制度不完善，安全建设投入不足，事故应急和响应存在管理漏洞等。

要从上述影响因素着手，通过安全管理、安全措施去预防事故的发生、保障实验室工作的安全运行。

图 1-2　实验室安全事故影响因素

1.1.3 化学实验室的安全管理与安全教育

实验室安全管理是指为了实现实验室安全目标而进行的有决策、计划、组织和控制的活动,运用现代安全管理的原理、方法和手段,分析和研究实验室各种不安全因素,从组织上、思想上和技术上采取有力的措施,解决和消除实验室中的各种不安全因素,以防实验室安全事故的发生。

在实验室安全管理方面,高校已建立了一套完整、完善的实验室安全管理体系和安全保障体系,化学实验室的安全管理是这个体系中一个很重要的板块,既遵循实验室安全管理总体的原则、要求,也因学科、专业特点有着自身的特点与举措。

具体到每间化学实验室,也需有实验室内部安全管理条例、设备仪器操作规程,化学品或管制品暂存柜、领用记录,危废存储区及记录,安全培训记录,日常管理和检查记录等。

实验室安全教育是实验室安全管理的重要组成部分,主要通过各种教育教学手段,提高实验者的安全意识及安全素质,使之掌握必要的安全知识和技能,减少和消除安全隐患及事故。其内容包括实验室安全文化与管理、实验室安全基本知识、实验室安全技术培训与实践、环保教育四大方面。

提高安全防范意识,了解化学实验室的危险源、学习安全知识、掌握安全操作规程,知晓安全措施对于每一个进入化学实验室的人员来说都是必须完成的事项。

1.2 化学实验室的危险源、安全标识与安全常识

1.2.1 化学实验室的危险源

化学实验室的危险源是指可能导致人身伤害或危害健康的根源、状态和行为,或其组合,危险源可以是物质、设备装置、实验或工艺过程、工作环境与个人行为等,危险源本身是危险和有害因素产生的根源。它会在一定的诱发因素作用下转化成事故,可以将其归类为媒介物质、环境条件和行为操作三个方面。

(1)媒介物质

媒介物质危险源主要包括理化危险化学品,主要指易燃、易爆、状态不稳定的化学品,压缩气体、液化气体、氧化剂、催化剂、有机过氧化物,有毒品,放射性物品,腐蚀品,以及引起麻醉、窒息、过敏、腐蚀、致病、影响健康的化学品。按照国家标准,危险化学品分成了 9 类 21 项,部分图标见图 1-3。

化学实验室中有许多试剂是易燃、易爆和有毒危险化学品,如果管理不善或使用不当,易造成燃烧或爆炸和中毒事故,为了辨识与安全管理化学试剂,按化学品的分类与标签规范,盛放化学药品的外包装、试剂瓶表面都要求贴上标签,如图 1-4 中的苯酚标签,会标出有毒品、腐蚀品这种专门的危险、警示标志及安全措施等。

图 1-3　危险化学品分类

图 1-4　苯酚试剂瓶标签

还可以通过阅读化学品安全技术说明书（material safety data sheet，MSDS）（图 1-5）了解化学试剂的理化性质、稳定性、反应特性及危险性描述，以及发生事故后的处理方法，MSDS是关于化学品燃爆、毒性和环境危害，以及安全使用、泄漏应急处置、主要理化参数、法律法规等方面信息的综合性文件，相关课程会详细讲解，这里就不赘述。

（2）环境条件

环境条件危险源包括高压、低压、电流、不平的表面、尖锐物品、粉尘、高温、低温、蒸气、噪声、缺氧、电磁辐射（电磁辐射类；电离辐射有 X 射线、α 射线、β 射线、γ 射线，还有质子、中子、高能电子束等；非电离辐射有紫外光、激光、射频、超高电场）、激光、高转速、特种设备等，这些都可能导致事故的发生。比较典型的例子是物理爆炸，物质的物理变化（如温度、压力、体积的变化）会引起爆炸，例如容器内液体过热气化而引起的爆炸、压缩气体或液化气体超压引起的爆炸等都属于物理爆炸。

图 1-5　化学试剂 MSDS 信息事项

为了预防显性直接危险源事故的发生，实验人员应该在每次实验前进行自查，负责安全的职能部门须进行定期检查和专项抽查，还可以通过规范操作、制定标准、加强监管等措施消除安全隐患。在被保护对象和显性直接危险源之间设置隔离系统，建立隔离系统的检测、修复和报警系统。该系统在隔离效果降低时，能适时报警，并修复隔离系统、检测和修复系统中的自动控制器具，确保具有良好的灵敏度和可靠性。

（3）行为操作

行为操作危险源主要包括生成次级产品及化学混合物、使用电力设备不当、长期使用烘箱、交叉重复使用吸液管、处理化学废品、运输危险化学品、操作玻璃仪器或者其他尖锐物品、加热化学品、萃取、离心过滤、不按操作规范操作等。此外，实验产生的废液、废弃物不能有效回收和恰当处置则可能污染大气、土壤、地下水等，随意倾倒废液或者乱扔废弃物不仅会污染环境，而且可能给自身造成伤害。

做实验时应具有高度的安全意识，不能由于人为原因增加风险源，出入实验室须严格遵守门禁规定，不乱串实验室，遵守实验室日常管理规定，不得在实验室内饮食及进行娱乐活动，不得使用明火，不得在实验室内留宿，实验开始前须制订实验方案，实验过程中遵守操作规程、不得擅自离岗等。还有一些实验室涉及人的不安全行为的管理规定与条例将在 1.2.3 化学实验室中的安全常识中进一步介绍。

1.2.2　化学实验室的安全标识

安全标识是实验室中用来表达特定安全信息的标识，是提醒我们注意存在的危险或提出的安全要求与指令，由图形符号、安全色、几何形状（边框）或文字构成。

颜色：安全标识分为黄色警告标识、红色禁止标识、蓝色指令标识和绿色提示标识这几种类型（图 1-6）。安全标识设置有一定的顺序要求，应按照警告、禁止、指令、提示类型的顺序，颜色顺序依次为黄色、红色、蓝色、绿色，以先左后右、先上后下的顺序排列。

形状：安全标识分为等边三角形的警告标识、圆形边框带斜杠的禁止标识、圆形边框的指令标识和正方形边框的提示标识，分别对应上面的黄、红、蓝、绿四色（图 1-7）。黄色警告标识用来提醒大家对周围环境引起注意，避免可能发生的危险。红色禁止标识用来表达禁止的不安全行为，引起注意，以避免可能发生的危险。蓝色指令标识表示必须，强制要求按照标识进行。绿色提示标识用于提示操作方法、步骤、指令操作和注意事项。

图 1-6　不同颜色实验室安全标识

图 1-7　不同形状实验室安全标识

也存在特殊情况：消防设施标志使用红色是为了更加醒目，而非禁止（图 1-8）。

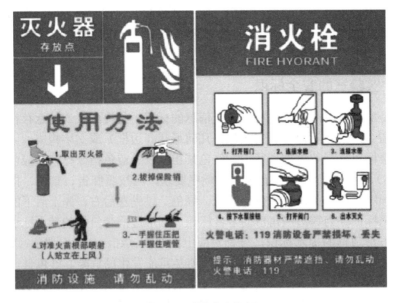

图 1-8　消防安全标识

安全标识一般来说都是与实验室设备、实验项目相匹配的，除常规的禁止烟火、禁止饮食、当心安全、当心火灾等一些通用标识外，各个实验室还会根据化学品的特性张贴禁止用水灭火、当心辐射、当心中毒等标识，还有一些是属于危险化学品的分类标识，如爆炸品、易燃气体、有毒气体等标识，实验室还会有消防标识、绿色提醒标识、危废物收集存放区标识等。进入实验室要认真观察、辨识清楚，并按标识要求操作。

实验室安全信息牌与消防疏散标志也是重要的安全标识（图1-9），如每间实验室进门一侧都会有实验室安全信息牌，列举该间实验室的安全信息，如危险类别、防护措施和重要提示信息，以及安全责任人和联系方式等。

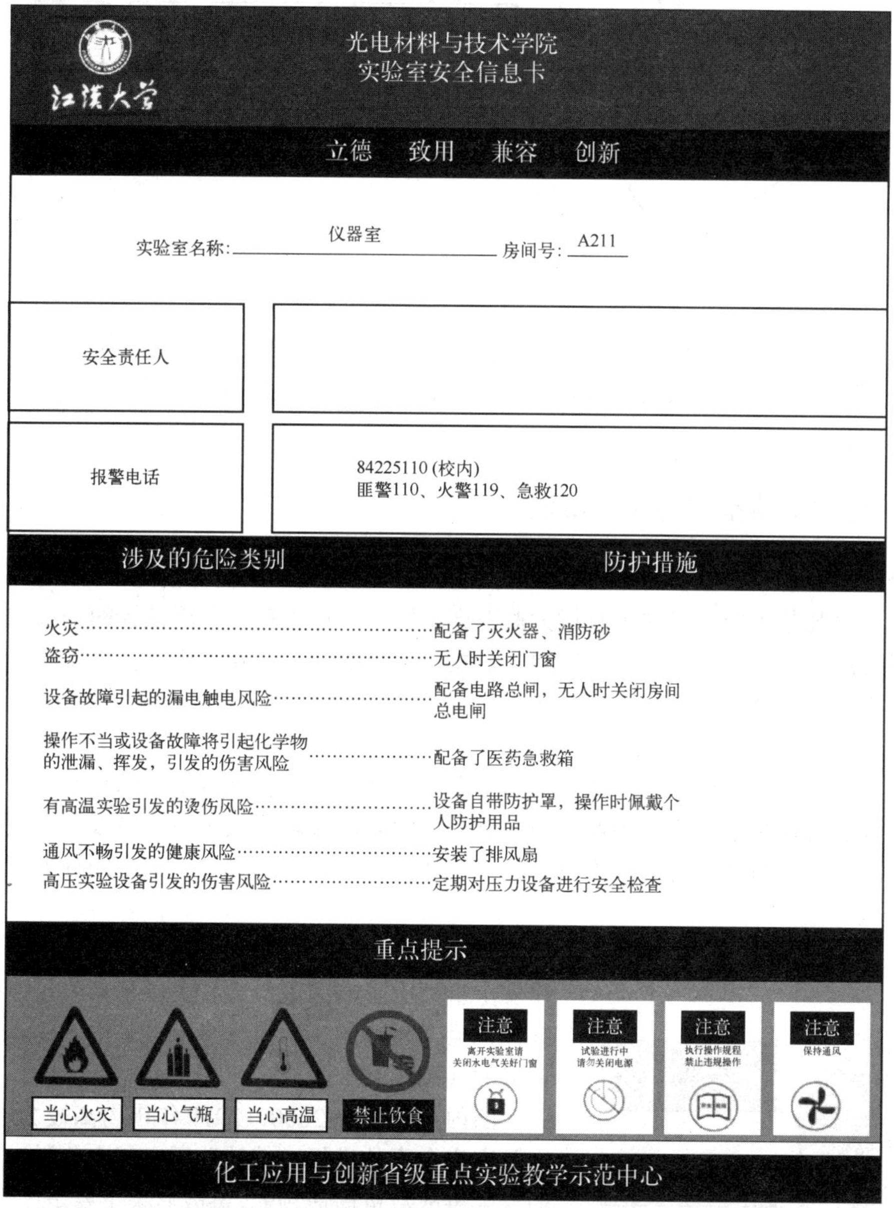

江汉大学

光电材料与技术学院
实验室安全信息卡

立德　致用　兼容　创新

实验室名称：＿＿＿仪器室＿＿＿　房间号：＿A211＿

安全责任人	
报警电话	84225110 (校内) 匪警110、火警119、急救120

涉及的危险类别	防护措施
火灾	配备了灭火器、消防砂
盗窃	无人时关闭门窗
设备故障引起的漏电触电风险	配备电路总闸，无人时关闭房间总电闸
操作不当或设备故障将引起化学物的泄漏、挥发，引发的伤害风险	配备了医药急救箱
有高温实验引发的烫伤风险	设备自带防护罩，操作时佩戴个人防护用品
通风不畅引发的健康风险	安装了排风扇
高压实验设备引发的伤害风险	定期对压力设备进行安全检查

重点提示

当心火灾　当心气瓶　当心高温　禁止饮食

注意 离开实验室请关闭水电气关好门窗
注意 试验进行中请勿关闭电源
注意 执行操作规程禁止违规操作
注意 保持通风

化工应用与创新省级重点实验教学示范中心

图 1-9

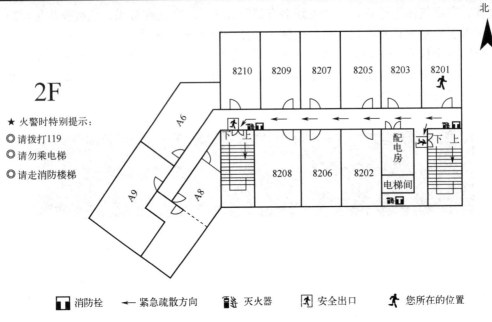

消防疏散示意图

2F

★火警时特别提示：
◎ 请拨打119
◎ 请勿乘电梯
◎ 请走消防楼梯

🔲 消防栓　←紧急疏散方向　🧯 灭火器　🏃 安全出口　🏃 您所在的位置

图 1-9　实验室安全信息牌与楼层消防疏散图

1.2.3　化学实验室中的安全常识

安全管理中有一个被称为 20 世纪西方文化三大发现之一的著名理论，就是墨菲定律，其根本内容是"凡是可能出错的事有很大概率会出错"，这也符合数理统计的一条重要统计规律：假设某意外事件在一次实验（活动）中发生的概率为 $p(p>0)$，则在 n 次实验（活动）中至少有一次发生的概率为 $P(n)=1-(1-p)_n$。由此可见，当实验次数 n 趋向于无穷时，$P(n)$ 会越来越趋近于 1，即成为必然事件。

墨菲定律是一种心理效应，揭示负面心理暗示会对人产生不良影响的心态和行为。在安全生产、经营管理和社会生活中经常用来进行风险防范管理。安全生产中很多事故的发生就是因为嫌麻烦、省事、赶时间或不以为然、麻痹大意的思想选择了不安全的行为方式而导致事故的发生。

对安全生产事故与高校实验室安全事故进行调查统计、归因分析，其中人的不安全行为在安全事故中影响因素最大，美国杜邦公司专门进行了统计，至少 86% 的实验室安全事故是由人的不安全行为造成的（图 1-10）。

国内有专家对 2000～2019 年国内高校 20 年间各类实验室安全事故进行过统计分析，其中化学实验室发生的安全事故数量遥遥领先，事故后果主要是爆炸与起火，造成事故的最常见原因是违反操作流程。

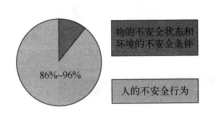

物的不安全状态和环境的不安全条件

86%~96%

人的不安全行为

图 1-10　安全影响因素比例

实验室常见一些不安全行为，如实验中不按要求穿戴防护用具、称取药品嫌麻烦不戴手套、通过嗅闻方式鉴别化学药品的成分、配制有毒有害试剂时不穿戴防护用品、未将通风橱安全玻璃拉下、在实验室随意嬉闹、将食品和饮料随意带进实验室等。这些不安全行为就是一个个安全隐患和安全事故的诱因。

预防实验室安全事故首先要杜绝人的不安全行为，可通过实验室安全准入培训学习与考试，让人们知晓、了解、掌握实验室安全常识、安全操作规范、安全管理规定及注意事项等，同时在实验中严格执行相关安全管理规定及操作规程，并加强安全检查去指导、督促执行。

下面是实验室中要遵守的一些基本安全规范，许多安全规范背后都有着惨痛教训的案例。

① 不得在实验室饮食及储存食物等个人生活物品；不得做与实验、研究无关的事情。

② 实验室区域禁止吸烟（包括室内、走廊、电梯间等）。

③ 未经实验室管理部门允许，不得将外人带进实验室。

④ 熟悉紧急情况下的逃离路线和紧急应对措施，清楚急救箱、灭火器材、紧急洗眼装置和冲淋器的位置。牢记电话 119/120/110。

⑤ 保持实验室门和走道畅通，最小化存放实验室的试剂数量，未经允许严禁储存剧毒药品。

⑥ 离开实验室前须洗手，不可穿实验服及戴手套进入餐厅、图书馆、会议室、办公室等公共场所。

⑦ 保持实验室干净整洁，实验结束后实验用具、器皿等应及时洗净、烘干、入柜，室内和台面均不可堆积大量物品，每天至少清理一次实验台。

2021 年 7 月 27 日，某大学药学院实验室，一博士生在用水冲洗此前毕业生遗留在烧瓶内的未知白色固体时，烧瓶发生炸裂，玻璃碎片刺穿该生手臂动脉血管，后送往医院救治，无生命危险。此类隐患在实验室较为常见，很多人实验结束后不及时清理、洗涤实验用具、器皿，遗留物对其他人来说是未知的，稍有不慎就会发生事故，特别是材料类实验室，性质活跃、不稳定的物质多，尤其是遇水发生剧烈反应的物质，所以为了自身、他人的安全，要遵守实验室的安全操作规范。

⑧ 实验工作中碰到疑问及时请教该实验室或仪器设备责任人，不得盲目操作。

2021 年 3 月 31 日，某研究所实验室发生安全事故，一名研究生当场死亡。事故的原因是反应釜高温高压爆炸，有分析说是因学生实验操作不当，在反应釜未冷却时打开引起爆炸，导致该学生当场死亡。涉及操作高温高压或低温气体、液体的特种设备时，一定要注意按照安全规范、操作规程来做。

⑨ 做实验期间严禁长时间离开实验现场。

2010 年 5 月 31 日晚上 11 点半左右，某大学某学生在做油浴加热过夜实验时，长时间离开实验室，因搅拌器使用时间过长，起火燃烧，幸好被正在该楼做实验的其他学生及时发现并迅速采取灭火措施扑救，而未造成更为严重的事故。

⑩ 工作日晚上、节假日做某些危险实验时，实施室内必须有两人以上，以保实验安全。

1.3　化学实验室中的安全防护与应急处理

1.3.1　化学实验室安全准入

应对进入实验室的人员设立安全准入门槛，所有人员进入实验室之前，必须经过安全培训、考核，签订安全承诺书，并穿戴必要的安全防护用具，才允许进入实验室进行相关的实验操作。安全准入培训通常分成两块，一是通识基础类的，由学校统一进行线下或线上的安全知识培训与考试；二是专业安全知识，比如进入化学实验室要进行专门培训与测试，主要针对本实验室危险源的认知、安全注意事项与规定、设备仪器操作规程等，防止因不知晓、鲁莽操作造成安全事故。

除了通过培训、考试获得进入实验室的资格外，还需要一系列管理措施，首先，实验室必须核验进入人员的准入资格，此外，校、院两级实验室安全管理机构与安全督查团队要对实验室执行安全准入的情况进行检查，包括检查培训记录与安全承诺的签订情况以及抽查进入人员资格等。

要做好高校大学生，尤其是新生的安全教育。大学生的活动直接影响实验室的安全，但其存在流动性大、实验时间长、安全意识薄弱、技术知识缺乏等问题，这使得他们在实验室安全方面面临特殊挑战。对于理工科学生而言，实验室有可能成为其长期学习和工作的重要场所,在大学期间积累的实验室工作经验、养成的安全习惯和具备的安全意识对其影响深远。

1.3.2　化学实验室安全防护

为防止或减少实验过程中有毒有害试剂和操作失误等对人体造成伤害，实验室工作人员要求穿戴合适的个人防护用品（personal protective equipment，PPE）来进一步控制安全方面的风险。除了面罩、安全鞋以外，个人防护设备还包括呼吸防护设备、防护服、安全帽、护目镜、听觉保护器（耳塞）、安全手套、呼吸器和安全带。化学实验室应该配备的个人安全防护用品如图 1-11 所示，应根据实验室危险源分级分类情况、实验项目风险评估及实验操作安全规程要求等确定，一般做实验时会要求穿戴好防护眼镜、防护手套和实验服，必要时要求佩戴口罩。

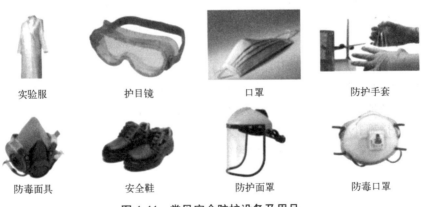

<table>
<tr><td>实验服</td><td>护目镜</td><td>口罩</td><td>防护手套</td></tr>
<tr><td>防毒面具</td><td>安全鞋</td><td>防护面罩</td><td>防毒口罩</td></tr>
</table>

图 1-11　常见安全防护设备及用品

化学实验室中还要安装必备的实验防护设备，如紧急喷淋装置、通风柜、气体浓度报警装置、急救药箱、视频监控系统、化学品存放设施、烟感报警装置及消防灭火器材等。

（1）安全设施设备

1）喷淋装置（喷淋器与洗眼器）

为防止实验过程中因化学品喷溅、溢洒等而导致实验人员受伤，化学实验室内应安装紧急喷淋装置（包括喷淋器与洗眼器），如图1-12，洗眼器通常安装在实验台水池附近或与喷淋器一起安装在实验室内部或楼道。喷淋装置应定期检查和维护，工作期间应保持开启状态，每周应启用一次，以检查其是否能正常运行，同时，也可避免管路内产生水垢。

图 1-12　喷淋装置

图 1-13　通风柜

2）通风柜（橱）

为了防止实验人员直接吸入有毒有害气体和粉尘，所有涉及挥发性有毒有害物质、对感官有强烈刺激性和毒性不明的化学物质的实验，都必须在通风柜（图1-13）中进行操作，使用通风柜不仅可以有效保护实验人员免受这些化学物质的伤害，还能防止这些化学物质扩散而污染周围环境，从而保障实验室及楼内人员的健康。

开启通风柜时，应先打开进风通道（如门、窗等），以便形成有效的空气流通路径。同时不可在通风柜内堆放试剂、杂物，也不宜放置大件设备。

3）气体浓度报警装置

气体浓度报警器（图1-14）就是检测气体浓度泄漏报警的仪器。当实验室环境中有可燃或有毒气体泄漏时，可燃气

图 1-14　气体浓度报警器

体浓度报警器检测到气体浓度达到报警器设置的爆炸或中毒报警点时，就会发出报警信号，以提醒工作人员采取安全措施，并驱动排风、喷淋系统，防止发生爆炸、火灾、中毒事故，从而保障人身财产安全。

4）急救药箱

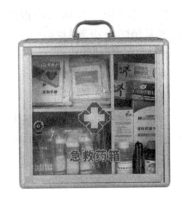

图 1-15　化学实验室急救药箱

化学实验室应常备急救药箱（图 1-15），以便出现人身伤害事故时进行初步的应急处理。箱内要常备药剂和医疗用品，如碘伏、酒精等消毒剂，龙胆紫药水、消炎粉和止血粉等外伤药，烫伤油膏、凡士林等烫伤药，5%碳酸氢钠溶液、2%的醋酸、1%的硼酸等化学灼伤药，催吐剂，以及药棉、纱布、创可贴、绷带、胶带、剪刀、镊子等治疗用品。

实验室安全应急设备设施还应有视频监控系统、化学品存放设施、烟感报警装置及消防灭火器材或系统等。

（2）个人防护用品

化学实验室具有接触化学品种类多、实验用量少、基本手工操作等特点，实验过程操作

图 1-16　安全防护眼镜

个性化强、安全监督弱、安全防护薄弱、安全隐患较多，有针对性地穿戴合适的个人防护用品来保障安全十分必要。

1）眼部、面部个人防护用品

在化学实验室工作，眼部、面部有可能受到化学品伤害（固体、液体、气体的腐蚀性、酸性等）、物理伤害（高压气体、飞溅的玻璃器皿碎片等）、光伤害（紫外线等）等。对应的，应使用安全防护眼镜和防护面罩等，如图 1-16 所示为一般用安全防护眼镜（护目镜），具有防冲击、防尘、防飞屑、防飞溅等作用，适用于一般实验场景及涉及化学品处理的操作。

2016 年，某大学 3 名研究生在做氧化石墨烯制备实验时，发生爆炸，3 人都未穿实验服、未戴护目镜，没有任何防护，事故造成严重后果：两名学生的眼睛受伤，其中一名经过治疗后没有大碍，另一名学生几乎接近失明。

2）呼吸器官个人防护用品

呼吸器官防护用品（图 1-17）可防止有害气体、粉尘、烟雾通过呼吸道侵入人体，也可为用户提供氧气或清洁空气，确保操作人员在有粉尘、有毒污染或缺氧环境中正常呼吸。呼吸器官防护用品主要分为防尘口罩和防毒口罩（面具），按功能可分为过滤式和隔离式两类。

图 1-17　呼吸器官防护用品

3）手部个人防护用品

据统计，化学实验室工作中，手部尤其是手指是受伤概率最高的部位。手部个人防护用品就是各类手套，用来防止物理、化学（腐蚀、过敏等）、电等因素对手部的伤害。

不同的化学品，需搭配具有对应防护性能的手套，没有"万能通用手套"。若操作时选择不合适的手套，可能带来严重后果，因此，严格按操作规程，根据化学品特性正确选择手套是预防手部伤害的重要手段。各种手套的优缺点如表 1-1 所示，各种材质手套防化性能如表 1-2 所示。

表 1-1　各种手套的优缺点

材质	优点	缺点
天然橡胶	成本低、物理性能好，重型款式具有较好的防切割性，以及出色的灵活性	对油脂和有机化合物的防护性较差，有蛋白质过敏的风险。易分解和老化
丁腈橡胶	成本低、物理性能出色、灵活性良好；耐划、耐刺穿、耐磨损和耐切割性能出色	对很多酮类、一些芳香族化学品以及中等极性化合物的防护性能较差
聚氯乙烯（PVC）	成本低，物理性能较好，过敏反应的风险最低	有机溶剂会洗掉手套上的增塑剂，在手套聚合物上产生分子大小不同的"黑洞"，从而可能导致化学物质的快速渗透
聚乙烯醇缩乙醛（PVA）	非常坚固，高度的耐化学性；良好的物理性能，具有良好的耐划破、耐刺穿、耐磨损和耐切割的性能	当接触到水和小分子醇时会很快分解；与很多其他耐化学性手套相比不够灵活；成本高昂
氯丁橡胶	耐化学性良好。对油性物、酸类（硝酸和硫酸）、碱类、广泛溶剂（如苯酚、苯胺、乙二醇）、酮类、制冷剂、清洁剂的耐化学性极佳。物理性能中等	抗钩破、切割、刺穿，耐磨性不如丁腈橡胶或天然橡胶；不建议用于芳香族有机溶剂；价格较高
丁基橡胶	灵活性好，对于中等极性有机化合物（如苯胺、苯酚、乙二醇醚、酮和醛等）具有出色的抗腐蚀性	对于包括碳氢化合物、含氯烃和含氟烃等的非极性溶剂的防护性较差；成本昂贵
皮革	对冷、热、火花飞溅、磨损、割、刺穿可进行一般性防护	耐热性有限且不耐强化学腐蚀
布	用于一般性防护	几乎无化学防护能力

表 1-2　各种材质手套防化性能表

项目	天然橡胶	丁基橡胶	氯丁橡胶	PVC	PVA	丁腈橡胶
无机酸	良好	良好	优秀	良好	差	优秀
有机酸	优秀	优秀	优秀	优秀	优秀	—
腐蚀物质	优秀	优秀	优秀	良好	差	良好
醇类（甲醇）	优秀	优秀	优秀	优秀	一般	优秀
芳香族化合物（甲苯）	差	一般	一般	差	优秀	差

项目	天然橡胶	丁基橡胶	氯丁橡胶	PVC	PVA	丁腈橡胶
石油馏出物	优秀	一般	优秀	差	优秀	优秀
酮类	一般	优秀	良好	不推荐	一般	一般
油漆稀释剂	一般	一般	不推荐	一般	优秀	一般
苯	不推荐	不推荐	不合适	不推荐	优秀	一般
甲醛	优秀	优秀	优秀	优秀	差	一般
乙酸乙酯	一般	良好	良好	差	一般	一般
脂肪	差	良好	优秀	良好	优秀	优秀
苯酚	一般	良好	优秀	良好	差	不推荐
磨损	—	良好	一般	良好	良好	优秀
刺	优秀	良好	优秀	差	一般	一般
热	优秀	差	优秀	差	一般	一般
抓握（干）	优秀	一般	良好	优秀	优秀	良好
抓握（湿）	良好	一般	一般	优秀	优秀	一般

1.3.3 安全演练与应急处理

实验室安全应遵循"以人为本，预防为主"的原则。因诱发安全事故的因素众多且具备不可预测性，所以在实验室安全管理及保障中注重安全防护、加强安全事故演练及应急处理具有非常重要的意义。

实验室常见事故急救措施

为应对实验室可能发生的突发事件和紧急情况，实验室需要制定有效的应急响应措施，确保事故发生时能有组织、迅速地妥善处理，将各种事故和灾害带来的损失降至最低程度。

应急响应措施也称应急预案，是针对可能发生的实验室安全事故或灾害，为保证迅速、有序、有效地开展应急与救援行动，降低事故损失而预先制定的行动计划和方案。应急预案通常是实验室根据存在的危险源及分级状况，预测、假定出现与此相关的事故而预先制定的防范、应急计划和方案，并建立有应急机构，对实验室、涉事人员和应急机构从职责、物资装备、设备设施、技术、救援行动及指挥协调进行预先安排与资源准备。

因此实验室要从资源及人员上做好应急准备，资源主要包括个人防护器具和安全应急设备，个人防护用品如前面介绍过的护目镜、口罩、防护手套等，安全应急设备如视频监控、通排风系统、化学品安全存储设备、气体浓度报警、烟感报警、消防灭火系统和紧急喷淋设备等；人员则需要求进出实验室人员知晓、熟悉、掌握应急措施，这可通过组织培训学习（包括安全准入培训）与安全演练去促进，只有真正重视、加强预防才能做到有备无患、避免事故发生，有时甚至可在险情刚发生即将其消灭于萌芽状态，即使事故发生，也能对险情、人员伤害做出及时正确的处置，防止事故伤害和损失扩大。

（1）化学实验室安全演练

实验室安全演练是实验室应急处理非常关键的一个环节，目的是通过模拟真实情况，让师生了解各种应急设施的使用方法、熟悉紧急疏散路线、培养事故防范和急救技巧等基本技能；还可培养师生处置突发事件的应急能力、团队协作和组织决策能力。同时师生能通过模拟演练更全面地认识到实验室安全的重要性，演习过程中暴露出的潜在安全隐患会让师生更加重视日常安全操作规范和实验室环境、设备的安全性，有助于增强师生实验室安全意识，进而降低实验室事故的发生率。

经常性地预设情景进行实验室安全演练，一旦真正发生事故，师生就能够迅速做出正确的反应，降低事故带来的人身伤害与损失，最大限度地保障实验室内人员的生命安全和财产安全。要根据实验室危险源的等级、特点制定应急预案并组织针对性的演练，如发生火灾、爆炸事故，突然停电事件（突然停电不及时处理轻则会损坏实验设备，导致实验失败；重则引发化学品泄漏、异常反应、火灾爆炸等事故），化学品泄漏（液体、气体和放射性物质等），化学品接触感染、中毒及外伤等，有太多的危险源引发的各类事故，可以从实验室自身的情况进行设计演练内容，使师生通过训练后遇事不慌乱，能快速、有序、有组织地进行应急处置。

（2）化学实验室安全应急处理

化学实验室安全应急处理，应遵循"安全第一，预防为主"的原则，注重预防应急。建立实验室安全事故应急处理的整个工作流程与各项准备，首先要对实验室进行风险评估，收集危险源信息，实行分级分类管理；配置、建设实验室安全应急设备设施（包括个人防护用品、应急药品和安全应急设备）；建立健全实验室安全应急机构，建设紧急应变队伍；制定紧急应变预案和工作程序；进行实验室安全教育培训及演练；做好事故发生后的应急处理和恢复准备；等等。

 章节习题

1. 化学实验室安全影响因素有哪些？
2. 我们从化学品安全技术说明书可以获取哪些信息？
3. 化学实验室的安全标识的颜色、形状分别代表什么意义？请举例说明。
4. 实验室安全教育培训涉及哪几方面的内容？
5. 化学实验室安全设施有哪些？分别具有什么作用？

 参考文献

［1］全国危险化学品管理标准化技术委员会. 基于 GHS 的化学品标签规范：GB/T 22234—2008［S］. 北京：中国标准出版社，2008.

［2］国家标准化管理委员会. 化学品分类和标签规范：GB 30000.2—2013～GB 30000.29—2013［S］. 北京：中国标准出版社，2013.

［3］全国化学标准化技术委员会. 化学品安全技术说明书 内容和项目顺序：GB/T 16483—2008［S］. 北京：中国标准出版社，2008.

［4］全国化学标准化技术委员会. 化学品安全技术说明书编写指南：GB/T 17519—2013［S］. 北京：中国标准出版社，2013.

［5］中华人民共和国国务院令第 708 号.生产安全事故应急条例［Z］. 2019.

［6］Bai M Q，Liu Y，Qi M，et al. Current status，challenges，and future directions of university laboratory safety in China［J］. Journal of Loss Prevention in the Process Industries，2022，74：104671.

［7］崔全会，黄受安，李规正. 简论安全管理的警示职能——墨菲定律的启示［J］. 中国安全科学学报，1999，9（4）：21-23.

［8］冯建跃. 高等学校实验室安全制度选编［M］. 杭州：浙江大学出版社，2016.

［9］北京大学化学与分子工程学院实验室安全技术教学组. 化学实验室安全知识教程［M］. 北京：北京大学出版社，2012.

［10］顾小焱. 化学实验室安全管理［M］. 北京：科学技术文献出版社，2017.

第2章
化学实验室消防安全与应急设备

2.1 燃烧与爆炸的基础知识

2.1.1 燃烧

燃烧是可燃物与助燃物在一定条件下相互作用而发生强烈放热的氧化还原反应。燃烧过程通常伴有火焰、发光或发烟的现象。燃烧过程具有新物质生成和伴有发光、发热现象这两个基本特征。当燃烧失去控制时则形成火灾。

（1）燃烧的条件

1）燃烧的必要条件

① 可燃物：凡是能在空气、氧气或其他氧化剂中发生燃烧反应的物质称为可燃物。可燃物既可以是单质（如 C、Na、Mg、S、P 等），也可以是化合物或混合物（如 CH_4、C_2H_5OH、煤炭、纸张、石油和天然气等）。按物理状态，可燃物分为气态可燃物、液态可燃物和固态可燃物。不同状态的同一物质燃烧性能是不同的，一般来说气体比较容易燃烧，其次是液体，最后是固体。同一状态但组成不同的物质其燃烧性能也不同，按组成可燃物分为无机可燃物和有机可燃物。绝大部分可燃物都为有机物，少部分为无机物（如单质 Na、K、Ca、Mg、C、P、S 等）。有机可燃物种类繁多，大部分含有 C、H、O 元素，有的还含有少量的 N、P、S 等元素。有机可燃物又分为低分子有机可燃物和高分子有机可燃物、天然有机可燃物和合成有机可燃物。有机化合物中除了多卤代烃（如 CCl_4、CF_2ClBr 等）不燃且可作灭火剂之外，其余绝大部分都是可燃的。

② 助燃物：凡是能与可燃物发生反应并引起燃烧的物质称为助燃物。助燃物在反应中通常作为氧化剂参与"燃烧"，氧气是一种常见的助燃物。一般可燃物在空气中均能燃烧，例如燃烧 1kg 石油需要 $10\sim12m^3$ 空气，燃烧 1kg 木材需要 $4\sim5m^3$ 空气；但是当空气中的含氧量低于 $12\%\sim16\%$ 时，多数可燃物的燃烧会逐渐减弱直至熄灭。同一种物质对有些可燃物来说是助燃物，而对另一些可燃物则不是，例如 Na 可以在 Cl_2 中燃烧，而 C 在 Cl_2 中不燃烧，

那么 Cl_2 是 Na 的助燃物，不是 C 的助燃物。除氧气外，其他常见的助燃物如卤族元素（F_2、Cl_2、Br_2、I_2）、硝酸盐、氯酸盐、重铬酸盐、高锰酸盐以及过氧化物等，分子中含氧较多，当受到光、热、摩擦或撞击等作用时，都能发生分解放出氧气而使可燃物氧化燃烧；CH_4、H_2、$HC\equiv CH$ 等可燃气体与 Cl_2 混合时，有的一经混合立即起火燃烧，有的混合后在光照下发生燃烧爆炸。

③ 点火源：凡是能引起可燃物燃烧的能源都叫点火源，例如明火、电火花、冲击与摩擦火花等。不同可燃物发生燃烧，需要固定的点火能量，达到这一要求才能发生反应。已经燃烧的物质，也可成为它附近可燃物的点火源。点火源的实质是提供一个初始能量，在这个能量激发下，可燃物与助燃物发生剧烈的氧化反应而引起燃烧。此外，还有一种点火源，没有明显的外部特征，而是来自可燃物内部的发热，热量不能及时散失，从而引起温度升高导致燃烧，此类点火源造成的燃烧现象称为自燃。

图 2-1 燃烧三要素

图 2-1 为燃烧三要素，由可燃物、助燃物和点火源构成，缺一不可。但这还不够，还需在一定的充分条件下才能发生燃烧。在可燃物的数量不够、助燃剂不足或点火能量不够大时，燃烧也不能发生。例如 CH_4 在空气中的浓度低于 5% 时不会发生燃烧，$(C_2H_5)_2O$ 燃烧要求空气中含氧量不低于 12% 等。

2）燃烧的充分条件

燃烧的充分条件是指燃烧发生所需的必要条件达到一定量的要求，主要包括一定的可燃物浓度、一定的助燃物浓度、一定的点火能量和未受抑制的链式反应等。

只有可燃物达到一定的浓度时，才会发生燃烧现象。例如常温下用明火接触煤油，煤油并不会立即燃烧，这是因为在 20℃时，煤油的蒸气含量没有达到煤油燃烧所需要的浓度，虽然有足够的氧气和点火源，也不会发生燃烧现象。

各种可燃物燃烧，均有本身固定的最低氧含量要求。例如汽油燃烧的最低氧含量要求为 14.4%、煤油为 15%、乙醚为 12%，低于这些数值，即使其他必要条件已经具备，燃烧仍不会发生。

不管是何种形式的点火能量，必须达到一定程度才能引起燃烧反应。不同可燃物发生燃烧均有本身固定的最小点火能量要求。如汽油的最小点火能量为 0.2mJ，乙醚为 0.19mJ，甲醇为 0.215mJ。

对于无焰燃烧，以上三个条件同时存在，相互作用，燃烧即会发生。对于有焰燃烧，除以上条件外，燃烧过程中存在未受抑制的游离基（自由基），形成链式反应使燃烧能够持续下去，亦是燃烧的充分条件之一。

（2）燃烧的类型

燃烧按其形成的条件、瞬间发生的特点和燃烧的现象可分为闪燃、自燃、着火和爆炸四种类型。

1）闪燃与闪点

闪燃是指可燃物表面挥发出来的可燃气体与空气混合后，遇火发生一闪即灭的现象。发生闪燃的原因是挥发出来的可燃气体仅能维持一刹那的燃烧，来不及补充新的蒸气维持稳定的燃烧，因此一闪就灭了。闪燃是短暂的，不是持续的，但它是引起火灾事故的危险因素之一。在一定环境温度下，固体或液体表面都有一定量的蒸气存在，而蒸气压的大小取决于固体或液体的温度，因此蒸气浓度也是由固体或液体的温度所决定的。

闪点是发生闪燃的最低温度，是描述火灾爆炸危险性的主要参数之一。物质的闪点越低，燃爆的危险性越大。易燃或可燃液体以及某些可燃固体（如樟脑、萘等）的蒸气达到一定浓度，当其温度高于其闪点时，随时都有被点燃的危险。化学实验室常见物质的闪点如表2-1所示。

表2-1　化学实验室常见物质的闪点

物质名称	闪点/℃	物质名称	闪点/℃
乙醚	−45	甲苯	4
甲醚	−41	甲醇	11
乙醛	−39	异丙醇	11
甲乙醚	−37	乙苯	12.8
二硫化碳	−30	乙醇	13
环氧乙烷	−29	乙酸酐	49
丙酮	−18	丙酸	54
乙胺	−17	苯酚	79
乙酸乙酯	−4	三硝基苯酚	150

通常把闪点低于60℃的液体叫易燃液体，闪点高于60℃的液体叫可燃液体。化学实验室经常使用的 CS_2、$(CH_3CH_2)_2O$、CH_3COCH_3 和苯等试剂的闪点都比较低，这类液体不可存储在普通冰箱内，使用时应特别注意。

2）自燃与自燃点

自燃是指可燃物在没有外部火花、火焰等点火源作用下，因受热或自身发热并蓄热所产生的自行燃烧现象。物质自燃有受热自燃和自热自燃两种情况。受热自燃是可燃物虽未与明火直接接触，但在外部热源的作用下，通过传热使可燃物温度上升、达到物质自燃点而着火燃烧；自热自燃是可燃物在没有外部热源的作用下，完全依靠物质内部发生的物理、化学或生化发酵过程而产生热量，并且这些热量在一定条件下能够逐渐积蓄，导致物质温度升高、达到物质自燃点而着火燃烧。

在规定条件下，物质在空气中发生自燃的最低温度称为自燃点。化学实验室常见物质的自燃点如表2-2所示。

表2-2　化学实验室常见物质的自燃点

物质名称	自燃点/℃	物质名称	自燃点/℃
白磷	40	环氧乙烷	429
二硫化碳	90	乙苯	432
乙醚	160～180	丙烷	450
乙醛	175	异丙醇	456

物质名称	自燃点/℃	物质名称	自燃点/℃
甲乙醚	190	甲醇	464
环己烷	245	丙酮	465
三硝基苯酚	300	甲苯	480
甲醚	350	苯	562
乙醇	363	苯酚	715

物质自燃是在一定条件下发生的，有的能在常温下发生，有的能在低温下发生。受热自燃和自热自燃的本质是一样的，只是热的来源不同，前者是外部加热的结果，后者是来源于可燃物内部。自热自燃现象难以及时发现，往往产生较大的危害，需要高度关注。自热自燃主要有以下几种类型。

① 由氧化反应热积蓄引发。例如：油脂类（亚麻油、桐油和棉籽油等）自燃主要是因为含有大量不饱和脂肪酸甘油酯的双键，在空气中被氧化放出较高的热量；煤炭自燃是因为煤与空气接触发生氧化引起煤的温度升高和燃点降低，也有资料认为是煤中的黄铁矿（FeS_2）引起的；化学实验室中设备自燃，多是由于设备腐蚀产生了硫化铁（Fe_2S_3），Fe_2S_3 自燃无火焰，发热到炽热状态，能引起辐射范围内的可燃物燃烧。

② 由分解反应发热引发。例如：硝化纤维素（又名硝化棉，$[C_6H_7O_2(ONO_2)_n(OH)_{3-n}]_m$）的化学性质不稳定，即使在常温下也能产生微量的 NO 气体，NO 在空气被氧化成 NO_2，NO_2 起着促进硝化棉分解的自催化作用，加速硝化棉分解，而分解放热使温度进一步升高，当达到180℃时就会引起自燃起火甚至爆炸性燃烧。研究发现，C_2H_5OH 和$(CH_3)_2CHOH$ 可以有效吸收 NO 和 NO_2，使其失去自催化作用而提高硝化棉的稳定性。因此商品硝化棉或实验室储存的硝化棉都应浸润在 C_2H_5OH 和（CH_3）$_2CHOH$ 中保存，储存过程中严格防止 C_2H_5OH 和（CH_3）$_2CHOH$ 蒸发。

③ 由聚合热、发酵热引发。聚合反应时易发生反应失控，或者在储存高化学活性单体时未加入阻聚剂或阻聚剂加入量不足，或存在促聚作用化合物使聚合作用自发进行，放出大量聚合热，温度升高、聚合加速又放出更大量的热，最终造成容器或管道破裂，泄漏出来的物质遇空气而自燃。例如环氧丙烷、丁二烯等均有可能因聚合热的产生而引发自燃和爆炸；未经充分干燥的木屑、麦草和粮食等，由于水分的存在，其中细菌活动放出热量，在散热不良时，热量聚积而使温度上升，如达到自燃点也可引发燃烧。

④ 由物质混合引发。某些物质与空气接触或在相互混合时产生混合热而引起自燃。这类物质在储存、运输、制造和使用时，有可能引起火灾事故。例如：白磷和 PH_3 等接触空气会自燃，K、$LiAlH_4$ 和 Mg_2Si 等接触水会自燃，压缩氧、Cl_2、Na_2O_2、$KMnO_4$ 和漂白粉等接触到有机物时会因反应放热而自燃，$HC{\equiv}CH$、H_2 和 CH_4 等与 Cl_2 接触在光能作用下会剧烈燃烧。

3）着火与着火点

着火是指可燃物在空气充足条件下，与火源接触引起燃烧，移去火源后仍能继续燃烧并持续一定时间的现象。可燃物发生持续燃烧的最低温度叫着火点（也称为燃点），例如木材的着火点为250～300℃。化学实验室常用溶剂的着火点数据如表2-3所示。

表2-3　化学实验室常用溶剂的着火点

溶剂名称	着火点/℃	溶剂名称	着火点/℃
二硫化碳	100	乙酸乙酯	426
乙二醇	118	乙苯	432
环己烷	259	甲醇	470
二甲基亚砜	300～302	乙酸	550
乙醚	350	甲苯	552
乙醇	390～430	丙酮	561
环己酮	420	苯	562

可燃液体在闪点时，移去火源后闪燃即熄灭，在着火点时则继续燃烧。因此，控制可燃物质的温度在着火点以下是预防火灾发生的重要措施之一。如果有两种燃点不同的物质在相同条件下受到火源作用时，着火点低的物质先着火。用冷却法灭火的原理就是将物质的温度降到着火点以下，使燃烧停止。

（3）燃烧产物及危害

燃烧属于一种剧烈的氧化反应。燃烧产物指可燃物燃烧时产生的气体和烟雾等物质，其产生与构成取决于可燃物组成和燃烧条件。按燃烧程度，燃烧分为完全燃烧和不完全燃烧。

① 完全燃烧是指物质燃烧后，不产生能继续燃烧的产物。在充足氧气条件下，可燃物通常发生完全燃烧。完全燃烧过程产生的热量大、温度高，产物主要为 CO_2、NO_2 和 SO_2 等气体。CO_2 气体虽无毒无味，但当在大气中含量达到 $8\%\sim10\%$ 时，可引起室息死亡；SO_2 可引起严重的呼吸困难等。

② 不完全燃烧是指物质燃烧后，产生能继续燃烧的产物。在氧气不足时，可燃物发生不完全燃烧，产生大量的黑色浓烟（含大量 C 粉末）。不完全燃烧产物中含有多种有毒气体，对人体产生较大的危害，特别是有机溶剂燃烧时更是如此。例如 CO 气体可阻碍人体血液中 O_2 的输送；聚氨酯泡沫塑料等含氮高分子材料燃烧时，可产生极毒的 HCN 气体，需特别注意。

燃烧可对人体造成烧伤、室息和吸入气体中毒等危害。统计表明，火灾造成的死亡人数80%为室息和吸入气体中毒。因此，烟雾逃生最主要的防护措施是隔离有毒气体，防止有毒气体通过呼吸进入人体而中毒。防毒面具是最有效的防护手段，若没有防毒面具时，可用湿毛巾捂住口鼻，让水溶性有毒气体溶解而减少吸入。

2.1.2　爆炸

爆炸是物质在外界因素激发下发生物理变化或化学反应，瞬间释放出巨大能量和大量气体，发生剧烈体积变化的一种现象。简言之，爆炸就是系统非常迅速地释放物理或化学能量的过程，具有爆炸过程进行得很快、爆炸点附近瞬间压力急剧上升、发出声响、周围建筑物或装置发生震动或遭到破坏等特点。

（1）爆炸的分类

按照爆炸发生原因的不同，可将其分为核爆炸、物理爆炸和化学爆炸三类。

① 核爆炸。基于原子核发生的裂变或聚变。

② 物理爆炸。物质因状态或压力发生突变形成，在爆炸前后系统内物质的化学组成和化学性质均不发生变化。化学实验室所涉及的物理爆炸主要是指在压力容器内的压缩气体、液化气体和过热液体等，由于某种原因迅速膨胀并释放大量能量。从而使容器承受不住压力而破碎。

③ 化学爆炸。按照爆炸时所发生化学反应的不同，分为简单分解反应引发的爆炸、复杂分解反应引发的爆炸和爆炸性混合物引发的爆炸。

引起简单分解反应爆炸的物质，在爆炸时并不一定发生燃烧反应，这类物质是非常危险的，受轻微震动即能引爆，属于这一类的有叠氮化物（如叠氮银、叠氮铅）等，其爆炸速度可达5123m/s，例如叠氮钯的分解反应如下：

$$PdN_6 \xrightarrow{震动} Pd + 3N_2 \uparrow$$

复杂分解反应引起爆炸时伴有燃烧现象，燃烧所需的O_2由自身供给，例如硝化甘油的分解反应如下：

$$C_3H_5(ONO_2)_3 \xrightarrow{引爆} 3CO_2 \uparrow + 2.5H_2O + 1.5N_2 \uparrow + 0.25O_2 \uparrow$$

爆炸性混合物是由两种及以上不相联系的组分构成，其中之一通常为含氧相当多的物质，另一组分则相反，为根本不含氧或含氧不足、可以发生氧化的可燃物质。该混合物可以是气态、液态、固态或多相系统。气相爆炸包括混合气体爆炸、粉尘爆炸、分解爆炸和喷雾爆炸；液相爆炸包括聚合爆炸及不同液体混合爆炸；固相爆炸主要是爆炸性物质爆炸和固体物质混合爆炸。

根据爆炸速度的不同，可分为轻爆（爆速为几十厘米每秒到几米每秒）、爆炸（爆速为十几米每秒到数百米每秒）和爆轰（爆速为一千米每秒到数千米每秒）。

（2）爆炸极限与影响爆炸极限的因素

1）爆炸极限

可燃气或蒸气与空气混合形成爆炸性混合物，浓度达到一定范围时，遇火源立即发生爆炸，而爆炸性混合物发生爆炸的浓度范围称为爆炸极限，通常用体积百分比表示，包括爆炸下限（LEL）和爆炸上限（UEL）两个临界值。爆炸下限越低、爆炸极限范围越宽，爆炸危险性越大。可燃性混合物能够发生爆炸的最低浓度和最高浓度，分别称为爆炸下限和爆炸上限，也可称为着火上限和着火下限。

在低于爆炸下限时，既不爆炸也不着火，这是由于可燃物浓度不够，过量空气的冷却作用阻止了火焰的蔓延；在高于爆炸上限时，不会发生爆炸，但能燃烧，则是因为空气不足，导致火焰不能蔓延。表2-4列出了不同物质的爆炸极限。

表2-4　不同物质的爆炸极限

物质名称	爆炸极限/%	物质名称	爆炸极限/%
庚烷	1.1～6.7	乙烯	2.7～36

物质名称	爆炸极限/%	物质名称	爆炸极限/%
甲苯	1.1～7.1	乙烷	3.0～12.5
己烷	1.1～7.5	乙醇	3.1～27.7
苯	1.2～7.1	乙胺	3.5～14
二硫化碳	1.3～50	氢气	4.0～75.6
戊烷	1.5～7.8	甲烷	5.0～15
乙醚	1.7～49	甲醇	6.0～35.6
丙烷	2.1～9.5	一氧化碳	12.5～74.2
乙炔	2.5～82	氨气	15～28

2）影响爆炸极限的因素

混合体系的组分不同，爆炸极限也不相同。同一混合体系，初始温度、含氧量、压力、惰性气体含量、火源强度和容器等都能使爆炸极限发生变化。

① 初始温度：初始温度升高，分子反应活性增加，危险增大。

② 含氧量：含氧量增加，爆炸极限范围的上限增加，危险增大。

③ 压力：压力增高，爆炸极限范围的上限增加，危险增大。

④ 惰性气体含量：体系中惰性气体含量增加，爆炸极限范围的下限提高，上限显著降低，危险下降。

⑤ 火源强度：火源强度高，受热面积大，接触时间长，范围增大，危险增大。

⑥ 容器：管道直径越小，爆炸极限范围越小，发生爆炸的危险性越小。小到一定程度时，火焰不能通过而熄灭。

（3）化学实验室发生爆炸事故的原因

① 随意混合化学药品。氧化剂和还原剂的混合物在受热、摩擦或撞击时会发生爆炸。强氧化剂与一些有机化合物接触（如浓硝酸和乙醇混合）时，会发生猛烈的爆炸反应。表 2-5 列出了加热时会发生爆炸的一些混合物。

表 2-5 加热时会发生爆炸的一些混合物

混合物名称	混合物名称
镁粉-重铬酸铵	还原剂-硝酸铅
镁粉-硫黄	氯化亚锡-硝酸铋
锌粉-硫黄	浓硫酸-高锰酸钾
铝粉-氧化铅	三氯甲烷-丙酮
铝粉-氧化铜	

② 在密闭系统中进行蒸馏、回流等加热操作。

③ 在加压或减压实验中使用不耐压的玻璃仪器。

④ 气体钢瓶减压阀失灵。

⑤ 反应过于激烈而失去控制。

⑥ 易燃易爆气体（如氢气、乙炔等烃类气体，煤气和有机蒸气等）大量逸入空气，引起爆燃。

⑦ 易爆化合物（如硝酸盐类、硝酸酯类、三碘化氮、重氮盐、叠氮化物、有机过氧化物、芳香族对硝基化物、乙炔及其重金属盐等），受热或被敲击易发生爆炸。

2.1.3 防爆的基本措施与点火源的控制及管理

1）防爆的基本措施

① 保持良好通风，防止可燃物聚集达到爆炸极限。控制可燃物和氧化剂的浓度、温度、压力及混合接触条件。

② 系统内通入惰性气体。惰性气体含量增加，爆炸极限范围的上限显著降低，范围缩小，危险下降。

③ 系统密闭，防止可燃物泄漏。

④ 消除一切足以导致起火、爆炸的点火源。在大多数场合，如果可燃物和氧化剂的存在是不可避免的，则消除或控制点火源就成为防火防爆的关键。在科研实验与生产过程中，点火源常常是一种必要的热源，既要保证它的使用安全，又要设法消除能够引起火灾、爆炸的点火源。

2）点火源的控制与管理

① 防止撞击、摩擦产生火花。机器设备上的转动部分摩擦、铁器相互撞击或打击水泥地面，物料高速喷出与容器摩擦等，都有可能产生高温或火花。预防措施：危险场所禁穿带钉鞋，用铜制、木制工具代替铁制工具等。

② 防止热射线（日光）。直射的太阳光，通过圆形玻璃瓶、装有水的圆形塑料瓶、有气泡的平板玻璃等会聚焦形成高温焦点，点燃可燃性物质。因此有爆炸隐患的场所，必须采取遮阳措施，将窗玻璃涂上白漆或采用磨砂玻璃等。

③ 防止电器火花。采取的措施有：防止电器设备在开关合闸、启动、运行中产生火花电弧或高温。

④ 消除静电火花。接地是防静电危害的最基本措施，能使设备与大地之间构成电气上的泄漏通路，将产生在设备上的静电泄漏于大地，防止静电的积聚。在静电危险场所，所有属于静电导体的物体必须接地，例如用来加工、储存、运输各种易燃液体、易燃气体和粉体的设备及管道都必须接地。必要时还需安装人体静电消除设备，以消除人体所带的静电。

⑤ 采取各种阻隔手段，阻止火灾、爆炸事故灾害的扩大，主要通过设置阻火装置和建造阻火设施来实现。常用的阻火装置有阻火器、回火防止器、防火阀、火星熄灭器等，常见的阻火设施有防火门、防火墙、防火带、防火卷帘等。

⑥ 安装检测和报警装置。

2.1.4 爆炸与燃烧的关系

燃烧和爆炸二者都须具备可燃物、氧化剂和火源这三个基本因素，因此燃烧和化学性爆炸就其本质而言是相同的，它们的主要区别在于氧化反应速度的不同。燃烧速度（即氧化速度）越快，燃烧热的释放就越快，所产生的破坏力也就越大。

火灾有初起阶段、发展阶段和衰弱熄灭阶段，造成的损失随着时间的延续而加重。一旦发生火灾，如能尽快进行扑救，即可减少损失。化学性爆炸实质上就是瞬间的燃烧，通常在1s内完成。爆炸威力所造成的人员伤亡、设备毁坏和厂房倒塌等巨大损失均发生于顷刻之间，猝不及防，因此爆炸一旦发生，损失已无从减免。

燃烧和化学性爆炸二者可随条件而转化。同一物质在一种火源条件下可以燃烧，在另一种条件下可以爆炸，例如煤块只能缓慢地燃烧，如果将它磨成煤粉，再与空气混合就可能爆炸。

2.2 火灾与火灾扑救方法

2.2.1 火灾的分类

火灾是指在时间或空间上失去控制的燃烧所造成的灾害，会给人类社会造成巨大伤害。随着对火灾认识的发展，人们对火灾的分类也在不断完善。国际标准化组织于2007年对火灾分类标准进行了修订，国家质检总局、国家标准委员会也在2008年联合发布了《火灾分类》（GB/T 4968—2008），按可燃物的类型和燃烧特性将火灾分为六类，如表2-6所示。

表2-6　我国火灾分类标准

火灾分类	具体描述
A类	固体物质火灾。通常具有有机物性质，一般在燃烧时能产生灼热的余烬，例如：木材、干草、煤炭、棉、毛、麻和纸张等
B类	液体或可熔化固体物质火灾。例如：煤油、柴油、原油、甲醇、乙醇、石蜡、塑料等
C类	气体火灾。例如：煤气、天然气、甲烷、乙烷、氢气等
D类	金属火灾。例如：K、Na、Mg、Al-Mg合金等
E类	带电火灾。例如：物体带电燃烧的火灾等
F类	烹饪器具内的烹饪物（如动植物油脂）火灾

依据《生产安全事故报告和调查处理条例》（国务院令第493号）、公安部办公厅《关于调整火灾等级标准的通知》（公消〔2007〕234号），还将火灾按等级划分为特别重大火灾、重大火灾、较大火灾和一般火灾四个等级。

① 特别重大火灾：指造成30人以上死亡，或者100人以上重伤，或者1亿元及以上直接财产损失的火灾。

② 重大火灾：指造成10人以上30人以下死亡，或者50人以上100人以下重伤，或者5000万元以上1亿元以下直接财产损失的火灾。

③ 较大火灾：指造成3人以上10人以下死亡，或者10人以上50人以下重伤，或者1000万元以上5000万元以下直接财产损失的火灾。

④ 一般火灾：指造成3人以下死亡，或者10人以下重伤，或者1000万元以下直接财产

损失的火灾。

2.2.2 灭火的基本方法

灭火的基本方法是破坏燃烧的条件，正确运用灭火原理，有效控制火势，力争在火灾初期将其扑灭。主要的灭火方法有以下四种。

① 冷却灭火：是最主要的灭火方法，也是最简单易于做到的有效方法。将冷却灭火剂直接喷射到燃烧物质表面，降低燃烧物体的温度，使可燃物的温度降低到着火点以下从而使燃烧终止；或者将灭火剂喷洒到火源附近的可燃物上，防止其受到热辐射影响而形成新的起火点。在实际应用时，用水灭火应用的就是冷却灭火原理，因为水具有较大的比热容和较高的汽化热，冷却性能良好。除水之外，还可以使用干冰、液氮等作为灭火冷却剂。

② 隔离灭火：是将可燃物与助燃物、火焰隔离或分开，使燃烧中止而扑灭火灾。例如关闭实验可燃气体的阀门、迅速转移火焰附近的有机溶剂、切断流向着火区域的可燃气体或液体、拆除与燃烧物质相连的可燃物质等，都属于隔离灭火。再如泡沫灭火器灭火时，泡沫覆盖于燃烧液体或固体的表面，将可燃物质与空气隔开从而中止燃烧，也是运用了隔离灭火原理。

③ 窒息灭火：是隔绝空气与可燃物，阻止空气流入燃烧区域，或者用不燃烧的惰性气体降低空气浓度，使可燃物得不到足够的氧气而熄灭。可燃物燃烧需要在最低氧浓度以上才能进行，一般氧浓度低于15%时就不能维持燃烧。在火场内可以用水喷雾降低空间的氧浓度，水雾吸收热量转化为水蒸气，当蒸汽浓度达到35%时燃烧就会停止。此外，用不燃或难燃的石棉、灭火毯、湿麻袋等覆盖在燃烧的物体上，也可使燃烧中止。

④ 化学抑制灭火：是使灭火剂参与燃烧反应过程，抑制自由基产生或降低火焰中自由基浓度，形成稳定分子或低活性游离基，而使燃烧中止。常见的化学抑制灭火剂有干粉和七氟丙烷，它们对有焰燃烧火灾效果好，可快速扑灭初期火灾。

2.2.3 火灾扑救的方法

化学实验室中的火灾大多数都是由小到大的，如果能够及时发现并扑救初期火灾，可以在很大程度上减少人员伤亡和财产损失。因此当发现初期火灾时，切不可惊慌失措，要临危不惧、沉着冷静，及时采取相应措施，防止火势扩大。通常采取的措施如下所述：

① 首先要防止火势蔓延和爆炸、触电事故的发生，关闭电闸和气体阀门、移开易燃易爆物品；

② 在确保安全撤离的情况下，视火势大小和火灾类型，采取不同的扑灭方法；

③ 若火势较大，应第一时间撤离，并通知相邻人员一并撤离；

④ 及时拨打119，报告火灾位置、类型、火势大小等情况，并在路口接应消防车。

常用的火灾扑灭方法如下所述：

① 对在容器中发生的局部小火，可用石棉网、表面皿或消防沙等盖灭。

② 若因冲料、渗漏、油浴着火等引起反应体系着火时，扑救时必须谨防冷水溅在着火处的玻璃仪器上、灭火器材击破玻璃仪器，造成严重的泄漏而扩大火势。有效的扑救方法是用湿布或几层灭火毯盖住着火部位，隔绝空气使其熄灭，必要时在灭火毯上撒些细沙。若仍不奏效，必须使用灭火器，应由火场的周围逐渐向中心处扑灭。

③ 有机溶剂（如汽油、乙醚和甲苯等）在桌面或地面蔓延燃烧时，可撒上细沙或用灭火

毯扑灭，不得用水扑救。

④ 钠、钾等活泼金属着火时，可用干燥的细沙覆盖。严禁用水和 CCl_4 灭火器，否则会导致猛烈的爆炸，也不能用 CO_2 灭火器灭火。

⑤ 衣物着火时切勿慌张奔跑，以免风助火势。化纤织物最好立即脱除，无法立即脱除时，一般小火可用湿抹布、灭火毯等包裹灭火，若火势较大，可就近至喷淋器下用水浇灭，必要时可就地卧倒打滚，压住着火处使其熄灭。若看到他人衣物着火，可用灭火毯帮助灭火，不要使用灭火器朝人喷射。

⑥ 线或仪器设备着火时，应立即切断电源，用干粉灭火器或卤代烃灭火器进行火灾扑救，切不可用水及二氧化碳灭火器灭火。

⑦ 若发生较大火势，一定要第一时间报警处置。

2.3 灭火器的分类与使用

2.3.1 灭火器的分类

目前实验室配备的灭火器主要有 CO_2 灭火器、干粉灭火器和泡沫灭火器（图 2-2），按其移动方式可分为手提式灭火器和推车式灭火器。扑救火灾时，要根据不同的火灾类型选择合适的灭火器。灭火器由于结构简单，操作方便，轻便灵活，使用面广，是火灾初期最有效的中止火灾的消防器材。

图 2-2 CO_2 灭火器、干粉灭火器和泡沫灭火器

2.3.2 灭火器的使用

灭火器能在其内部压力作用下，将所充装的灭火剂喷出，用来扑救火灾。在实验室工作的人员都必须了解各种消防器材并能正确使用，以防止火灾造成的危害。

（1）CO_2 灭火器

① 灭火原理：CO_2 灭火剂是一种具有一百多年历史的灭火剂，价格低廉、易获取和制备。CO_2 密度比空气大，约为空气的 1.5 倍，不燃烧也不支持燃烧，主要依靠窒息作用和部分冷却作用灭火。在常压下，液态 CO_2 会立即汽化，一般 1kg 液态 CO_2 可产生约 $0.5m^3$

二氧化碳灭火器的使用

气体。因而在灭火时，CO_2 气体隔绝空气而包围在燃烧物体的表面或分布于较密闭的空间中，降低可燃物周围或防护空间内的 O_2 浓度，产生窒息作用而灭火。另外，液态 CO_2 从储存容器中喷出时，会由液体迅速汽化，从周围吸收热量而起到冷却的作用。

② 适用范围：二氧化碳灭火器具有灭火速度快、无腐蚀性、灭火后无污染物质和不留痕迹等特点，使用范围较广，可扑灭 B 类、C 类、E 类和 F 类火灾，特别适合扑救贵重设备、档案资料、仪器仪表、600V 以下电气设备及油类初期火灾。二氧化碳灭火器不适用于扑救内部阴燃物质、自燃分解物质及 D 类物质引起的火灾。D 类火灾（金属火灾）不能用二氧化碳灭火器灭火的原因是，活泼金属可以夺取二氧化碳中的氧而使燃烧继续进行。

③ 使用方法及注意事项：使用 CO_2 灭火器灭火时，将其提到火场，在距燃烧物 2～3m 处，放下灭火器，除掉铅封，拔出保险销，一手握住喇叭筒根部的手柄，另一只手紧握启闭阀的压把，将喷出的 CO_2 对准火源根部横扫。使用时不能直接用手抓住喇叭筒外壁或金属连线管，防止手被冻伤；室外使用时应选择在上风方向喷射；室内窄小空间使用时，灭火后操作者应迅速离开以防窒息。灭火时，当可燃液体呈流淌状燃烧时，使用者将 CO_2 灭火剂的喷流由近而远向火焰喷射。如果可燃液体在容器内燃烧，使用者应将喇叭筒提起，从容器的一侧上部向燃烧的容器中喷射，不能将 CO_2 射流直接冲击可燃液体，以防止将可燃液体冲出容器而扩大火势，造成灭火困难。

（2）干粉灭火器

① 灭火原理：干粉灭火剂是由一种或多种具有灭火功能的细微无机粉末和具有特定功能的填料、助剂共同组成的，分为 BC 干粉（主要成分为 $NaHCO_3$）和 ABC 干粉 [主要成分为（NH_4）H_2PO_4] 灭火剂两大类。灭火时，依靠灭火器内加压气体（CO_2 或 N_2）将干粉喷出，形成干粉气流喷向火焰，一是靠干粉中无机盐的挥发性分解物，与燃烧过程中产生的自由基或活化基团发生化学抑制和副催化作用，使燃烧的链式反应中断而灭火；二是靠干粉粉末落在可燃物表面，发生化学和物理反应，在高温作用下形成玻璃状覆盖层，隔绝 O_2 进而窒息灭火；三是干粉灭火剂在火焰中发生吸热分解反应，产生较好的冷却灭火作用。

干粉灭火器的使用

② 适用范围：干粉灭火器主要用于扑救石油、有机溶剂等易燃液体，可燃气体和电气设备的初期火灾。由于内含灭火剂成分不同，干粉灭火器可适用于不同的火源。$NaHCO_3$ 干粉灭火器适用于易燃或可燃液体和气体、带电设备的初期火灾；$(NH_4)H_2PO_4$ 干粉灭火器除可用于上述火灾外，还可扑救固体类物质的初期火灾。二者均不能用于扑救金属燃烧火灾。由于碳酸盐、磷酸盐具有一定腐蚀性，干粉灭火器不适宜扑救精密仪器着火。

③ 使用方法及注意事项：将干粉灭火器提到现场，除掉铅封，拔去保险销，右手使劲按下压把，左手把持喷粉管，距火场 3m 左右，对准火焰喷射。不断左右摆动喷粉管，用干粉笼罩住燃烧区，直至把火焰扑灭。手提干粉灭火器必须竖立使用，不可颠倒，喷管口严禁对人。灭火时操作者必须处于上风处操作，注意控制灭火点的有效距离和使用时间。

泡沫灭火器的使用

（3）泡沫灭火器

① 灭火原理：泡沫灭火器的喷出物在燃烧物表面形成泡沫覆盖层，使燃烧物表面与空气隔绝并降低燃烧物的蒸发与热解挥发，达到窒息灭火的目的。泡沫灭火

器具有使用方便、洁净环保的特点，采用洁净水和环保型泡沫灭火剂，灭火时无毒、无味、无粉尘等残留物，不会对环境造成次生污染。另外由于喷出的水雾能见度高，可降低火场中烟气含量和毒性，有利于人员疏散和消防员灭火。

② 适用范围：泡沫灭火器适用于扑救 A 类火灾和一般 B 类火灾（例如油制品、油脂等火灾），不能扑救 B 类火灾中的水溶性、易燃液体的火灾（例如醇、酯、醚、酮等火灾），也不能扑救带电设备 D 类及 E 类火灾，以及与水发生燃烧、爆炸物质的火灾。

③ 使用方法及注意事项：使用时首先将灭火器提到起火地点，放下灭火器，除掉铅封，拔出保险销，一只手握住喇叭筒对准火焰，另一只手压下并握紧压把，使泡沫喷出，将泡沫喷射流对准燃烧物。在泡沫喷射过程中，应一直紧握压把，不能松开，避免将灭火器横置或倒置，以免中断喷射。在扑救可燃液体火灾时，如已呈流淌状燃烧，则应将泡沫由近而远喷射，使泡沫完全覆盖在燃烧液面上。切忌直接对准液面喷射，以免由于射流的冲击，反而将燃烧的液体冲散或冲出容器，扩大燃烧范围。在扑救固体物质火灾时，应将射流对准燃烧最猛烈处。灭火时随着有效喷射距离的缩短，使用者应逐渐向燃烧区靠近，并始终将泡沫喷在燃烧物上，直至扑灭。

（4）灭火器的选择

应根据场所的危险等级和可能发生的火灾类型等因素配置灭火器，确定灭火器的类型。选择灭火器进行灭火时，应根据火灾类型选择合适的灭火器。不合适的灭火器不仅有可能灭不了火，还有可能发生爆炸和伤人事故。例如 BC 干粉灭火器不能扑灭 A 类火灾，CO_2 灭火器不能用于扑救 D 类火灾。虽然有几种类型的灭火器均适用于扑灭同一种类的火灾，但其灭火能力、灭火剂用量的多少以及灭火速度等方面有明显的差异，因此在选择灭火器时，应考虑灭火器的灭火效能和通用性。

为保护贵重仪器设备与场所免受不必要的污渍损失，灭火器的选择还应考虑其对被保护物品的污损程度。例如在专用计算机机房内，要考虑被保护对象是计算机等精密仪表设备，若使用干粉灭火器灭火，肯定能灭火，但其灭火后所残留的灭火剂对电子元器件会有一定的腐蚀和粉尘污染，而且也难以清洁。水型灭火器和泡沫灭火器灭火后对仪器设备也有类似的污损，此类场所发生火灾时应选用洁净气体灭火器，灭火后不仅没有任何残迹，而且对贵重精密设备也没有污损和腐蚀。

（5）灭火器的配置

灭火器一般设置在走廊、通道、门厅、房间出入口和楼梯等显著位置，周围不得堆放其他物品，且不应影响紧急情况下人员的疏散。在有视线障碍的位置摆放灭火器时，应在醒目处设置指示灭火器位置的发光标志，可使灭火人员减少寻找灭火器所花费的时间。

灭火器的铭牌应朝外，器头宜向上，使人们能直接观察到灭火器的主要性能指标。手提式灭火器宜设置在挂钩、托架上或灭火器箱内，设置在室外的灭火器应有防湿、防寒和防晒等保护措施。

灭火器设置点的环境温度对灭火器的喷射性能和安全性能均有明显影响，大部分灭火器的使用范围在 5～50℃。若环境温度过低，灭火器的喷射性能会显著降低；若环境温度过高，灭火器的内压剧增，有炸伤人的危险。

一个计算单元内配置的灭火器数量不得少于 2 具，每个设置点的灭火器数量不宜多于 5

具。根据消防实战经验和实际需要，在已安装消火栓系统、固定灭火系统的场所，可根据具体情况适量减配灭火器：设有消火栓的场所，可减配 30% 的灭火器；设有灭火系统的场所可减配 50% 的灭火器；同时设有消火栓和灭火系统的场所，可减配 70% 的灭火器。

（6）灭火器的检查

按照国家对消防产品的强制标准，现在所使用的灭火器都有一个盘式压力指示表。在对灭火器进行检查时，当压力表指针指向黄色区域时表示灭火器罐内压力偏高，当指针指向绿色区域时表示灭火器罐内压力正常，当指针指向红色区域时表示灭火器罐内压力不足，对罐内压力不足的灭火器需要及时进行充灌或更换。

检查时还需注意灭火器的罐体是否破损生锈，皮管、喷头等配件是否完好，灭火器出厂日期及充灌日期是否在保质期内，配置位置是否合理，是否便于取用等问题。需特别注意的是，当灭火器失效完全没有压力时，压力表指针会自动回到绿色区域，这样的灭火器需立即更换。一般情况下灭火器在出厂 5 年内、压力表指示正常的情况下，不需要进行充灌或更换；出厂超过 5 年的灭火器，无论压力表指示是否正常，每年均需要充灌一次或进行检查和更换。

（7）其他类型的灭火设备

① 消防沙箱是化学实验室标准配备的消防设备，尺寸通常较小，便于搬放，专门用于扑救 D 类金属火灾和油类火灾，利用覆盖火源、阻隔空气的原理来达到灭火的目的。其使用方法相对简单，可以直接将消防沙覆盖在着火物质的表面，以便迅速破坏燃烧的条件。需要注意的是，在使用消防沙扑灭油类火灾时，要避免油火飞溅，加重火势。

② 灭火毯是一种质地柔软的消防器具，由耐火纤维等材料经过特殊处理编织而成，利用隔绝空气原理实现灭火。按其所用材料可分为石棉灭火毯、玻璃纤维灭火毯、高硅氧灭火毯、碳素纤维灭火毯、陶瓷纤维灭火毯等。在火灾初期，通过覆盖火源，灭火毯能以最快速度隔绝氧气，控制火势蔓延。由于其本身具有防火隔热的特性，在人员进行逃生的过程中，灭火毯还可作为逃生的防护物品，现已成为化学实验室的标准消防配备。

 章节习题

1. 燃烧的必要条件是什么？燃烧可分为几种类型？
2. 什么是爆炸？爆炸可分为几种类型？
3. 化学实验室发生爆炸事故的原因和防爆的基本措施都有哪些？
4. 火灾分为哪几类？灭火的基本方法有哪些？
5. 常用灭火器材有哪几类？如何使用？

 参考文献

［1］蔡乐. 高等学校化学实验室安全基础［M］. 北京：化学工业出版社，2018.

［2］姜文凤，刘志广. 化学实验室安全基础［M］. 北京：高等教育出版社，2019.

［3］全国消防标准化技术委员会. 火灾分类：GB/T 4968—2008［S］. 北京：中国标准出版社，2009.

［4］中华人民共和国国务院令第 493 号. 生产安全事故报告和调查处理条例［Z］. 2007.

第3章
化学实验室安全用电常识

3.1　化学实验室电源特性

　　化学实验室中有大量电气装置，其中不乏很多大功率仪器设备（如烘箱、真空干燥箱、电炉、马弗炉等），这些电气装置、仪器设备的安装和使用都有特殊的要求和规范。化学实验室设备故障、电气着火、人身触电等事故大多是由电气设备的配置不当和实验人员的使用不当引起的，因此化学实验室的电气配置和电器使用安全非常重要。

　　化学实验室中电气设备的类型有些是单相电源有些是三相电源，这对实验室的电力系统提出了较高的要求。考虑到实验室未来几年的发展规划，不间断电源的容量除了要保证实际所需外还应留有一定的扩增空间。因此，化学实验楼所有室内线路，都必须按照国家或行业相关标准和要求进行设计和铺设。

　　化学实验室用电设备的用电功率由几瓦到几千瓦不等，为了避免不同负载之间的相互干扰，实验室线路要有动力电和照明电两个独立系统。每间实验室要安装配电箱，配电箱内应有各实验台分闸和照明灯开关以便选择所需电源。所有动力电和照明电的电闸全部是空气开关，每一个回路都应配有漏电保护器。

　　每一间实验室内都要有三相交流电源和单相交流电源，要设置总电源控制开关，以便实验室无人时，能选择性地切断室内电源。室内固定装置的用电设备（如烘箱、恒温箱、干燥箱等），如果是在实验进行中使用这些设备，而在实验结束时就停止使用的，可连接在该实验室的总电源上；若实验结束后仍需运转的，则应连接专供电电源，不至于因切断实验室总电源而影响其工作。

　　每个实验台需设置一定数量的电源插座，至少要有 1 个三相插座，2~4 个单相插座。这些插座应有开关控制和保险设备，防止发生短路时影响整个实验室的正常供电。插座可设置在桌面或桌子侧面，但不能影响实验操作，应远离水池、煤气和氢气等。为配合室内实验桌、通风橱、烘箱等装置的布置，在实验室四面墙壁的适当位置，可安装多处单相和三相插座，以使用方便为原则。

化学实验室的配电导线应采用铜芯线，以防止腐蚀性气体的侵蚀。敷线方式以穿管暗敷设较为理想，暗敷设不仅可以保护导线，而且使室内整洁不易积尘，检修更换也更为方便。

化学实验室内使用高压电或大电流的仪器较为普遍，使用高压电尤其是 500V 以上的设备时，应注意如下事项：

① 要有特别的高压电保护罩，保证良好接地；

② 如在一般实验桌上操作，要挂有警告牌，使人周知；

③ 实验桌绝缘良好，一切金属管都内藏；

④ 开关、控制都在桌边方便的地方，操作人员不用越过电器进行操作；

⑤ 不能用试电笔去试高压电，使用高压电源应有专门的防护措施，要穿绝缘鞋、戴绝缘手套并站在绝缘垫上。

3.2 化学实验室安全用电与防护

用电设备在化学实验室分布的广泛性以及化学实验室自身的特性，决定了安全用电永远是化学实验室安全教育中的重要一环。不安全用电所造成的事故，不仅造成设备损坏和财产损失，更会对人身产生不可逆转的伤害，甚至对生命构成严重威胁。因此学习安全用电相关基础知识，对于保障实验教学、人才培养和科学研究工作的顺利进行，具有重要的现实意义。

3.2.1 化学实验室用电基础知识

实验室所发生的用电安全事故，基本上都是由不严格遵守规章制度、粗心大意、缺乏用电基本知识，以及突发、偶发因素导致。下面给出了实验室一些常见的基本用电常识。

（1）用电设备的安全使用

设备接电前应进行"三查"：一查设备铭牌，熟悉设备参数，包括额定电压、电流、功率等；二查环境电源，检查电压、容量是否与设备吻合；三查设备本身，检查电源线是否完好，外壳是否可能带电等。

使用大功率用电设备（如烘箱、恒温水浴、离心机、电炉等）时，要严防触电。绝不可用湿手或在眼睛旁视时开关电闸和电器开关，应用试电笔检查用电设备、电器等是否漏电，凡是漏电的仪器设备一律不能使用。

（2）设备使用异常的处理

使用用电设备时，通常会发生的异常情况有：触摸设备外壳或手持部位有麻电感觉、开机或使用中保险丝熔断、出现异常声音（如噪声变大、有内部放电声或电机转动声音异常等）、出现异味（如塑料味、绝缘漆挥发的气味和烧焦的气味等）、机内打火出现烟雾、仪表指示超范围（如数值突变超出正常范围或来回摆动等）。

异常情况的处理办法：凡遇上述异常情况之一，首先应尽快切断电源，拔下电器插头，及时对设备进行检修；若保险丝熔断，决不允许换上大容量保险丝继续工作，一定要查清原因后再换上同规格保险丝；及时记录异常现象及部位，避免检修时再通电查找；寻求专业人员进行处理。

（3）养成安全操作的习惯

主要安全操作习惯有：人体触及任何电气装置和设备时先断开电源，断开电源指真正脱离电源系统（如拔下电源插头、断开刀闸开关或电源连接等），而不仅仅是关闭设备电源开关；测试和装接电力线路采用单手操作；触及电路的任何金属部分之前都进行安全检测；穿戴绝缘防护用品，如绝缘橡胶鞋和绝缘橡胶手套等。

（4）防止触电的基本措施

① 绝缘防护。使用绝缘材料将导电体封护或隔离起来，保证电器设备及线路能正常工作，防止人体意外触电，另外应注意经常检查绝缘物是否老化及被损坏情况。

② 安装屏护。采用护罩、隔离板、围栏等把危险带电体同外界隔离，减少意外触电的可能。

③ 仪器设备外壳保持良好接地。电器设备一旦漏电或被击穿时，金属外壳就会意外带电，极易发生触电危险，用电设备保持良好接地就会大大降低危险程度。

④ 安装漏电防护装置。这是目前普遍采用的较为先进、安全的技术措施，这种装置能在发生漏电或接地故障时切断电源，或在人体不慎触电时，能在 0.1s 内切断电源大大减轻伤害。

⑤ 悬挂张贴警示标志。在用电装置、电源开关、电源插座、电源箱等附近粘贴警示标志，在设备维修和检查时，应悬挂"维修中，严禁合闸"的警示牌等。

⑥ 其他。如防止静电产生、保持环境干燥等。

3.2.2 用电注意事项

用电注意事项主要有：

① 损坏的开关、插头插座、电线等应赶快修理或更换，不能怕麻烦将就使用；

② 实验室所有用电设备都必须保持良好接地；

③ 对电气设备不要乱拆、乱装，更不要乱接地线；

④ 灯头用的软线不要东扯西拉，灯头距地面不要太低，临时拉灯照明时，不要搭在铁丝上；

⑤ 化学药品库一定要用防爆照明灯，控制开关一定要安装在门外；

⑥ 室内电线太乱或发生问题时，不能私自摆弄，一定要找电气承装部门或电工来维修；

⑦ 拉铁丝搭东西时，千万不要触碰附近的电线；

⑧ 屋外电线和进户线要架设牢固，以免被风吹断，发生危险；

⑨ 外线折断时，不要靠近或者用手去拿，应设置危险警告或找人看守，并尽快通知电工修理；

⑩ 不用湿手、湿脚动用电气设备，也不要触碰开关插座，以免触电；

⑪ 大清扫时，不要用抹布擦电线、开关和插座；

⑫ 移动电气设备时，必须先断开电源，然后再移动；

⑬ 不要使用自制的插座板，应使用合格标准的正规商品插座板；

⑭ 当插座板电线长度不够长时，不要将多个插座板串联使用；

⑮ 不要将插座板放在实验室地面或实验台面使用，避免液体溶液、有机试剂与之接触而引发火灾；

⑯ 保险盒要完善，保险丝熔断时，必须及时找出原因，换上同等容量的保险丝，不可用铜丝或铁丝代替；

⑰ 确保电气设备的可靠和正确接地；

⑱ 不要带电维修电器设备；

⑲ 化学实验室总电源箱应远离药品；

⑳ 实验室新增大功率用电设备时，要注意实验室的设计功率是否能满足要求；计算机、空调、风扇等设备夜间必须关闭，特别是计算机主机与显示器，不能在夜间无人时处于待机或休眠状态。

3.2.3　静电防护

实验室的仪器设备大都使用高性能电子元器件，对静电非常敏感，电子元件容易受静电影响而发生性能下降或不稳定，从而引发各种故障。静电电击的能量虽然较小，但放电时很可能会产生电火花，作用于人体时轻则让人体感觉到不适，重则会使人摔倒。因此，静电不仅会造成设备运行出现状况，缩短电子设备的使用寿命，而且还会破坏电子仪器的内部元件，严重时可能会烧毁有关电子元器件和整个电路板，从而造成设备损坏和人员伤害，甚至引发火灾。

减少静电产生、设法导走静电以及防止静电放电，是防止静电危害的主要途径。可采取以下措施：

① 实验室最关键的防静电措施就是实验室仪器设备良好接地，让静电随时流入大地。

② 保持实验室室内整洁卫生。由于静电的力学效应，静电吸附很容易使工作场所的悬浮尘埃吸附在电子器件表面，从而影响器件性能，因此应保持实验室整洁卫生。

③ 控制实验室温度和湿度。温度和湿度对静电影响很大，当温度在20℃左右、湿度在60%左右的时候，静电难以产生，因此可使用空调控制温度并利用加湿器控制湿度，以此防止静电的产生。

④ 进入实验室前应徒手接触金属接地棒，以消除人体所带的静电。

⑤ 实验室内不得使用塑料等绝缘性不好的地面材料，可以铺设防静电地板。

3.3　触电与急救

3.3.1　安全电压

安全电压是指在一定条件下、一定时间内不危及生命安全的电压，一般环境条件下允许持续接触的"安全特低电压"是36V，高于这个电压，人体触碰后都是危险的。根据国际电工委员会相关的导则中有关慎用"安全"一词的原则，上述安全电压的说法仅作为特低电压保护型式的表示，不能认为仅采用了"安全"特低电压电源就能防止电击事故的发生！

电压的大小对人体的影响及电压的安全距离如表3-1所示。

表 3-1　电压的大小对人体的影响及电压的安全距离

接触时的情况		可接近的距离	
电压/V	对人体的影响	电压/kV	设备不停电时的安全距离/m
10	全身在水中时跨步电压界限为10V/m	10及以下	0.7
20	湿手的安全界限	20～35	1.0
30	干燥手的安全界限	44	1.2
50	对人的生命无危险界限	60～110	1.5
100～200	危险性急剧增大	154	2.0
200以上	对人的生命造成威胁	220	3.0
3000	被带电体吸引	330	4.0
10000以上	有被弹开而脱险的可能	500	5.0

在装有防止触电事故速断保护装置的场合，人体允许电流可取 30mA。因此，在特别危险环境中应采用 42V 安全电压；在有电击危险环境中使用的手持照明灯和局部照明灯应采用 36V 或 24V 安全电压；凡金属容器内、隧道内、水井内，以及周围有大面积接地导体等工作点狭窄、行动不便的环境或特别潮湿的环境，应采用 12V 安全电压；水下作业等特殊场所应采用 6V 安全电压。在应当采用安全电压的场合，一定要按要求规定适当选用相应等级的安全电压，不得用其他保护方式替代，但可以作为后备保护，例如可用漏电保护装置作为后备保护等。

安全电压回路与一般电路是不同的。安全电压回路的带电部分必须与较高电压的回路保持电气隔离，因此安全电压回路不得与大地、保护接零及接地线或其他电气回路连接，但安全电源变压器外壳及其一、二次线圈之间的屏蔽隔离层应按规定接地或接零，以减轻一次与二次短接的危险。安全电压回路的配线应与其他电压等级的配线分开敷设，否则其绝缘水平应与共同敷设的其他较高电压等级配线的绝缘水平一致。

影响触电伤害程度的因素除了通过人体的电压之外，还有通过人体的电流、电流作用时间的长短、频率的高低、电流通过人体的途径、触电者的体质状况和人体的电阻等。

通过人体的电流越大，对人体的伤害越严重。根据电流对人体的伤害程度，可将通过人体的电流分为感知电流、摆脱电流和致命电流。一般情况下，100mA 以上的电流足以致命。电流的大小对人体的影响如表 3-2 所示。

表 3-2　电流的大小对人体的影响

电流/mA	对人体的影响
<1	无感觉
1	有轻微感觉
1～3	有刺激感，一般电疗仪器取此电流
3～10	感到痛苦，但可自行摆脱
10～30	引起肌肉痉挛，短时间无危险，长时间有危险
30～50	强烈痉挛，时间超过60s有生命危险
50～250	产生心室纤颤，丧失知觉，严重危害生命
>250	短时间内（1s以上）造成心搏骤停，体内造成电灼伤

人体处于电流作用下，时间越短获救的可能性越大；一般而言，50～60Hz 的工频电流对人体的伤害是最大的，被高频电流伤害的危险性要比直流电和工频交流电危险性小；如果电流是从手流经到脚，中间经过心脏等重要器官时最为危险，而如果电流通过的路径是从脚到脚，则危险性较小。

3.3.2 触电时应急措施

触电事故有两个特点，一是无法预兆，瞬间即可发生；二是危险性大，致死率高。一旦发生触电事故，千万不可慌张，一定要冷静正确处理。应急处理的原则是：动作迅速，方法得当。

人体的触电方式

① 迅速让触电者脱离电源。人体触电后，很可能由于痉挛或昏迷而紧紧握住带电体，不能自拔。如果电闸在事故现场附近，应立即切断电源；如果电闸不在事故现场附近，应立即用绝缘物体（如带绝缘柄的工具、木棒、塑料管等）将带电导线从触电者身上移开，或者用电工钳子切断电源，使触电者立即脱离电源；如果不得已只能用手将触电者拉开，抢救者最好戴上橡胶手套、穿上橡胶鞋、站在干燥的不导电物体上，单手去拉触电者。注意：在施救的过程中一定要保证自己不触电，所以在触电者没有脱离电源前，不要直接接触触电者，以防抢救者自己被电流击倒，也不要用金属或潮湿的物体作为救护工具。

② 触电者脱离电源后立即检查其受伤情况。如情况不严重，可在短期内自行恢复知觉。若神志不清，应迅速判断其有无呼吸和心跳，若有呼吸、心跳尚存，应尽快送医院抢救；若已停止呼吸和心跳，应立即进行人工呼吸和心肺复苏，并迅速拨打急救电话。

③ 人工呼吸法。人工呼吸法是触电急救的一种行之有效的科学方法，即使用人工的方法帮助触电者恢复正常呼吸。在实施人工呼吸前，首先确保人员处于安全的环境中，然后把触电者身上的衣服和裤带解开以免妨碍呼吸。如果触电者牙关紧闭，应设法使嘴张开，清除口腔异物，把舌头拉到嘴外，以便于呼吸。常用的人工呼吸急救方法有：口对口吹气法、俯卧压背法、仰卧压胸法和胸外心脏按压法等。采取人工呼吸急救需要接受过专业培训或经过系统学习，掌握相应技巧，有关知识可参考相关书籍。

 章节习题

1. 化学实验室电源的特性有哪些？
2. 化学实验室如何做好安全用电与防护工作？
3. 人体触电方式和触电时的应急措施有哪些？
4. 电气火灾的常见形式和灭火措施有哪些？
5. 实验室如何做好电气火灾的预防工作？

参考文献

[1] 姜文凤，刘志广. 化学实验室安全基础 [M]. 北京：高等教育出版社，2019.

[2] 刘晓芳，郭俊明，刘满红，等. 化学实验室安全与管理 [M]. 北京：科学出版社，2022.

第4章

化学品的分类及标志

化学品的分类及标志

4.1 化学品与危险化学品概述

4.1.1 化学品概述

化学品是指由各种元素组成的单质、化合物及其混合物，无论是天然的还是人造的。所以，广义上讲，人们在这个世界上接触的所有东西都可以称为化学品。但通常我们所说的化学品（化工品），是指运用化学方法改变物质组成、结构或合成新物质的技术所得的产品。

大家日常的生活离不开化学品，像百货商店里色彩绚丽的服装（腈纶、尼龙、竹纤维等），厨房里琳琅满目的调味品（香精、色素等食品添加剂），房子的建筑材料（钢筋、水泥、玻璃等），保鲜膜、包装袋等塑料制品和洗涤用品，出行的汽车、飞机等交通工具用的燃油等都有化学品的贡献。可以说"没有化学品，就没有文明的人类社会"。

据 CAS 不完全统计，目前全世界已有的化学品高达 700 多万种，已作为商品上市的有 10 万多种，经常使用的有 7 万多种，且每年新增的化学品达 1000 多种。截至 2025 年 1 月 10 日，中国《现有化学物质名录》（IECSC）收录我国现有的化学物质 47047 种。现代社会所有工业都在使用化学品，几乎所有制造过程都依赖于化学品，这使化学品生产成为世界经济最主要、最全球化的领域。虽然许多化学品对人类造成了中毒、火灾、爆炸等潜在危害，但只要正确地了解与掌握化学品的特性，建立健全各类规章制度，加强安全教育与防护，从根本上预防潜在的危险，就一定能使化学品的危害降至最小。

4.1.2 危险化学品概述

《危险化学品安全管理条例》（国务院令第 591 号）第三条规定，将危险化学品定义为"具有毒害、腐蚀、爆炸、燃烧、助燃等性质，对人体、设施、环境具有危害的剧毒化学品和其他化学品"，此定义从某种意义上属于国家行政法规的定义。在实际操作中，原国家安全生产监督管理总局发布的《危险化学品目录》（2015 版）中的化学品是危险化学品。除了已公认的物质，如纯净食品、水、食盐等之外，《危险化学品目录》中未列的化学品应经实验加以鉴别认定。

4.2 化学品安全技术说明书

4.2.1 化学品安全技术说明书简介

在进行化学实验过程中，都会不可避免地接触到各种化学药品，错误使用化学品是导致化学实验室产生危险的主要原因。因此在使用化学品之前，必须事先了解这些药品的性质，可通过查阅化学品安全技术说明书来了解。

化学品安全技术说明书（safety data sheet for chemical products，简称 SDS，也有简称 MSDS），提供了化学品有关安全的基础数据，简要描述了一种化学品对人类健康和环境的危害并提供如何搬运、储存和使用该化学品的信息，对化学品各环节作业人员正确识别风险、有效控制化学品危害、正确采取防范措施等具有重要作用。

4.2.2 化学品安全技术说明书结构

我国国家标准《化学品安全技术说明书 内容和项目顺序》（GB/T 16483—2008）规定了 SDS 的结构、内容及通用形式。同时《化学品安全技术说明书编写指南》（国家标准 GB/T 17519—2013），规定了 SDS 中的 16 项内容的编写细则、编写格式及书写要求。具体 16 项内容参见表 4-1。

表 4-1　SDS 包含主要内容及要点

序号	主要内容	要点
1	化学品及企业标识	① 化学品标识 ② 企业标识 ③ 应急咨询电话 ④ 化学品的推荐用途和限制用途
2	危险性概述	① 紧急情况概述 ② 危险性类别 ③ 标签要素 ④ 物理和化学危险 ⑤ 健康危害 ⑥ 环境危害 ⑦ 其他危害
3	成分/组成信息	① 物质（物质名称、CAS 号、其他标识符等） ② 混合物（组分物质名称、浓度或浓度范围、CAS 号等）

序号	主要内容	要点
4	急救措施	① 急救措施的描述 ② 最重要的症状和健康影响 ③ 对保护施救者的忠告 ④ 对医生的特别提示
5	消防措施	① 灭火剂 ② 特别危险性 ③ 灭火注意事项及防护措施
6	泄漏应急处理	① 人员防护措施、防护装备和应急处置程序 ② 环境保护措施 ③ 泄漏化学品的收容、清除方法及所用的处置材料 ④ 防止发生次生灾害的预防措施
7	操作处置与储存	① 操作处置 ② 储存（安全储存条件、包装材料等）
8	接触控制和个体防护	① 职业接触限值 ② 生物限值 ③ 监测方法 ④ 工程控制 ⑤ 个体防护装备
9	理化特性	必要时提供数据的测定方法和相关条件；对于混合物，若不能提供混合物的整体理化特性信息，应填写混合物中对其危险性有贡献组分的理化特性
10	稳定性和反应性	① 稳定性 ② 危险反应 ③ 应避免的条件 ④ 禁配物 ⑤ 危险的分解产物
11	毒理学信息	所提供的信息应能用来评估物质、混合物的健康危害和进行危险性分类，如人类健康危害资料、动物试验资料、体外试验资料、结构-活性关系等
12	生态学信息	对于试验资料，应清楚说明试验数据、物种、媒介、单位、试验方法、试验间期和试验条件等
13	废弃处置	具体说明处置化学品及容器的方法，提醒下游用户注意国家和地方有关废弃化学品的处置法规等
14	运输信息	提供危险物质或混合物国际运输的编号与分类信息。根据需要，可区分陆运、内陆水运、海运、空运填写信息
15	法规信息	标明国家管理该化学品的法律（或法规）的名称
16	其他信息	在其他部分没有包含的，对于下游用户安全使用化学品有重要意义的其他任何信息

其中，第 1～3 部分告诉我们这种化学品是什么物质，有什么危害；第 4～6 部分，则提示危险情形已经发生时，我们应该怎么做；第 7～10 部分，说明如何预防和控制危险发生；第 11～16 部分是其他一些关于危险化学品安全的重要信息。

4.2.3　常用化学品安全技术说明书

化学品安全技术说明书的幅面尺寸一般为 A4，按照竖式编排，有时也可是供应商认为合适的其他幅面尺寸。

首页上部，大标题"化学品安全技术说明书"字体要醒目，化学品名称的填写应符合《化学品安全技术说明书　内容和项目顺序》（GB/T 16483—2008）的要求，注明 SDS 最初编制日期、SDS 的修订日期、本 SDS 编写依据，即按照 GB/T 16483—2008、GB/T 17519—2013 编制。如有 SDS 编号，应在此给出。

在编排 16 部分内容时，各部分的标题、编号和前后顺序不应随意变更；16 部分中各小项标题同样要醒目，但不编号，小项按照 GB/T 16483—2008 中指定的顺序排列。

对于 SDS 中的文字，应使用规范的中文汉字编制，文字表达应准确、简明、易懂、逻辑严谨，且尽量选用经常使用的、熟悉的词语。

表 4-2 是苯的 SDS 样例。

表 4-2　苯的化学品安全技术说明书样例

化学品安全技术说明书

产品名称：苯	按照 GB/T 16483—2008、GB/T 17519—2013 编制
修订日期：2019 年 7 月 15 日	SDS 编号：××××××××
最初编制日期：2019 年 7 月 15 日	版本：1.0

第 1 部分　化学品及企业标识

化学品中文名：苯

化学品英文名：Benzene

企业名称：

企业地址：

邮　编：

传　真：

联系电话：

电子邮件地址：

企业应急电话：

产品推荐及限制用途：

　　主要用于生产苯乙烯、环己烷、苯酚、乙苯、异丙苯、烷基苯、硝基苯、氯苯、马来酸酐等，也是生产合成树脂、合成橡胶、合成纤维、染料、洗涤剂、医药、农药和特种溶剂的重要原料。

第 2 部分　危险性概述

紧急情况概述：

　　高度易燃液体和蒸气。其蒸气能与空气形成爆炸性混合物。重度中毒出现意识障碍、呼吸循环衰竭、猝死。吞咽并进入呼吸道可能致命。损害造血系统。可能导致遗传性缺陷。可能致癌。

GHS危险性类别：

易燃液体 类别 2

皮肤腐蚀／刺激 类别 2

严重眼损伤／眼刺激 类别 2A

致癌性 类别 1A

生殖细胞致突变性 类别 1B

特异性靶器官系统毒性——反复接触 类别 1

吸入危害 类别 1

对水环境危害——急性 类别 2

对水环境危害——慢性 类别 3

标签要素：

象形图：

警示词： 危险

危险性说明： 高度易燃液体和蒸气。造成皮肤刺激。造成严重眼刺激。吞咽并进入呼吸道可能致命。可能导致遗传性缺陷。可能致癌。

防范说明：

预防措施：

——远离热源/火花/明火/热表面。

——禁止吸烟。保持容器密闭。

——容器和装载设备接地/等势连接。

——使用防爆的电气/通风/照明设备。

——只能使用不产生火花的工具。

——采取防止静电放电的措施。

——戴防护手套/穿防护服/戴防护眼罩/戴防护面具。

——作业后彻底清洗皮肤。

——使用前取得专用说明。

——在阅读并明了所有安全措施前切勿搬动。

——不要吸入粉尘/烟/气体/烟雾/蒸气/喷雾。

——使用本产品时不要进食、饮水或吸烟。

事故响应：

——如皮肤（或头发）沾染：立即脱掉所有沾染的衣服。用水清洗皮肤/淋浴。

——火灾时：使用灭火器灭火。

——如皮肤沾染：用水充分清洗。

——如发生皮肤刺激：求医/就诊。

——如进入眼睛：用水小心冲洗几分钟。如戴角膜接触镜并可方便地取出，取出角膜接触镜，继续冲洗。

——如仍觉眼刺激：求医/就诊。

——如误吞咽：立即呼叫解毒中心/医生。

——不得诱导呕吐。

——如接触到或有疑虑：求医/就诊。

——如感觉不适，须求医/就诊。

安全储存：

存放在通风良好的地方。保持低温。

存放处须加锁。

废弃处置：

按当地法规处置内装物/容器。

物理和化学危险：

高度易燃液体和蒸气。

健康危害：

造成皮肤刺激。造成严重眼刺激。吞咽并进入呼吸道可能致命。可能导致遗传性缺陷。可能致癌。

环境危害：

对水生生物有毒，有长期持续影响。

第3部分　成分/组成信息

组分	浓度或浓度范围（质量分数）/%	CAS号
苯	99%	71-43-2

第4部分　急救措施

急救：

吸入：迅速将中毒者移至空气新鲜处。保持呼吸道通畅。如呼吸困难，给输氧。如呼吸、心跳停止，立即进行心肺复苏。

皮肤接触：立即脱去污染的衣着，用肥皂水和清水彻底冲洗。就医。

眼睛接触：立即分开眼睑，用流动清水或生理盐水彻底冲洗。就医。

食入：漱口，尽量饮水，不要催吐。洗胃，忌用肾上腺素，以免发生心室颤动。

对保护施救者的忠告：

进入事故现场应佩戴携气式呼吸防护器。

对医生的特别提示：

急性中毒可用葡萄糖醛酸内酯；忌用肾上腺素，以免发生心室纤颤。

第5部分　消防措施

灭火剂：

用水雾、干粉、泡沫或二氧化碳灭火剂灭火。

避免使用直流水灭火，直流水可能导致可燃性液体的飞溅，使火势扩散。

特别危险性：

易燃液体和蒸气。燃烧会产生一氧化碳、二氧化碳、醛类和酮类等有毒气体。

易产生和聚集静电，有燃烧爆炸危险。

蒸气比空气重，能在较低处扩散到相当远的地方，遇火源会着火回燃和爆炸（闪爆）。

灭火注意事项及防护措施：

消防人员必须穿全身防火防毒服，佩戴空气呼吸器，在上风向灭火。

尽可能将容器从火场移至空旷处。

喷水保持火场容器冷却，直至灭火结束。

处在火场中的容器若发生异常变化或发出异常声音，必须马上撤离。

灭火剂：泡沫、二氧化碳、干粉、沙土。

第6部分　泄漏应急处理

作业人员防护措施、防护装备和应急处置程序：

建议应急处理人员戴正压自给式呼吸器，穿防毒、防静电服，戴橡胶耐油手套。

作业时使用的所有设备应接地。禁止接触或跨越泄漏物。

尽可能切断泄漏源。

消除所有点火源。

根据液体流动和蒸气扩散的影响区域划定警戒区，无关人员从侧风、上风向撤离至安全区。

防止泄漏物进入水体、下水道、地下室或限制性空间。

环境保护措施：

收容泄漏物，避免污染环境。防止泄漏物进入下水道、地表水和地下水。

泄漏化学品的收容、清除方法及所使用的处置材料：

小量泄漏：尽可能将泄漏液体收集在可密闭的容器中。用沙土、活性炭或其他惰性材料吸收，并转移至安全场所。禁止冲入下水道。

大量泄漏：构筑围堤或挖坑收容。封闭排水管道。用泡沫覆盖，抑制蒸发。用防爆泵转移至槽车或专用收集器内，回收或运至废物处理场所处置。

第7部分　操作处置与储存

操作注意事项：

禁止明火，禁止火花和禁止吸烟。密闭系统，通风，防爆型电气设备和照明。不要使用压缩空气灌装、卸料或转运。使用无火花的工具。防止静电荷聚集（例如，通过接地）。

操作人员应经过专门培训，严格遵守操作规程。

操作处置应在具备局部通风或全面通风换气设施的场所进行。

避免眼和皮肤的接触，避免吸入蒸气。

个体防护措施参见第8部分。

远离火种、热源，工作场所严禁吸烟。

使用防爆型的通风系统和设备。

如需罐装，应控制流速，且有接地装置，防止静电积聚。

避免与氧化剂等禁配物接触。

搬运时要轻装轻卸，防止包装及容器损坏。

倒空的容器可能残留有害物。

使用后洗手，禁止在工作场所进食、饮食。

配备相应品种和数量的消防器材及泄漏应急处理设备。

储存注意事项：

耐火设备（条件）。与食品和饲料、氧化剂和卤素分开存放。

第8部分　接触控制/个体防护

职业接触限值：

中国：PC-TWA6mg/m³〔皮〕〔G1〕；PC-STEL10mg/m³〔皮〕〔G1〕。美国（ACGIH）：TLV-TWA1.6mg/m³〔皮〕；TLV-STEL7.99mg/m³〔皮〕。

生物限值：

无资料。

监测方法：

GBZ/T 300.X《工作场所空气有毒物质测定》（系列标准），EN 14042—2003《工作场所空气——暴露于化学和生物制剂的大气评定程序的应用和使用指南》，用于评估暴露于化学或生物制剂的大气评定程序指南。

工程控制：

避免一切接触！

作业场所建议与其他作业场所分开。

密闭操作，防止泄漏。

加强通风。

设置自动报警装置和事故通风设施。

设置应急撤离通道和必要的泄险区。

设置红色区域警示线、警示标识和中文警示说明，并设置通讯报警系统。

提供安全淋浴和洗眼设备。

个体防护装备：

呼吸系统防护：通风，局部排气通风或呼吸防护。

手防护：防护手套，防护服。

眼睛防护：面罩，或眼睛防护结合呼吸防护。

皮肤和身体防护：穿防毒物渗透工作服。

第9部分　理化特性

外观与性状：无色透明液体	气味：有强烈芳香味
pH值：无资料	熔点/凝固点（℃）：5.5
沸点、初沸点和沸程（℃）：80.1	自燃温度（℃）：498
闪点（℃）：-11（闭杯）	分解温度（℃）：无资料
爆炸极限〔%（体积分数）〕：1.2～8.0	蒸发速率〔乙酸（正）丁酯以1计〕：5.1
饱和蒸气压（kPa）：9.95（20℃）	易燃性（固体、气体）：不适用
相对密度（水以1计）：0.88	蒸气密度（空气以1计）：2.77
气味阈值（mg/m³）：无资料	n-辛醇/水分配系数（lg P）：2.13
溶解性：不溶于水，溶于乙醇、乙醚、丙酮、四氯化碳、二硫化碳、乙酸等多数有机溶剂	黏度：无资料

第10部分 稳定性和反应性

稳定性：

正常环境温度下储存和使用，本品稳定。

危险反应：

与发烟硝酸、高锰酸钾等强氧化剂反应。催化剂存在时，与氢气发生加氢反应，放出热量。接触三氧化铬能燃烧。烷基铝催化剂存在下，会与氯乙烯或其他卤代烃发生剧烈反应。

避免接触的条件：

静电放电、热、潮湿等。

禁配物：

强氧化剂、酸类、卤素等。

危险的分解产物：

无资料。

第11部分 毒理学信息

急性毒性：

LD_{50}：3306mg/kg（大鼠经口）；48mg/kg（小鼠经皮）。

LC_{50}：31900mg/m³，7h（大鼠吸入）。

皮肤刺激或腐蚀：

家兔经皮：500mg，24h，中度刺激。

眼睛刺激或腐蚀：

家兔经眼：2mg，24h，重度刺激。

呼吸或皮肤过敏：

无资料。

生殖细胞致突变性：

DNA抑制：人白细胞2200 μmol/L。姐妹染色单体交换：人淋巴细胞200 μmol/L。

致癌性：

国际癌症研究中心（IARC）已确认为致癌物。男性吸入最低中度浓度（TDL_O）200mg/m³，78周（间歇），致癌，引起白血病和血小板减少。人吸入最低浓度（TCL_O）31.95mg/cm³，8h，10周（间歇），致癌，引起内分泌肿瘤和白血病。

生殖毒性：

大鼠吸入最低中毒浓度（TCL_O）：1.5g/m³，24h（孕1～18天用药），致胚胎毒性和肌肉发育异常。小鼠吸入最低中毒浓度（TCL_O）：500mg/m³，24h（孕6～13天用药），致胚胎毒性。

特异性靶器官系统毒性——一次接触：

该物质刺激眼睛、皮肤和呼吸道。如果吞咽液体，吸入肺中，可能有化学肺炎的危险。

该物质可能对中枢神经系统有影响，导致意识降低。接触远高于职业接触限值可能导致神志不清和死亡。

特异性靶器官系统毒性——反复接触：

液体使皮肤脱脂。该物质可能对骨髓和免疫系统有影响，导致血细胞减少。该物质是人类致癌物。

吸入危害：

20℃时该物质蒸发迅速达到空气中有害污染浓度。

第12部分 生态学信息

生态毒性：

鱼类急性毒性试验：LC$_{50}$-*Oncorhynchus mykiss*（previous name：*Salmogairdneri*）-5.3mg/L- 96h。

溞类急性活动抑制试验：EC$_{50}$-*Daphnia magna*-10mg/L-48h。

藻类生长抑制试验：EC$_{50}$-*Pseudokirchneriella subcapitata*（previous names：*Raphidocelis subcapitata*，*Selenastrum capricornutum*）-32mg/L-72h。

对微生物的毒性：IC$_{50}$-*Nitrosomonas sp.*-13mg/L-24h。

持久性和降解性：

初始浓度为20mg/L时，1、5和10周内分别降解24%、44%和47%（在棕壤中）；低浓度下，6～14天去除率为44%～100%（在污水处理厂）。非生物降解性：光降解半衰期为13.5天（计算）或17天（实验）。

生物富集或生物积累性：

生物富集系数（BCF）：3.5（日本鳗鲡）；4.4（大西洋鲱）；4.3（金鱼）。

土壤中的迁移性：

有氧条件下被土壤和有机物吸附，厌氧条件下转化为苯酚。根据有机化学物质吸收常数（K_{oc}）值估算，苯在土壤中有很强的迁移性。

第13部分 废弃处置

废弃化学品：

尽可能回收利用。

如果不能回收利用，采用焚烧方法进行处置。

不得采用排放到下水道的方式处置本品。

污染包装物：

将容器返还生产商或按照国家和地方性法规处置。

废弃注意事项：

废弃处置前应参阅国家和地方有关法规。

处置人员的安全防范措施参见第8部分。

第14部分 运输信息

联合国编号危险货物编号（UN号）：

UN1114

联合国运输名称：

苯

联合国危险性分类：

3

包装类别：

Ⅱ

包装方法：

按照生产商推荐的方法进行包装，例如：小开口钢桶。安瓿瓶外普通木箱。螺纹口玻璃瓶、铁盖压口玻璃瓶、塑料瓶或金属桶（罐）外普通木箱等。

海洋污染物（是/否）： 否

运输注意事项：

运输时运输车辆应配备相应品种和数量的消防器材及泄漏应急处理设备。

严禁与氧化剂、酸类、食用化学品等混装混运。

装运该物品的车辆排气管必须配备阻火装置。

使用槽（罐）车运输时应有接地链，槽内可设孔隔板以减少振荡产生静电。

禁止使用易产生火花的机械设备和工具装卸。

夏季最好早晚运输。

运输途中应防暴晒、雨淋，防高温。

中途停留时应远离火种、热源、高温区。

公路运输时要按规定路线行驶，勿在居民区和人口稠密区停留。

铁路运输时要禁止溜放。

严禁用木船、水泥船散装运输。

<h3 style="text-align:center">第15部分 法规信息</h3>

下列法律、法规、规章和标准，对该化学品的管理作相应的规定。

中华人民共和国职业病防治法：

职业病危害因素分类目录（2023）：列入

危险化学品安全管理条例：

危险化学品目录（2015）：列入

易制爆危险化学品名录（2017）：未列入

重点监管的危险化学品名录：

重点监管的危险化学品名录（2017）：列入

危险化学品环境管理登记办法：

重点环境管理危险化学品目录（2023）：列入

麻醉药品和精神药品管理条例：

麻醉药品品种目录：未列入

精神药品品种目录：未列入

新化学物质环境管理办法：

中国现有化学物质名录（2023）：列入

<h3 style="text-align:center">第16部分 其他信息</h3>

编写和修订信息：

本版为第1.0版，按照GB/T 16483—2008、GB/T 17519—2013、GB 30000系列分类标准编制。

参考文献：

[1] 国际化学品安全规划署：国际化学品安全卡（ICSCs），网址：http://www.ilo.org/dyn/icsc/showcard.home.

[2] 国际癌症研究机构. 网址：http://www.iarc.fr/.

[3] 美国 CAMEO 化学物质数据库. 网址：http://cameochemicals.noaa.gov/search/simple.

[4] 美国国立卫生研究院. 化学品标识数据库，网址：https://pubchem.ncbi.nlm.nih.gov.

[5] 美国环境保护署. 综合危险性信息系统，网址：https://www.epa.gov/iris.

[6] 美国交通部. 应急响应指南，网址：http://www.phmsa.dot.gov/hazmat/library/erg.

> [7] 德国 GESTIS 物质数据库. 网址：https://www.dguv.de/ifa/genstis/gestis-stoffdatenbank/index-2.jsp.
>
> **缩略语和首字母缩写：**
>
> LD_{50}：指能够引起试验动物一半死亡的药物剂量，通常用药物致死剂量的对数值表示。
>
> LC_{50}：在动物急性毒性试验中，使受试动物半数死亡的毒物浓度。
>
> MAC：最高容许浓度，指工作地点、在一个工作日内、任何时间有毒化学物质均不应超过的浓度。
>
> PC-TWA：时间加权平均容许浓度，指以时间为权数规定的 8h 工作日、40h 工作周的平均容许接触浓度。
>
> PC-STEL：短时间接触容许浓度，指在遵守 PC-TWA 前提下允许短时间（15min）接触的浓度。
>
> TLV：阈限值，由美国政府工业卫生学家委员会（ACGIH）制定，指空气中有毒物质的浓度。
>
> **其他信息：**
>
> 饮用含酒精饮料增加有害影响。根据接触程度，建议定期进行医疗检查。超过接触限值时，气味报警不充分。
>
> **免责声明：**
>
> 本SDS的信息仅适用于所指定的产品，除非特别指明，对于本产品与其他物质的混合物等情况不适用。本SDS只为那些受过适当专业训练的该产品的使用人员提供产品使用安全方面的资料。本SDS的使用者，须对该SDS的适用性作出独立判断。因使用本SDS所导致的伤害，本SDS的编写者将不负任何责任。

从上表可以看出，通过苯的化学品安全技术说明书，可以非常详细获取苯的综合信息。

4.3 化学品的分类

4.3.1 GHS 简介

为了健全化学品管理制度，保护人类健康和生态环境，同时为尚未建立化学品分类制度的发展中国家提供安全管理化学品的框架，有必要统一各国化学品危险性分类和标签制度。这一要求得到了世界各国政府和化学品安全有关国际组织的充分认可。在联合国有关机构的

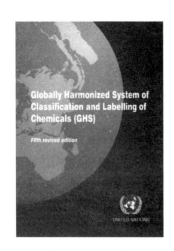

图 4-1 GHS 封面

协调下，经过多年努力，由联合国于 2003 年制定出版了《全球化学品统一分类和标签制度》，简称 GHS（global harmonized system），由于封面为紫色，也称为紫皮书（如图 4-1）。GHS 是以世界各国主要化学品分类制度为基础创建的统一标准化、科学的化学品分类和标签制度，是指导世界各国控制化学品危害和保护人类健康与环境的规范性文件。它的核心是让全世界所有国家都能以统一的化学品分类标准确定化学品的危险性，并将其危险性信息以统一、易懂的形式传递给消费者、工人、运输人员和应急人员。

联合国危险货物运输和全球化学品统一分类和标签制度专家委员会每年召开两次会议讨论 GHS 的相关内容，每隔两年发布修订的 GHS 文件。截至 2023 年，已经对联合国最初发行的 GHS 文件进行了 10 次修订，现在使用的是 2023 版。

GHS 包括五部分内容，第一部分为导言，介绍了全球统一制度的目的、范围和适用，定义和缩略语，危险物质和混合物的分类，危险公示：标签，危险公示：安全数据单等；第二部分为物理危害；第三部分为健康危害；第四部分为环境危害；第五部分为附件（分类和标签汇总表、标签要素的分配等）。GHS 的核心问题：一是解决分类问题，按照化学品物理危害、健康危害和环境危害对化学品进行分类的统一标准；二是解决危害公示问题，统一化学品危险公示要素，包括对标签和 MSDS 的要求，所以标签和 MSDS 就是 GHS 的公示形式。

4.3.2 GHS 对化学品的分类

依据 GHS 第十修订版内容将化学品的危害分为 3 大类，共 29 项，其中物理危险 17 项、健康危害 10 项、环境危害 2 项，如图 4-2 所示。

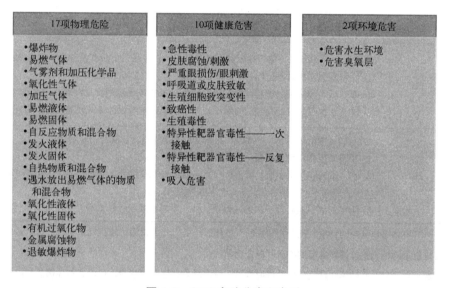

图 4-2　GHS 危险分类和类别

（1）物理危害

GHS 将化学品的物理危害细分为 17 个小项，具体内容如下。

1）爆炸物

① 爆炸性物质或混合物，是一种固态或液态物质混合物，本身能够通过化学反应产生气体，而产生气体的温度、压力和速度之大，能对周围环境造成破坏。烟火物质和混合物也属爆炸性物质或混合物，即使它们不放出气体。

② 烟火物质或烟火混合物，是通过非爆炸、自持放热化学反应，产生热、光、声、气体、烟等效应或这些效应之组合的爆炸性物质或混合物。

③ 爆炸性物品，含有一种或多种爆炸性物质或混合物的物品。

④ 爆炸或烟火效应，指自持放热化学反应产生的效应，包括冲击、爆炸、碎裂、迸射、热、光、声、气体和烟。

根据表 4-3 的分类标准，将爆炸性物质、混合物和物品划分为两个类别，其中类别 2 又划分 3 个子类别（表 4-3）。

表 4-3　爆炸物标准

类别	子类别	标准
1		以下爆炸物、混合物和物品： ① 未划定项别，并且 a. 是为产生爆炸或烟火效应而制造的；或 b. 是在《试验和标准手册》试验系列2的试验结果中显示为"+"的物质或混合物 或 ② 不在已划定项别的配置的初级包装内，除非他们是已划定项别的以下爆炸性物品： a. 没有初级包装；或 b. 在不减弱爆炸效应的初级包装中，同时还应考虑中间包装材料、间距或临界方向
2	2A	已划入以下项别的爆炸性物质、混合物和物品： ① 1.1、1.2、1.3、1.5或1.6项；或 ② 1.4项，并且不符合子类别2B或2C的标准
	2B	已划入1.4项和S以外的其他配装组，并且符合以下条件的爆炸性物质、混合物和物品： ① 正常发挥作用时不引爆、不碎裂；并且 ② 在《试验和标准手册》试验6（a）或6（b）中未显示高度危险事件；并且 ③ 除了初级包装可能提供的减爆设计外，不需要减爆设计来减轻高度危险事件
	2C	已划入1.4项配装组S，并满足以下条件的爆炸性物质、混合物和物品： ① 正常发挥作用时不引爆、不碎裂；并且 ② 在《试验和标准手册》试验6（a）或6（b）中未显示高度危险事件；或者在未取得这些试验结果的情况下，未显示试验6（d）的类似结果；并且 ③ 除了初级包装可能提供的减爆设计外，不需要减爆设计来减轻高度危险事件

注：1.1 项—有整体爆炸危险的物质、混合物和物品（整体爆炸是指几乎瞬间影响到几乎全部存在数量的爆炸）。

1.2 项—有迸射危险但无整体爆炸危险的物质、混合物和物品。

1.3 项—有起火危险以及轻微爆炸危险或轻微迸射危险，或同时兼有这两种危险，但没有整体爆炸危险的物质、混合物和物品。

① 这些物质、混合物和物品的燃烧产生相当大的辐射热；或

② 他们相继燃烧，产生轻微爆炸或迸射效应或两种效应兼而有之。

1.4 项—不具备重大危险性的物质和物品；在点燃或引爆时仅具有较小危险的物质、混合物和物品。其效应主要限于包装件的范围，预计不会射出体积较大或射程较远的碎片。外部火烧不会引起包装件几乎全部内装物的瞬间爆炸。

1.4 项配装组 S—物质、混合物和物品的包装或设计使得因意外发挥作用引起的任何危险效应限制在包装件内，除非包装件因火受损，在这种情况下，所有爆炸效应或迸射效应都局限在不会显著妨碍在包装件附近进行救火或其他急救工作的程度内。

1.5 项—有整体爆炸危险的非常不敏感的物质或混合物：这些物质和混合物有整体爆炸危险，但非常不敏感以致在正常情况下引爆或燃烧转为爆轰的可能性非常小。如果数量很大，由燃烧转为爆轰的可能性加大。

1.6 项—没有整体爆炸危险的极其不敏感的物品：这些物品主要含有极其不敏感的物质或混合物，而且意外引爆或传播的概率微乎其微。此项物品的危险仅限于单一物品爆炸。

2）易燃气体

① 易燃气体，是在 20℃和 101.3kPa 标准压力下，与空气有易燃范围的气体。

② 发火气体，是在等于或低于 54℃ 时在空气中可能自燃的易燃气体。

③ 化学性质不稳定的气体，是在即使没有空气或氧气的条件下也能起爆炸反应的易燃气体。

易燃气体可根据表 4-4 划为类别 1A、类别 1B 或类别 2，发火和/或化学性质不稳定的易燃气体一律划为类别 1A。

表 4-4　易燃气体分类标准

类别			标准
1A	易燃气体		在20°C和101.3kPa标准压力下，气体： ① 的混合物在空气中所占比例按体积小于等于13%时可点燃；或 ② 不论易燃性下限如何，与空气混合后可燃范围至少为12个百分点，除非数据表明气体符合类别1B的标准
	发火气体		在温度低于等于54 °C时会在空气中自燃的易燃气体
	化学性质 不稳定的气体	A	在20 °C和101.3kPa标准压力下化学性质不稳定的易燃气体
		B	在温度高于20°C和/或压强大于101.3kPa时化学性质不稳定的易燃气体
1B	易燃气体		符合类别1A的易燃性标准，但既非发火亦非化学性质不稳定且至少具下列情形之一的气体： ① 在空气中按体积易燃性下限大于6%；或 ② 基本燃烧速率小于10cm/s
2	易燃气体		类别1A或类别1B以外，在20 °C和101.3kPa标准压力下与空气混合时有某个易燃范围的气体

3）气雾剂和加压化学品

① 气雾剂，即喷雾器，是任何不可再充装的贮器，用金属、玻璃或塑料制成，内装压缩、液化或加压溶解气体，包含或不包含液体、膏剂或粉末，配有释放装置，可使内装物喷射出来，形成在气体中悬浮的固态或液态微粒或形成泡沫、膏剂或粉末，或处于液态或气态。

气雾剂根据其易燃性和燃烧性，划为本危险种类的三个类别之一，如表 4-5 所示。根据全球统一制度的标准，气雾剂所含成分的 1% 以上（按质量）被划为下列易燃成分，即易燃气体、易燃液体、易燃固体。

表 4-5　气雾剂标准

类别	标准
1	① 所含易燃成分（按质量）≥85%并且燃烧热≥30kJ/g的任何气雾剂； ② 点火距离试验中测得点火距离≥75cm、可喷出气雾的任何气雾剂；或 ③ 泡沫易燃性试验中测得下列数值的、可喷出泡沫的任何气雾剂： a. 火焰高度≥20cm且火焰持续时间≥2s；或 b. 火焰高度≥4cm且火焰持续时间≥7s

类别	标准
2	① 点火距离试验表明不符合类别1的标准且测得下列数值的可喷出气雾的任何气雾剂： a. 火焰高度≥20kJ/g； b. 燃烧热＜20kJ/g，且点火距离≥15cm；或 c. 燃烧热＜20kJ/g，点火距离＜15cm，且在封闭空间点火试验中测得以下数值之一： （a）时间当量≤300s/m³；或 （b）爆燃密度≤300g/m³；或 ② 气雾剂泡沫易燃性试验结果表明不符合类别1的标准、火焰高度≥4cm和火焰持续时间≥2s的、可喷出泡沫的任何气雾剂
3	① 所含易燃成分（按质量）≤1%并且燃烧热＜20kJ/g的任何气雾剂；或 ② 所含易燃成分（按质量）＞1%或燃烧热≥20kJ/g、但点火距离试验、封闭空间试验或气雾剂泡沫易燃性试验结果表明不符合类别1或类别2标准的任何气雾剂

② 加压化学品，是指装在除气雾剂喷罐之外的其他压力贮器内、20℃条件下用某种气体加压到等于或高于200kPa（表压）的液体或固体（例如糊状物或粉末）。加压化学品通常含有50%或更多（按质量）液体或固体，而气体含量超过50%的液体或固体则通常视为加压气体。

按照表4-6，根据加压化学品的易燃成分含量和燃烧热，将其划为本危险种类的三个类别之一。

表4-6 加压化学品的标准

类别	标准
1	符合下列数值的任何加压化学品： ① 含有≥85%易燃成分（按质量）；并且 ② 燃烧热≥20kJ/g
2	符合下列数值的任何加压化学品： ① 含有＞1%易燃成分（按质量）；并且 ② 燃烧热＜20kJ/g； 或 ① 含有＜85%易燃成分（按质量）；并且 ② 燃烧热≥20kJ/g
3	符合下列数值的任何加压化学品： ① 含有≤1%易燃成分（按质量）；并且 ② 燃烧热＜20kJ/g

4）氧化性气体

氧化性气体是指一般通过提供氧气，比空气更易引起或促使其他物质燃烧的任何气体。"比空气更易引起或促使其他材料燃烧的气体"，是指采用国际标准化组织ISO 10156：2017规定的方法，确定氧化能力大于23.5%的纯净气体或气体混合物。

氧化性气体的归类只有一个单一类别，判定标准与定义一致。

5）加压气体

加压气体是指在20℃条件下，以200kPa（表压）或更大压力装入贮器的气体、液化气体或冷冻液化气体。

加压气体包括压缩气体、液化气体、溶解气体和冷冻液化气等。

根据包装时的物理状态，加压气体按表4-7中的四个组别进行分类。

表4-7　加压气体标准

组别	标准
压缩气体	在−50℃加压封装时完全是气态的气体；包括所有临界温度≤−50℃的气体
液化气体	在高于−50℃的温度下加压封装时部分是液体的气体。它又分为： ① 高压液化气体：临界温度在−50～+65℃之间的气体； ② 低压液化气体：临界温度高于+65℃的气体
冷冻液化气体	封装时由于其温度低而部分是液体的气体
溶解气体	加压封装时溶解于液相溶剂中的气体

6）易燃液体

易燃液体是指闪点不高于93℃的液体。

闪点，指在规定试验条件下施加点火源会造成液体蒸气着火的最低温度（校正到标准压力 101.3kPa）。

初始沸点，指在液体的蒸气压等于标准压力（101.3kPa）时液体的温度，即第一个气泡出现时的温度。

根据闪点和初始沸点，将易燃液体按照危险性的不同，具体细分为四个类别，如表4-8所示。

表4-8　易燃液体标准

类别	标准
1	闪点<23℃，初始沸点≤35℃
2	闪点<23℃，初始沸点>35℃
3	闪点≥23℃但≤60℃
4	闪点>60℃但≤93℃

7）易燃固体

易燃固体，指易于燃烧或通过摩擦可能引起燃烧或助燃的固体。

易于燃烧的固体为粉末状、颗粒状或糊状物质，与点火源（如燃烧的火柴）短暂接触即可燃烧，如果火势迅速蔓延，可造成危险。

8）自反应物质和混合物

自反应物质或混合物，是热不稳定液态或固态物质或者混合物，即使在没有氧（气）参与的条件下也能进行强烈的放热分解。本定义不包括统一分类制度分类中按爆炸物、有机过氧化物或氧化性物质分类的物质和混合物。

自反应物质或混合物，如果在实验室试验中容易起爆、迅速爆燃，或在封闭条件下加热时显示剧烈效应，应视为具有爆炸性。

9）发火液体

发火液体，是即使数量小也能在与空气接触5min之内引燃的液体。

10）发火固体

发火固体，是即使数量小也可能在与空气接触 5min 内引燃的固体。

11）自热物质和混合物

自热物质或混合物，是发火液体或固体以外通过与空气发生反应，无需外来能源即可自行发热的固态或液态物质或混合物。这类物质或混合物不同于发火液体或固体，只能在数量较大（以千克计）并经过较长时间（几小时或几天）后才会点火。

物质或混合物的自热是一个过程，其中物质或混合物与（空气中的）氧气逐渐发生反应，产生热量。如果热产生的速度超过热损耗的速度，该物质或混合物的温度便会上升。经过一段时间的诱导，可能导致自发点火和燃烧。

12）遇水放出易燃气体的物质和混合物

遇水放出易燃气体的物质或混合物，是指与水相互作用后，可能自燃或释放危险数量的易燃气体的固态或液态物质或混合物。其分类参照表 4-9 标准。

表 4-9　遇水放出易燃气体的物质和混合物标准

类别	标准
1	任何物质或混合物，在环境温度下遇水起剧烈反应，并且所产生的气体通常显示自燃倾向，或在环境温度下遇水容易起反应，释放易燃气体的速度等于或大于每千克物质在任何一分钟内释放 10 升
2	任何物质或混合物，在环境温度下遇水容易起反应，释放易燃气体的最大速度等于或大于 20 升每千克物质每小时，并且不符合类别 1 的标准
3	任何物质或混合物，在环境温度下遇水容易起反应，释放易燃气体的最大速度大于 1 升每千克物质每小时，并且不符合类别 1 和类别 2 的标准

13）氧化性液体

氧化性液体，是本身未必燃烧，但通常会产生氧气，引起或有助于其他物质燃烧的液体。其分类参照表 4-10 标准。

表 4-10　氧化性液体标准

类别	标准
1	任何物质或混合物，以物质（或混合物）与纤维素按质量 1∶1 的比例混合后进行试验，可自发着火；或物质与纤维素按质量 1∶1 比例混合后，平均压力上升时间小于 50% 的高氯酸与纤维素按质量 1∶1 的比例混合后的平均压力上升时间
2	任何物质或混合物，以物质（或混合物）与纤维素按质量 1∶1 的比例混合后进行试验，显示的平均压力上升时间小于或等于 40% 氯酸钠水溶液与纤维素按质量 1∶1 的比例混合后的平均压力上升时间；并且不符合类别 1 的标准
3	任何物质或混合物，以物质（或混合物）与纤维素按质量 1∶1 的比例混合后进行试验，显示的平均压力上升时间小于或等于 65% 硝酸水溶液与纤维素按质量 1∶1 的比例混合后的平均压力上升时间；并且不符合类别 1 和类别 2 的标准

14）氧化性固体

氧化性固体，是本身未必燃烧，但通常因释放氧气，引起或促使其他物质燃烧的固体。

15）有机过氧化物

有机过氧化物，是含有二价—O—O—结构的液态或固态有机物质，可以看作是一个或两个氢原子被有机基团替代的过氧化氢衍生物。本术语也包括有机过氧化物配制品（混合物）。有机过氧化物是热不稳定物质或混合物，容易放热自加速分解。另外，它们可能具有下列一种或几种性质：易于爆炸分解；迅速燃烧；对撞击或摩擦敏感；与其他物质发生危险反应。

如果其配制品在实验室试验中容易爆炸、迅速爆燃，或在封闭条件下加热时显示剧烈效应，则有机过氧化物被视为具有爆炸性。

16）金属腐蚀物

金属腐蚀性物质或混合物，是通过化学反应会显著损伤甚至毁坏金属的物质或混合物。

17）退敏爆炸物

退敏爆炸物，指 GHS 第十修订版第 2.1 章范围内的物质或混合物，经过退敏处理以抑制其爆炸性，使之符合退敏爆炸物所载标准（表 4-11），而因此可不划入"爆炸物"这一危险种类。

退敏爆炸物的分类包括以下两种。

① 固态退敏爆炸物：经水或酒精湿润或用其他物质稀释，形成匀质固态混合物，使爆炸性得到抑制的爆炸性物质。包括使有关物质形成水合物实现的退敏处理。

② 液态退敏爆炸物：溶解或悬浮于水或其他液态物质中，形成匀质液态混合物，使爆炸性得到抑制的爆炸性物质。

表 4-11　退敏爆炸物标准

类别	标准
1	校正燃烧速率（AC）等于或大于 300kg/min 但不超过 1200kg/min 的退敏爆炸物
2	校正燃烧速率（AC）等于或大于 140kg/min 但小于 300kg/min 的退敏爆炸物
3	校正燃烧速率（AC）等于或大于 60kg/min 但小于 140kg/min 的退敏爆炸物
4	校正燃烧速率（AC）小于 60kg/min 的退敏爆炸物

根据退敏爆炸物的分类标准，经过退敏处理的爆炸物，如果在退敏状态下放热分解能大于等于 300J/g，则应考虑划入这一种类；放热分解能小于 300J/g 的物质和混合物，应考虑划入其他物理危险种类（例如易燃液体或易燃固体）。

（2）健康危害

GHS 制度将化学品的健康危害分为 10 小项，具体内容如下。

1）急性毒性

急性毒性，指一次或短时间经口、经皮或吸入接触一种物质或混合物后，出现严重损害健康的效应（即致死）。

2）皮肤腐蚀/刺激

皮肤腐蚀，指对皮肤造成不可逆损伤，即在接触一种物质或混合物后发生的可观察到的表皮和真皮坏死。

皮肤刺激，指在接触一种物质或混合物后发生的对皮肤造成可逆损伤的情况。

3）严重眼损伤/眼刺激

严重眼损伤，指眼接触一种物质或混合物后发生的对眼造成不完全可逆的组织损伤或严重生理视觉衰退的情况。

眼刺激，指眼接触一种物质或混合物后发生的对眼造成完全可逆变化的情况。

4）呼吸道或皮肤致敏

呼吸道致敏，指吸入一种物质或混合物后发生的呼吸道过敏。

皮肤致敏，指皮肤接触一种物质或混合物后发生的过敏反应。

本处所指的过敏包含两个阶段：第一个阶段是人因接触某种过敏原而引起特定免疫记忆。第二阶段是引发，即过敏的个人因接触某种过敏原而产生细胞介导或抗体介导的过敏反应。

就呼吸道过敏而言，诱发之后是引发阶段，这一方式与皮肤致敏相同。

就皮肤致敏和呼吸道道致敏而言，引发所需的量一般低于诱发所需的量。

5）生殖细胞致突变性

生殖细胞致突变性，指接触一种物质或混合物后发生的遗传基因突变，包括生殖细胞的遗传结构畸变和染色体数量异常。

本危险类别主要是有可能导致人类生殖细胞发生突变的化学品，而这种突变可传给后代。但在本危险类别内对物质和混合物进行分类时，也要考虑体外致突变性/遗传毒性试验和哺乳动物体内体细胞的致突变性/生殖毒性试验。

6）致癌性

致癌性，指接触一种物质或混合物后导致癌症或增加癌症发病率的情况。在正确实施的动物试验性研究中诱发良性和恶性肿瘤的物质和混合物，也被认为是假定或可疑的人类致癌物，除非有确凿证据显示肿瘤形成机制与人类无关。

物质或混合物按致癌危险分类，是根据其本身的性质，并不提供使用该物质或混合物可能产生的人类致癌风险高低的信息。

7）生殖毒性

生殖毒性，指接触一种物质或混合物后发生的对成年男性和成年女性性功能和生育能力的有害影响，以及对后代的发育毒性。本定义是根据国际化学品安全方案/环境卫生标准第225号文件"评估接触化学品引起的生殖健康风险所用的原则"中议定的工作定义改写的。在本GHS分类制度中，生殖毒性可分为两大类：对性功能和生育能力的有害影响；对后代发育的有害影响。

有些生殖毒性效应不能明确地划为损害性功能和生育能力，或划为发育毒性。尽管如此，具有这些效应的物质或混合物应划为生殖毒物，并附加一般危险说明。

8）特异性靶器官毒性——一次接触

特异性靶器官毒性——一次接触，指一次接触一种物质或混合物后对靶器官产生的特定、非致死毒性效应。所有可能损害机能的、可逆和不可逆的、即时和/或延迟的显著健康影响，凡本部分第1～7条和第10条中未具体论及者，均包括在内。

将物质或混合物按特定靶器官毒物分类，这些物质或混合物可能对接触者的健康产生潜在有害影响。

9）特异性靶器官毒性——反复接触

特异性靶器官毒性——反复接触，指反复接触一种物质或混合物后对靶器官产生的特定毒性效应。这包括所有能够损害机能的显著健康影响，包括可逆和不可逆的、即时和/或延迟的以及本部分第 1 ~ 7 条和第 10 条中未具体述及的显著健康影响。

所作的分类可确定物质或混合物是特异性靶器官毒物,这类物质或混合物可能对接触者的健康产生潜在的有害影响。

10)吸入危害

吸入危害,指吸入一种物质或混合物后发生的严重急性效应,如化学性肺炎、肺损伤,乃至死亡。

(3)环境危害

GHS 制度将化学品的环境危害分为 2 小项,具体内容如下。

1)危害水生环境

危害水生环境,在统一制度内使用的基本要素有:急性水生毒性;慢性水生毒性;可能或实际形成生物蓄积;有机化合物的(生物或非生物)降解。

① 急性水生毒性,是指物质本身的性质,可对在水中短时间接触该物质的生物体造成伤害。

② 慢性水生毒性,是指物质本身的性质,可对在水中接触该物质的生物体造成有害影响,其程度根据相对于生物体的生命周期确定。

③ 生物蓄积,是指物质经由所有接触途径(即空气、水、沉淀物/泥土和食物)被生物体吸收、转化和排出的净结果。

④ 生物富集,是指物质经由水传播接触,被生物体吸收、转化和排出的净结果。

⑤ 降解,是指有机分子分解为更小的分子,并最后分解为二氧化碳、水和盐类。

2)危害臭氧层

臭氧消耗潜能值(ODP),是每种卤化碳排放源所独有的一个综合数值,反映与同等质量的三氯氟甲烷(CFC-11)相比,卤化碳可能对平流层造成的臭氧消耗程度。正式的臭氧消耗潜能值定义,是某种化合物的差量排放相对于同等质量的三氯氟甲烷而言,对整个臭氧层的综合扰动的比值。

《蒙特利尔议定书》,指议定书缔约方修改和/或修正的《关于消耗臭氧层物质的蒙特利尔议定书》。

危害臭氧层物质和混合物的划分标准是《蒙特利尔议定书》附件中列出的任何受管制物质;或至少含有一种列入《蒙特利尔议定书》附件的成分、浓度大于等于 0.1%的任何混合物。

4.3.3 GHS 在我国实施情况

为履行对联合国实施 GHS 的承诺,做好实施 GHS 的相关工作,加强部门间的协调配合,国务院于 2011 年 4 月正式同意建立由工业和信息化部牵头的《实施联合国全球化学品统一分类和标签制度(GHS)部际联席会议制度》,同时也成立了实施 GHS 专家咨询委员会,协调 GHS 在中国的实施工作。

从制度标准看,《危险化学品安全管理条例》(国务院令第 645 号)、《基于 GHS 的化学品标签规范》(GB/T 22234—2008)、《化学品安全技术说明书 内容和项目顺序》(GB/T 16483—2008)、《化学品分类和危险性公示 通则》(GB 13690—2009)、《化学品物理危险性鉴定与分类管理办法》(原国家安全生产监督管理总局令第 60 号)、《危险化学品目录》(2015 版)、《道路危险货物运输管理规定》(交通运输部令 2013 年第 2 号)

等均对化学品危险性分类、标签、MSDS 进行严格的要求，这些都极大促进了 GHS 在我国的发展和应用。尤其是 2011 年修订的《危险化学品安全管理条例》（国务院令第 591 号）按照联合国 GHS 制度对危险化学品进行了重新定义，明确了危险化学品目录的修订机制，明确规定了化学品安全标签和安全技术说明书应符合有关国家标准和规定的要求。

2013 年我国重新修订的《化学品分类和标签规范》（GB 30000.2—2013 ～ GB 30000.29—2013）系列标准分别对应了 GHS 的 28 个危险类别，其危险类别和分类标准与 GHS 第四修订版完全一致，2013 年 10 月发布，2014 年 11 月 1 日起实施。

4.3.4　我国化学品的分类

《常用危险化学品的分类及标志》（GB 13690—1992）和《危险化学品目录》（2015 版），对常用危险化学品按其主要危险特性进行了分类，并规定了危险品的包装标志。在 GB 13690—1992 中，规定了常用危险化学品的分类、危险标志及危险特性，还对 997 种常用危险化学品进行了分类，规定了危险性类别、危险标志及危险特性等内容。2009 年 6 月 21 日，国家质量监督检验检疫总局发布的 GB 13690—2009《化学品分类和危险性公示 通则》代替了原 GB 13690—1992，除了标准名称进行了修改，同时按照 GHS 制度的要求对化学品危险性进行了分类和按照 GHS 的要求对化学品危险性公示进行了规定。

2015 年 3 月，国家安全生产监督管理总局、中华人民共和国工业和信息化部、中华人民共和国公安部等联合发布了《危险化学品目录》（2015 版），其关于化学品危害的分类标准与联合国 GHS 第四修订版完全一致，将化学品的危害分为物理危险、健康危害和环境危害三大类，28 个大项和 81 个小项，28 个大项中包括 16 个物理危险、10 个健康危害和 2 个环境危害。

4.4　化学品安全标签

化学品安全标签是化学品危险、危害信息传递的重要手段，是《工作场所安全使用化学品规定》和国际公约第 170 号《作业场所安全使用化学品公约》要求的预防和控制化学危害基本措施之一。主要是对市场上流通的化学品通过加贴标签的形式进行危险性标识，提出安全使用注意事项，向作业人员传递安全信息，以预防和减少化学危害，达到保障安全和健康的目的。

化学品安全标签用文字、象形图和编码的组合表示化学品具有的危险性和安全注意事项，可粘贴、挂栓或喷印在化学品的外包装或容器上。其内容应包括化学品标识、象形图、信号词、危险性说明、防范说明、应急咨询电话、供应商标识、资料参阅提示语等。

《化学品安全标签编写规定》（GB 15258—2009）规定了化学品安全标签的术语和定义、标签内容、制作和使用要求。

4.4.1　化学品安全标签的内容

GB 15258—2009 规定该部分属于强制性内容，必须包含化学品标识、象形图、信号词、危险性说明、防范说明、应急咨询电话、供应商标识、资料参阅提示语等 8 个标签要素，且规定了危险信息先后排序。

（1）化学品标识

用中文和英文分别标明化学品的化学名称或通用名称。名称要求醒目清晰，位于标签的上方。特别注意的是，名称应与化学品安全技术说明书中的名称一致。

对混合物应标出对其危险性分类有影响的主要组分的化学名称或通用名、浓度或浓度范围。当需要标出的组分较多时，组分个数以不超过 5 个为宜。选择标出的组分时，应当首先选择危险性大、一旦发生事故后果严重的组分。对于属于商业机密的成分可以不表明，但应列出其危险性。

（2）象形图

象形图是由图形符号及其他图形要素，如边框、背景图案和颜色组成，表述特定信息的图形组合。

《化学品分类和标签规范》（GB 30000.2 ～ GB 30000.29）系列国家标准 2013 年 10 月 10 日发布，2014 年 11 月 1 日实施，代替原国家标准《化学品分类、警示标签和警示性说明安全规范》（GB 20576 ～ GB 20599、GB 20601、GB 20602）。

按照新标准，采用《化学品分类和标签规范》（GB 30000）系列标准规定的象形图，与 GHS 中象形图一致，共 9 个，分别是爆炸弹、火焰、圆圈上方火焰、高压气瓶、腐蚀、骷髅和交叉骨、感叹号、健康危害、环境。象形图与其对应的中文名称见表 4-12 所示，象形图的边框为红色加粗实线，底色为白色，符号仅为黑色，且只有图形。

注意与运输标签的区别，如运输标签内线颜色与符号相同（白色或黑色），底色可为红色、黄色、白色、黑色、橙色等，符号为白色或黑色，不仅有图形还有数字，也可加文字，详见《危险货物包装标志》（GB 190—2009）。

表 4-12　安全标签象形图与对应的符号名称

象形图			
符号名称	爆炸弹	火焰	圆圈上方火焰
象形图			
符号名称	高压气瓶	腐蚀	骷髅和交叉骨

象形图			
符号名称	感叹号	健康危害	环境

（3）信号词

标签上用于表明化学品危险性相对严重程度和提醒接触者注意潜在危险的词语。

根据化学品的危险程度和类别，用"危险""警告"两个词分别进行危害程度的警示。信号词位于化学品名称的下方，要求醒目、清晰。根据《化学品分类和标签规范》（GB 30000.2～GB 30000.29）系列国家标准，选择不同类别危险化学品的信号词。

（4）危险性说明

对危险种类和类别的说明，描述某种化学品的固有危险，必要时包括危险程度。

简要概述化学品的危险特性。居信号词下方。根据《化学品分类和标签规范》（GB 30000.2～GB 30000.29）系列国家标准，选择不同类别危险化学品的危险性说明。

（5）防范说明

用文字或象形图描述的降低或防止与危险化学品接触,确保正确储运和搬运的有关措施。

表述化学品在处置、搬运、储存和使用作业中所必须注意的事项和发生意外时简单有效的救护措施等，要求内容简明扼要、突出重点。该部分应包括安全预防措施、意外情况（如泄漏、人员接触或火灾等）的处理、安全储存措施及废弃处置等内容。在《化学品安全标签编写规定》（GB 15258—2009）的附录 C 中有详细的防范说明。

（6）供应商标识

供应商名称、地址、邮编和电话等。

（7）应急咨询电话

填写化学品生产商或生产商委托的 24h 化学事故应急咨询电话。

国外进口化学品安全标签上应至少有一家中国境内的 24h 化学事故应急咨询电话。

（8）资料参阅提示语

提示化学品用户应参阅化学品安全技术说明书。

（9）危险信息先后排序

当某种化学品具有两种及两种以上的危险性时，安全标签的象形图、信号词、危险性说明的先后顺序规定如下。

1）象形图先后顺序

物理危险象形图的先后顺序，根据《危险货物品名表》（GB 12268—2012）中的主次危险性确定，未列入 GB 12268 的化学品，以下危险性类别的危险性总是主危险：爆炸物、易燃气体、易燃气溶胶、氧化性气体、高压气体、自反应物质和混合物、发火物质、有机过氧化物。其他主危险性的确定按照联合国《关于危险货物运输的建议书规章范本》危险性先后顺序确定方法确定。

对于健康危害，按照以下先后顺序：如果使用了骷髅和交叉骨图形符号，则不应出现感叹号图形符号；如果使用了腐蚀图形符号，则不应该出现感叹号来表示皮肤或眼睛刺激；如果使用了呼吸致敏物的健康危害图形符号，则不应该出现感叹号来表示皮肤致敏物或者皮肤/眼睛刺激。

2）信号词先后顺序

存在多种危险性时，如果在安全标签上选用了信号词"危险"，则不应出现信号词"警告"。

3）危险性说明先后顺序

所有危险性说明都应当出现在安全标签上，按照物理危险、健康危害、环境危害顺序排列。

此外，对于小于或等于 100mL 的化学品小包装，为方便标签使用，安全标签要素可以简化，即采用"简化标签"，包括化学品标识、象形图、信号词、危险性说明、应急咨询电话、供应商名称及联系电话、资料参阅提示语 7 个部分，与常规安全标签相比，简化标签不包含"防范说明"。该部分也为强制性内容。

4.4.2　化学品安全标签的制作

（1）标签编写

标签正文应使用简洁、明了、易于理解、规范的汉字表述，也可以同时使用少数民族文字或外文，但意义必须与汉字对应，字形应小于汉字。相同的含义应用相同的文字或图形表示。

当某种化学品有新的信息时，标签应及时修订。

（2）标签颜色

标签内象形图的颜色根据《化学品安全标签编写规定》（GB 15258—2009）的规定执行，一般使用黑色图形符号加白色背景，方块边框为红色。正文应使用与底色反差明显的颜色，一般采用黑白色。若在国内使用，方块边框可以为黑色。

上述两条均属于强制性内容。

（3）标签尺寸

《化学品安全标签编写规定》（GB 15258—2009）规定，对不同容量的容器或包装，标签最低尺寸如表 4-13 所示。

表 4-13　不同容量的容器或包装标签的最低尺寸

容器或包装容积/L	标签尺寸/（mm×mm）
≤0.1	使用简化标签
>0.1～≤3	50×75
>0.3～≤50	75×100
>50～≤500	100×150
>500～≤1000	150×200
>1000	200×300

此条属于推荐性内容，意味着企业可以按照 GB 15258—2009 最小尺寸的要求，设计自己产品的标签，也可以根据实情况设计标签的尺寸。

（4）标签印刷

作为公示文件，标签在印刷时边缘需要加一个黑色边框，边框外应留大于或等于 3mm 的空白，边框宽度大于或等于 1mm。

同时，标签中象形图必须从较远的距离，以及在烟雾条件下或容器部分模糊不清的条件下也能看到。

另外，标签的印刷应清晰，所使用的印刷材料和胶黏材料应具有耐用性和防水性。

4.4.3　化学品安全标签的使用

（1）使用方法

安全标签应粘贴、挂栓或喷印在化学品包装或容器的明显位置。

当安全标签与运输标志组合使用时，运输标志可以放在安全标签的另一面版，将之与其他信息分开，也可放在包装上靠近安全标签的位置，后一种情况下，若安全标签中的象形图与运输标志重复，安全标签中的象形图应删掉，如图 4-3 所示。

对组合容器，要求内包装加贴（挂）安全标签，外包装上加贴运输象形图，如果不需要运输标志可以加贴安全标签。

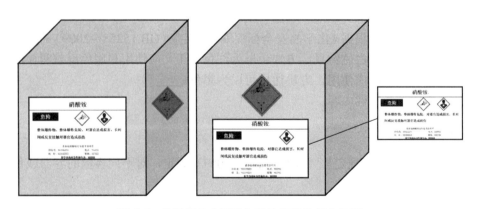

图 4-3　化学品安全标签与运输标签的组合使用

（2）标签位置

安全标签的粘贴或喷印位置规定如下。

① 桶、瓶形包装：位于桶、瓶侧身。

② 箱状包装：位于包装断面或侧面明显处。

③ 袋、捆包装：位于包装明显处。

（3）使用注意事项

安全标签的粘贴、挂栓或者喷印应牢固，保证在运输、储存期间不脱落，不损坏。

安全标签应由生产企业在货物出厂前粘贴、挂栓或喷印。若要改换包装，则由改换包装单位重新粘贴、挂栓或者喷印标签。

盛装危险化学品的容器或包装，在经过处理并确认其危险性完全消除之后，方可撕下安全标签，否则不能撕下安全标签。

4.4.4 化学品安全标签样例

图 4-4 为硫酸的安全标签样例说明图，图 4-5、图 4-6 分别为无水乙醇和硝酸铵的安全标签样例，图 4-7 ～图 4-9 为硫酸、无水乙醇和硝酸铵的简化标签样例。

图 4-4 硫酸安全标签样例说明图

无水乙醇

英文名：ethyl alcohol　分子式：C_2H_5OH

危险

高度易燃液体和蒸气

【预防措施】

- 远离火种、热源，工作场所严禁烟火。
- 得到专门指导后操作。在阅读并了解所有预防措施之前，切勿盲目操作。
- 按要求使用个体防护装备。禁止使用易产生火花的工具。
- 密闭操作，加强通风，控制流速。操作后彻底清洗。
- 避免与氧化剂、酸类、胺类物质接触。

【事故响应】

- 如果发生火灾，尽可能将容器从火场移至空旷处。喷水保持火场容器冷却，直至灭火结束。切断火源和泄漏源，电气设备保持原来状态。小量泄漏时，用沙土盖或其他不燃材料吸附剂混合吸收，使用不产生火花的工具收集运至废物处理场。也可以用大量水冲洗，经稀释的洗液放入废水系统。大量泄漏时，用围堤等收容，用泡沫覆盖，用防爆泵转移至槽车或专用收集器内，回收或运至废物处理场所处置。
- 灭火剂用抗溶性泡沫、干粉、二氧化碳、沙土。
- 如皮肤接触，立即脱掉污染的衣服，用流动清水冲洗15min以上。
- 如食入，误服者给足量温水，催吐，就医。
- 如眼睛接触，立即翻开眼睑，用大量生理盐水或流动清水冲洗15min以上，就医。
- 如吸入，迅速脱离现场至空气新鲜处，注意保暖，必要时进行人工呼吸，就医。
- 被污染的衣着洗净后方可重新使用。

【安全储存】

- 在阴凉通风处密封储存。严禁与氧化剂、酸类、碱金属、胺类等混储。

【废弃处置】

- 建议中和、稀释后排入废水处理系统。

请参阅无水乙醇安全技术说明书

供应商：xxxx　　　　　　　　　　电话：xxxx

地　址：xxxx　　　　　　　　　　邮编：xxxx

化学事故应急咨询电话：xxxxxx

图 4-5　无水乙醇安全标签样例

硝酸铵

英文名：ammonium nitrate   分子式：NH_4NO_3

危险

整体爆炸物、整体爆炸危险，对器官造成损害，长时间或反复接触对器官造成损伤

【预防措施】

- 远离热源、火花、明火、热表面。
- 禁止吸烟。
- 容器和接收设备接地连接。
- 避免研磨、撞击、摩擦。
- 戴防护面罩。
- 避免吸入粉尘。
- 避免接触眼睛、皮肤，操作后彻底清洗。
- 作业场所不得进食、饮水或吸烟。

【事故响应】

- 火灾时可能爆炸。
- 火势蔓延到爆炸物时，切勿灭火，撤离现场。
- 如果接触：立即呼叫中毒控制中心或就医。
- 如感觉不适，就医。

【安全储存】

- 本品依据国家和地方性法规储存。
- 上锁保管。

【废弃处置】

- 本品及内装物、容器依据国家和地方性法规处理。

请参阅硝酸钠安全技术说明书

供应商：xxxx   电话：xxxx
地　址：xxxx   邮编：xxxx
化学事故应急咨询电话：xxxxxx

图 4-6　硝酸铵安全标签样例

硫酸98.0%

可腐蚀金属，引起严重的皮肤灼伤和眼睛损伤，对水生物有害,可致癌

请参阅硫酸安全技术说明书

供应商：xxxx　　　　　　　　　　　电话：xxxx

化学事故应急咨询电话：xxxx

图 4-7　硫酸安全标签简化标签样例

无水乙醇

高度易燃液体和蒸气

请参阅无水乙醇安全技术说明书

供应商：xxxx　　　　　　　　　　　电话：xxxx

化学事故应急咨询电话：xxxx

图 4-8　无水乙醇安全标签简化标签样例

硝酸铵

整体爆炸物、整体爆炸危险，对器官造成损害，长时间或反复接触对器官造成损伤

请参阅硝酸铵安全技术说明书

供应商：xxxx　　　　　　　　　　　电话：xxxx

化学事故应急咨询电话：xxxx

图 4-9　硝酸铵安全标签简化标签样例

4.5 化学品作业场所安全警示标志

化学品作业场所安全警示标志要素包括化学品标识、理化特性、危险象形图、警示词、危险性说明、防范说明、防护用品说明、资料参阅提示语、危险信息先后排序以及报警电话，共 10 大要素。

4.5.1 标志内容

（1）化学品标识

化学品作业场所安全警示标志应列明化学品的中文名称或通用名称，以及美国化学文摘号（CAS 号）。化学品标识要求醒目、清晰，位于标志的上方。名称应与化学品安全技术说明书（SDS）中的名称一致。

（2）理化特性

根据危险化学品的危险特性，列出相应的理化数据，包括闪点、爆炸极限、密度、挥发性等。

（3）危险象形图

采用《化学品分类和标签规范》（GB 30000.2—2013 ～ GB 30000.29—2013）系列标准规定的危险象形图，与 GHS 和化学品安全标签中象形图一致，共 9 个，分别是爆炸弹、火焰、圆圈上方火焰、高压气瓶、腐蚀、骷髅和交叉骨、感叹号、健康危险和环境。表 4-14 列出了 9 种危险象形图对应的危险性类别。

表 4-14　9 种危险象形图对应的危险性类别

危险象形图			
对应的危险性类别	爆炸物，类别 1 ～ 3； 自反应物质和混合物，A、B 型； 有机过氧化物，A、B 型	易燃气体，类别 1； 易燃气溶胶； 易燃液体，类别 1 ～ 3； 易燃固体； 自反应物质和混合物，B ～ F 型； 自热物质和混合物； 自然液体； 自燃固体； 有机过氧化物，B ～ F 型； 遇水放出气体的物质和混合物	氧化性气体； 氧化性液体； 氧化性固体

危险象形图			
对应的危险性类别	加压气体	金属腐蚀物； 皮肤腐蚀/刺激，类别1； 严重眼损伤/眼刺激，类别1	急性毒性，类别1～3
危险象形图			
对应的危险性类别	急性毒性，类别4； 皮肤腐蚀/刺激，类别2； 严重眼损伤/眼刺激，类别2A； 皮肤过敏	呼吸过敏； 生殖细胞致突变性； 致癌性； 生殖毒性； 特异性靶器官毒性一次接触； 特异性靶器官毒性反复接触； 吸入危害	对水生环境的危害，急性类别1，慢性类别1、2

（4）警示词

根据化学品的危险程度和类别，用"危险""警告"两个词分别进行危险程度的警示。根据《化学品分类和标签规范》（GB 30000.2—2013 ～ GB 30000.29—2013）系列标准，选择不同类别危险化学品的警示词。警示词位于化学品名称的下方，要求醒目、清晰。

（5）危险性说明

简要概述化学品的危险特性。根据《化学品分类和标签规范》（GB 30000.2—2013 ～ GB 30000.29—2013）系列标准，选择不同类别危险化学品的危险性说明，要求醒目、清晰。

（6）防范说明

表述化学品在处置、搬运、储存和使用作业中所应注意的事项和发生意外时简单有效的救护措施等，要求内容简明扼要、重点突出。该部分应包括安全预防措施、意外情况（如泄漏、人员接触或火灾等）的处理、安全储存措施及废弃处置等内容。防范说明按照《化学品安全标签编写规定》（GB 15258—2009）的规定表述。

（7）防护用品说明

个体防护用品使用防护象形图来表示。根据作业场所化学品的危险特性，单独或组合使用防护象形图。防护象形图按照《安全标志及其使用导则》（GB 2894—2008）指示标志的规定选择。

（8）资料参阅提示语

提示参阅化学品安全技术说明书。

（9）报警电话

填写发生危险化学品事故后的报警电话。

表 4-15 列出了化学品作业场所安全警示标志的标签要素与内容要求。

表 4-15　化学品作业场所安全警示标志内容要求

标签要素	内容要求	
化学品标识	中文化学名称或通用名称、美国化学文摘号（CAS 号）	
	醒目、清晰，位于标志的上方	
	名称应与化学品安全技术说明书中的名称一致	
理化特性	闪点、爆炸极限、密度、挥发性等数据	
危险象形图	采用《化学品分类和标签规范》（GB 30000）系列标准规定的危险象形图	
警示词	用"危险""警告"两个词分别进行危害程度的警示	
	警示词位于化学品名称的下方，要求醒目、清晰	
危险性说明	根据《化学品分类和标签规范》（GB 30000）系列标准，选择不同的危险性说明	
防范说明	按照 GB 15258—2009 规定表述	安全预防措施
		意外情况（如泄漏、人员接触或火灾等）的处理
		安全储存措施
		废弃处置
防护用品说明	按 GB 2894—2008 指示标志的规定选择防护象形图表示	
资料参阅提示语	提示参阅化学品安全技术说明书	
报警电话	填写发生危险化学品事故后的报警电话	

需要特别注意的是，当某种化学品具有两种及两种以上的危险性时，危险信息该如何排序呢？标准规定，化学品作业场所安全警示标志的象形图、警示词、危险性说明的先后顺序按照《化学品安全标签编写规定》（GB 15258—2009）的规定执行。

4.5.2　标志制作

（1）编写

化学品作业场所安全警示标志应与化学品安全技术说明书的信息一致。如发现新的危险性，及时更新和补充信息资料。

（2）颜色

危险象形图的颜色根据《化学品分类和标签规范》（GB 30000.2—2013 ～ GB 30000.29—2013）系列标准的规定执行，一般使用黑色符号加白色背景，方块边框为红色。警示词应使用黄色，搭配黑色对比底色。正文应使用与底色反差明显的颜色，一般采用黑白色。

（3）字体

化学品标识、警示词、危险性说明以及标题宜使用黑体，其他内容宜使用宋体。字体要求醒目、清晰。

（4）标志大小

通常情况下，横版标志的大小不宜小于 80cm×60cm，竖版标志的大小不宜小于 60cm× 90cm。

（5）印刷

① 化学品作业场所安全警示标志的制作应清晰、醒目，应在边缘加一个黄黑相间条纹的边框，边框宽度大于等于 3mm。

② 制作化学品作业场所安全警示标志的材料应坚固耐用、不锈蚀、不燃。有触电危险的作业场所使用绝缘材料，有易燃易爆物质的场所要使用防静电材料。

4.5.3　标志样例

根据以上要求，图 4-10 给出了化学品作业场所安全警示标志样例。

4.5.4　标志的应用与注意事项

（1）设置的位置

化学品作业场所安全警示标志一般设置在作业场所的入口、外墙壁或反应容器、管道旁等醒目位置。

（2）设置方式

化学品作业场所安全警示标志设置方式有附着式、悬挂式、柱式三种，其中悬挂式和附着式应牢固不倾斜，柱式应与支架牢固地连接在一起。

（3）设置高度

设置的高度，应尽量与人眼的视线高度一致，其中悬挂式和柱式的下缘距地面的高度不宜小于 1.5m。

（4）注意事项

① 化学品作业场所安全警示标志应设在醒目处，并使进入作业场所的人员看见后，有足

够的时间来注意它所表示的内容。

②化学品作业场所安全警示标志不应设在门、窗、架等可移动的物体上。标志前不得放置妨碍认读的障碍物。

③标志的平面与视线夹角应接近90°，观察者位于最大观察距离时，最小夹角不低于75°。

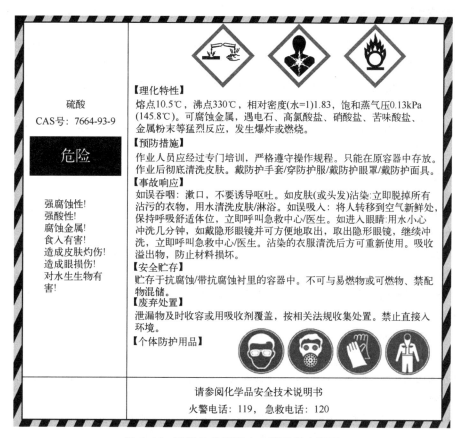

图4-10 硫酸作业场所安全警示标志样例

✎ 章节习题

1. 什么是化学品？什么是危险化学品？

2. 化学品安全技术说明书包括哪些内容？各内容之间的逻辑关系是什么？

3. 什么是GHS制度？按照GHS制度,化学品的危害分为29项,29项具体是指哪些？

4. 什么是爆炸性物质、混合物和物品？它们分为几个类别？

5. 氧化性液体与易燃液体的区别是什么？

6. 退敏混合物属于GHS制度第6版新增加的物理危害类别，按照GHS，退敏混合物分为哪3类？

7. 判断是否危害水生环境使用的基本要素有哪些？

8. 危害臭氧层物质和混合物的划分标准是什么？

9. 化学品安全标签应包括哪些标签要素？

10. 化学品安全标签中象形图有多少种？它与运输标签的区别是什么？

11. 什么情况下，可以使用简化安全标签？常规安全标签与简化安全标签的区别是什么？

12. 化学品作业场所安全警示标志与化学品安全标签有什么异同？

参考文献

[1] 国家安全生产监督管理总局，中华人民共和国工业和信息化部，中华人民共和国公安部，等. 危险化学品目录（2015 版）［Z］. 2015.

[2] 全国化学标准化技术委员会. 化学品安全技术说明书　内容和项目顺序：GB/T 16483—2008［S］. 北京：中国标准出版社，2008.

[3] 全国化学标准化技术委员会. 化学品安全技术说明书编写指南：GB/T 17519—2013［S］. 北京：中国标准出版社，2013.

[4] 中华人民共和国工业和信息化部. 全球化学品统一分类和标签制度（全球统一制度）（第十修订版）［Z］. 2023.

[5] United Nations iLibary. Global Harmonized System of Classification and Labelling of Chemicals（GHS）［Z］. Seventh revised edition，New York and Geneva，2017.

[6] 全国危险化学品管理标准化技术委员会. 基于 GHS 的化学品标签规范：GB/T 22234—2008［S］. 北京：中国标准出版社，2008.

[7] 中华人民共和国工业和信息化部. 化学品分类和危险性公示　通则：GB 13690—2009［S］. 北京：中国标准出版社，2009.

[8] 国家标准化管理委员会. 化学品分类和标签规范：GB 30000.2~29—2013［S］. 北京：中国标准出版社，2013.

[9] 中华人民共和国工业和信息化部. 化学品安全标签编写规定：GB 15258—2009［S］. 北京：中国标准出版社，2009.

[10] 中华人民共和国国务院令第 591 号. 危险化学品安全管理条例［Z］. 2011.

[11] 中华人民共和国国务院令第 645 号. 危险化学品安全管理条例［Z］. 2013.

[12] 国家标准化管理委员会. 危险货物品名表：GB 12268—2012［S］. 北京：中国标准出版社，2012.

[13] 孙万付，郭秀云，李运才，等. 化学品分类与鉴定［M］. 北京：化学工业出版社，2021.

[14] 高建村，任绍梅. 化学品物理危险性检测与鉴定概论［M］. 北京：中国石化出版社，2021.

[15] 冯建跃. 高校实验室化学安全与防护［M］. 杭州：浙江大学出版社，2013.

[16] 北京大学化学与分子工程学院实验室安全技术教学组. 化学实验室安全知识教程［M］. 北京：北京大学出版社，2012.

[17] 全国安全生产标准化技术委员会化学品安全分技术委员会. 化学品作业场所安全警示标志规范：AQ 3047—2013［S］. 北京：煤炭工业出版社，2013.

第5章

化学品的危害与预防控制

5.1 化学品的危害概述

化学品在给人类社会带来福祉和便利的同时，由于误用、滥用及废弃化学品处理不当等问题，也给人类社会和生态环境带来危害，如有毒、爆炸、致畸、致癌、污染环境等。化学品的危害性，英文为"hazardness"，是指化学品所固有的可能危害环境和人体健康的物理、化学和生物反应活性。随着人类社会对化学品的认知逐渐深入，人们对化学品危害的管理和控制不断进步。

早在 1956 年，联合国危险货物运输专家委员会（UNCETDG）就首次推出了《关于危险货物运输的建议书　规章范本》（TDG，又称"橙皮书"），如图 5-1 所示，后经不断修订建立了一套化学品危害性分类系统，基本也是两年一修，目前已出版到第 23 修订版（2023 年）。TDG 的早期版本将化学品危害性分为 8 类，分别是：①爆炸品；②压缩气体和液化气体；③易燃液体；④易燃固体、自燃物品和遇湿易燃物品；⑤氧化性物质与有机过氧化物；⑥毒害品；⑦放射性物品；⑧腐蚀性物品。这一套系统被包括我国在内的世界各国广泛采用，我国也将具有上述危害性的化学品称为"危险化学品"。联合国危险货物分类系统是根据危险货物运输过程中发生风险的类型来分类的，其侧重于危险货物的物理危险性和急性毒性，未考虑对人体健康的慢性毒性，特别是对致癌、生殖毒性和致突变物质没有分类。

化学品的危害

图 5-1　《关于危险货物运输的建议书　规章范本》（中文版）封面

1992 年，欧盟按照化学品的物理危险性、毒理学和生态毒理学，将传统的 8 种危害性扩展为 15 种，新增了敏感性、致癌性、致突变性、生殖毒性和环境危害等健康和环境类别。同年，联合国环境与发展会议正式提议制定"全球化学品统一分类和标签制度（GHS 制度）"。随后，国际劳工组织（ILO）、经济合作发展组织（OECD）及联合国危险货物运输专家委员会（UNCETDG）历经 10 年努力共同开发了 GHS，在 2003 年 7 月经联合国经济社会委员会会议正式采用 GHS，同时授权将其翻译成联合国官方语言在全世界范围内使用。GHS 通过对 UNCETDG 分类系统中"有毒性"的细化和拓展，将危害性分为物理危害及健康和环境危害两个大类，共 26 项。随着 GHS 的不断修订和发展，其关于化学品危害性分类已扩展到 29 项。

2005 年，国家质量监督检验检疫总局和国家标准化委员会制定了《危险货物分类和品名编号》（GB 6944—2005），替代了原国家标准《危险货物分类和品名编号》GB 6944—1986，并于 2005 年 11 月 1 日起实施。该标准新增了一项杂项危险物质和物品，将化学品按其危害性分为 9 大类和 21 小项，分别如表 5-1 所示。

① 第一类：爆炸品，如叠氮类化合物、三硝基甲苯（TNT）、三硝基苯酚等。

② 第二类：气体，如氢气、一氧化碳、氧气、氨气等。

③ 第三类：易燃液体，如汽油、煤油、苯、乙醚等。

④ 第四类：易燃固体、易于自燃的物质和遇水放出易燃气体的物质，如金属镁粉、铝粉、红磷、黄磷、金属钠等。

⑤ 第五类：氧化性物质与有机过氧化物，如高氯酸、高锰酸钾、过氧化氢、过氧化苯甲酰等。

⑥ 第六类：毒性物质与感染性物质，如砒霜、氰化物、铊化合物、百草枯等。

⑦ 第七类：放射性物品，如铀 U-238、碘 I-131、钋 Po-210、镭 Ra-226 等。

⑧ 第八类：腐蚀性物质，如盐酸、硫酸、乙酸、氢氧化钠等。

⑨ 第九类：杂项危险物质和物品，包括危害环境物质，如锂电池、硝酸铵基化肥、转基因微生物等。

表 5-1　我国危险货物的危险性类别

危险品大类名称（9 大类）	编号	主要类型（21 小项）
第一类：爆炸品	1.1	有整体爆炸危险的物质和物品
	1.2	有迸射危险，但无整体爆炸危险的物质和物品
	1.3	有燃烧危险并有局部爆炸危险或局部迸射危险或这两种危险都有，但无整体爆炸危险的物质和物品
	1.4	不呈现重大危险的物质和物品
	1.5	有整体爆炸危险的非常不敏感物品
	1.6	无整体爆炸危险的极端不敏感物品
第二类：气体	2.1	易燃气体
	2.2	非易燃无毒气体
	2.3	毒性气体
第三类：易燃液体	3.1	易燃液体
	3.2	液态退敏爆炸品

危险品大类名称（9大类）	编号	主要类型（21小项）
第四类：易燃固体、易于自燃的物质和遇水放出易燃气体的物质	4.1	易燃固体、自反应物质和固态退敏爆炸品
	4.2	易于自燃的物质
	4.3	遇水放出易燃气体的物质
第五类：氧化性物质与有机过氧化物	5.1	氧化性物质
	5.2	有机过氧化物
第六类：毒性物质与感染性物质	6.1	毒性物质
	6.2	感染性物质
第七类：放射性物品	7	放射性物品
第八类：腐蚀性物质	8	腐蚀性物质
第九类：杂项危险物质和物品，包括危害环境物质	9	存在危险但具有其他类别未包含的物质和物品

注：本表内容引自《危险货物分类和品名编号》（GB 6944—2005）。

2009 年，国家质量监督检验检疫总局和国家标准化委员会制定了《化学品分类和危险性公示　通则》（GB 13690—2009），替代了原国家标准《常用危险化学品的分类及标志》（GB 13690—1992），并于 2010 年 5 月 1 日起实施。该标准将化学品按其危险性分为 16 类，分别是①爆炸物；②易燃气体；③易燃气溶胶；④氧化性气体；⑤压力下气体；⑥易燃液体；⑦易燃固体；⑧自反应物质；⑨自燃液体；⑩自燃固体；⑪自热物质；⑫遇水放出易燃气体的物质；⑬氧化性液体；⑭氧化性固体；⑮有机过氧化物；⑯金属腐蚀物。

为了与国际分类接轨，2011 年 3 月，我国公布了新修订的《危险化学品安全管理条例》（国务院令第 591 号，简称《条例》）。《条例》按照联合国 GHS 对危险化学品进行了重新定义，明确了危险化学品目录的修订机制，在法律层面正式引入了 GHS 的分类、标签和安全技术说明书。根据《条例》的相关要求，原国家安全生产监督管理总局于 2015 年 3 月 9 日发布了《危险化学品目录》（2015 版）。依据《化学品分类和危险性公示　通则》（GB 13690—2009）和《化学品分类和标签规范》（GB 30000.2—2013 ～ GB 30000.29—2013）系列国家标准，《危险化学品目录》（2015 版）中关于化学品危害的分类标准与 GHS 第四修订版完全一致，它从物理危害、健康危害和环境危害三个大类，28 个大项和 81 个小项，列了 2828 项危险化学品，要求采取行政许可等手段进行重点管理，这也是我国执行 GHS 的具体措施之一。在 GHS 第六修订版中，新增了退敏爆炸物这项物理危害，使物理危害由原来的 16 项变成 17 项，健康危害 10 项和环境危害 2 项不变，共 29 个大项。目前 GHS 最新版是 2023 年 7 月发布的第十修订版，对于化学品的危害性仍保持 29 项。随着 GHS 制度的不断完善，我国化学品的危险性分类的有关国家标准也应及时修订，以与联合国 GHS 制度保持一致。

5.2　化学品的危害

2012 年，全国危险化学品管理标准化技术委员会组织召开了《危险货物分类和品名编号》

（GB 6944—2012）修订稿的评审会，相对于 2005 版，修订了原标准中的术语、定义、危险货物类项的判据等，将危险货物（也称危险品）定义为"具有爆炸、易燃、毒害、感染、腐蚀、放射性等危险特性，在运输、储存、生产、经营、使用和处置中，容易造成人身伤亡、财产损毁或污染环境而需要特别防护的物质和物品"。为便于介绍各类化学品的危害，本节主要根据《危险货物分类和品名编号》（GB 6944—2012）的分类标准来介绍化学品的危害。

5.2.1　爆炸品

爆炸品是指在外界（如受热、受压、撞击等）作用下，能发生剧烈的化学反应，瞬时产生大量的气体和热量，使周围压力急剧上升，发生爆炸，对环境产生巨大破坏性的物质和物品，如人们熟悉的爆破雷管、黑火药及其制品、高氯酸、叠氮化铅、叠氮化镁、硝酸铵，以及含三个及以上硝基的化合物如三硝基甲苯（TNT）、三硝基苯酚（苦味酸）、三硝酸甘油酯（硝化甘油）等都属此类。爆炸品的主要危害有爆炸性、毒害性、着火危险性、吸湿性、见光分解性等。

5.2.2　气体

气体包括易燃气体、非易燃无毒气体和毒性气体。易燃气体是指在 20℃和 101.3kPa 条件下，满足爆炸下限小于或等于 13%的气体；爆炸极限（燃烧值范围）大于或等于 12%的气体。非易燃无毒气体是指在 20℃压力不低于 280kPa 条件下运输或以冷冻液体状态运输的不燃、无毒气体，包括窒息性气体、氧化性气体和不属于其他项别的气体。如氮气、氩气、二氧化碳等毒性气体是指其毒性或腐蚀性对人类健康造成危害的气体，及急性半数致死浓度 LC_{50} 值小于或等于 5000mL/m³ 的毒性或腐蚀性气体（此处 LC_{50} 是使雌雄青年大白鼠连续吸入 1h，最可能引起受试动物在 14d 内死亡一半的气体的浓度）。此类气体对人畜有强烈的毒害、窒息、灼伤、刺激作用。气体的主要危害包括易燃易爆、毒害性、腐蚀性、致敏性、窒息性和氧化性等。

5.2.3　易燃液体

易燃液体是指在其闪点温度（其闭杯试验闪点不高于 60℃，或其开杯试验闪点不高于 65.6℃）时放出易燃蒸气的液体或液体混合物，或是在溶液或悬浮液中含有固体的液体。闪点（flash point）指在规定温度、101.3kPa 下，试验火焰引起试样蒸气着火，并使火焰蔓延至液体表面的最低温度，一般闪点越低，挥发性越高，燃爆危险性越大。易燃液体的主要危害为高度易燃易爆性、高度流动扩散性、受热膨胀性、强还原性、静电性、毒害性和麻醉性。

5.2.4　易燃固体、易于自燃物质、遇水放出易燃气体的物质

易燃固体，指燃点低，对遇湿、受热、撞击和摩擦等作用较敏感，易被外部火源点燃，引起迅速燃烧并散发出有毒烟雾或有毒气体的固体。包括易燃固体、自反应物质和固态退敏爆炸品。易于自燃物质，指自燃点低，在空气中易被氧化，放出热量而自行燃烧的物品，包括发火物质和自热物质。遇水放出易燃气体的物质，是指遇水放出易燃气体，且该气体与空气混合能够形成爆炸性混合物的物质，也可称遇湿易燃物品，主要有金属锂、钠、钾及他们的氢化物、碳化物，金属钙，锌粉等。此类物质的主要危害为遇水易燃易爆性、容易产生火

灾危险、有的本身或燃烧产物有毒害性和腐蚀性。

5.2.5　氧化性物质与有机过氧化物

氧化性物质本身未必燃烧，但由于处在高氧化态，具有强氧化性，易分解放出氧气，引起或促使其他物质燃烧，因而具有火灾危险性、爆炸危险性及腐蚀毒害性。实验室常见的有高氯酸、高锰酸钾、高氯酸钾、过氧化氢、过氧化钾等。有机过氧化物是指含有两价过氧基—O—O—结构的有机物。有机过氧化物因对热、震动、冲击或摩擦极为敏感，因而具有分解爆炸性、易燃性、对眼角膜具有伤害性等危害。实验室常见的有机过氧化物有叔丁基过氧化氢、过氧化苯甲酰、过氧乙酸、过氧化环己酮、有机硝酸盐类等。

5.2.6　毒性物质与感染性物质

毒性物质，是指经吞食、吸入或与皮肤接触后可能造成死亡或严重受伤或损害人类健康的物质。具有剧烈急性毒性危害的化学品，均称为剧毒化学品。如金属汞、四甲基铅、四乙基铅、全氟辛基磺酸及其盐类等。毒性物质的主要危害就是毒性，对人体的伤害包括致突变、致癌、致畸甚至致死等。此外，几乎所有的有毒物质遇火或发生分解时都会散发出有毒气体。除毒性外，大部分有毒物质还具有污染性。某些有毒物质还具有易燃、爆炸、腐蚀等危害特性。

感染性物质指已知或有理由认为含有病原体的物质，包括两类，一类是以某种形式运输的感染性物质，在与之发生接触（发生接触，是在感染性物质泄漏到保护包装之外，造成人或动物的实际接触）时，可能造成健康的人或动物永久性残疾、生命危险或致命疾病；另一类是除上一类以外的感染性物质。

5.2.7　放射性物品

放射性物品是指任何含有放射性核素且其活度浓度和放射性总活度都超过《放射性物品安全运输规程》（GB 11806—2019）规定限值的物品。放射性物质会作用于人体细胞，高剂量辐射时，细胞遭到严重破坏，甚至可能导致细胞死亡；低剂量辐射时，也可能使细胞发生基因突变或染色体畸变，增加患癌症、遗传性疾病风险，对人体免疫系统造成危害，导致感染性疾病的发生概率增加。

5.2.8　腐蚀性物品

腐蚀性物品，指通过化学作用使生物组织接触时造成严重损伤或在渗漏时会严重损害甚至毁坏其他货物或运载工具的物质。化学实验室中腐蚀品非常多，如酸性腐蚀品：硫酸、盐酸、硝酸、氢氟酸、磷酸、高氯酸、冰醋酸等；碱性腐蚀品：氢氧化钠、氢氧化钾、异戊醇钠等；其他腐蚀品：液溴、甲醛、苯甲酰氯、苯酚钠等。主要危害为灼伤、腐蚀、毒性、氧化性等。接触腐蚀性物品会对皮肤、眼睛、呼吸道等造成严重伤害，如浓硫酸接触到皮肤，会迅速脱水碳化，使皮肤出现灼伤、溃疡、愈合困难。

5.2.9　杂项危险物质和物品，包括危害环境物质

存在危险但不能满足其他类别定义的物质和物品均属于此类。包括：

① 以微细粉尘吸入可危害健康的物质，如青石棉、白石棉；

② 会放出易燃气体的物质，如聚苯乙烯珠粒料、塑料膜料；

③ 锂电池组，包括锂合金电池组，均存在爆炸、火灾风险；

④ 救生设备，如自动膨胀式救生设备、非自动膨胀式救生设备（装备中含有危险物品）、安全气囊、安全带等安全装置，使用不当造成危险物品泄漏等危害；

⑤ 一旦发生火灾可形成二噁英的物质和物品，如液态多氯联苯类、固态多氯联苯类、液态多卤联苯或液态多卤三联苯、固态多卤联苯或固态多卤三联苯；

⑥ 在高温下运输或提交运输的物质（指在液态温度达到或超过100℃，或固态温度达到或超过240℃条件下运输的物质），如未另作规定的高温液体［温度等于或高于100℃并低于其闪点（包括熔融金属、熔融盐类等），在温度高于190℃时充装］、未另作规定的高温固体（温度等于或高于240℃），存在燃烧爆炸风险，带来火灾等危害；

⑦ 危害环境物质，包括污染水生环境的液体或固体物质，以及这类物质的混合物（如制剂和废物），如未另作规定的对环境有害的固态物质、未另作规定的对环境有害的液态物质；

⑧ 不符合毒性物质和感染性物质定义的经基因修改的微生物和生物体，如基因改变的微生物或基因改变的生物体；

⑨ 其他，如乙醛合氨、固态二氧化碳（干冰）、连二亚硫酸锌（亚硫酸氢锌）、二溴二氟甲烷、苯甲醛、硝酸铵基化肥、稳定的鱼粉（鱼屑）、磁化材料、蓖麻籽或蓖麻粉或蓖麻油渣或蓖麻片、易燃液体动力车辆/发动机或易燃气体动力车辆/发动机或者燃料电池动力车辆/发动机、未另作规定的空运受管制的液体、未另作规定的空运受管制的固体、熏蒸过的货物运输装置、机器中的危险货物或仪器中的危险货物。

5.3 化学品的管理与预防控制

化学品的管理与预防控制

正如前文所述，化学品给我们带来了绚丽多彩的生活，现代生活和现代工业更离不开化学品。尽管全球每年新出的化学品有1000多种，化学品总量也达到了700多万种，我国列入《危险化学品目录》（2015版）的危险化学品为2828个，仅占到化学品的万分之四，但危险化学品的生产和使用有时又是必需的，而因此如何预防与控制危险化学品的危害，防止火灾、爆炸、腐蚀、毒害等事故发生，最大限度保障人民的生命、财产和环境安全，已成为世界各国关注的焦点。我国在化学品安全管理方面颁布了一系列的法规和标准，对化学品的安全使用和控制方法进行了规范。

5.3.1 化学品的管理

化学品的管理，通常指化学品的安全管理，涵盖"安全、健康和环境"三个方面的广义概念，主要涉及职业安全管理、环境管理和公共卫生管理三个基本公共管理领域。刘建国等在《中国化学品管理：现状与评估》一书中，对化学品管理是这样定义的：人类社会为保障人类生命、财产、健康、环境的安全，合理开发、利用和处置化学品，妥善控制化学品的危害性及其产品生命周期过程的风险，实现对化学品符合可持续发展原则的开发与利用。

（1）国际化学品管理的发展历程

随着化学工业和石油化学工业的迅速发展，化学品的种类越来越多，其应用范围也越来越广，化学品在人类社会和现代经济中扮演着至关重要的角色，但在日益大规模的生产和流通使用中，化学品的危害如火灾、爆炸、中毒等问题日益突出。1956年，联合国危险货物运输专家委员会（UNCETDG）首次推出的《关于危险货物运输的建议书 规章范本》，成为国际化学品管理行动的一个开端。20世纪70年代初，美国、英国、日本、德国等国家相继建立了职业安全与卫生管理法规，其中包含危险化学品管理方面的重要内容。

1971年，美国环境质量委员会提交的报告强调"所有美国的法律文件只关注损害发生后如何处置，而没有任何法律能够防范这种损害的发生"，以及美国后续一系列环境灾害性事件的发生，引起了社会各界和管理部门的高度重视。经过利益各方的多轮激烈辩论和协商后，美国国会于1976年通过了《有毒物质控制法》（简称TSCA）。TSCA作为美国第一部管控有毒物质对人体健康和环境过度危害的专门立法，后经多次修订，已成为美国有效管理化学品的重要法规。

20世纪70～80年代，其他发达国家也先后建立了各自的化学品管理的专门法规，如加拿大在1975年12月颁布的《环境污染物法》、法国于1977年10月发布了《化学物质控制法》、西德在1980年9月公布了《危险物质保护法》、瑞典则在1985年6月颁布了《化学品管理法》。这些发达国家化学品管理法规的建立，标志着化学品管理正式成为国家公共管理的一项专门领域。

1987年9月，联合国为避免氯氟碳化物对地球臭氧层继续造成恶化及损害，邀请了各会员国在加拿大蒙特利尔签署了《关于消耗臭氧层物质的蒙特利尔议定书》，该议定书是国际上首次针对特定化学品［氟利昂、哈龙（卤代烷烃灭火剂）等］采取统一受控和淘汰的环境保护公约。1992年6月，在里约热内卢召开的联合国环境与发展大会上通过的《21世纪议程》，将国际化学品环境管理带入了一个全面兴起的阶段。

（2）我国化学品管理法规概述

我国从20世纪70年代就开始重视化学品对环境和健康可能产生的危害，不断加强对化学品的安全管理，并出台了一系列法律、国务院条例、部门规章、地方性法规及标准，涉及经济、贸易、职业安全、公共卫生和环境保护等众多领域。其中《中华人民共和国环境保护法》（1979年颁布试行，1989年通过，2014年修订）是我国环境保护的基本法，是对包括化学品在内的所有领域的一部环境保护倡议法，但对化学品管理只提出一条原则性规定："生产、储存、运输、销售、使用、处置化学物品和含有放射性物质的物品，应当遵守国家有关规定，防止污染环境"，并未提出具体管理措施。《中华人民共和国水污染防治法》（1984年发布，1996年、2017年2次修正，2008年修订）、《中华人民共和国大气污染防治法》（1987年发布，1995年、2018年2次修正，2000年、2015年2次修订）、《中华人民共和国固体废物污染环境防治法》（1995年发布，2004年、2020年2次修订，2013年、2015年、2016年3次修正）、《中华人民共和国职业病防治法》（2001年发布，2011年、2016年、2017年、2018年4次修正）等国家法律对化学品的末端污染治理、职业暴露健康保护等方面提出了基本要求。

国务院条例层面，制定了多条与化学品相关的行政法规，最早的是1987年2月17日国务院发布的《化学危险物品安全管理条例》，它是国家关于化学品管理的第一部专项法规，后经修订改为《危险化学品安全管理条例》（国务院令第 344 号）于 2002 年 1 月 26 日公布，2011 年（国务院令第 591 号）和 2013 年（国务院令第 645 号）2 次修订。现行的《危险化学品安全管理条例》于 2013 年 12 月 4 日国务院第 32 次常务会议通过，自 2013 年 12 月 7 日起施行。该条例与化学品管理直接相关，是我国危险化学品安全监管的重要法律依据，不仅定义了"危险化学品"的概念，还涵盖了危险化学品的生产、使用、运输、储存、进出口、废弃及事故应急的全过程安全管理体系，并且明确国务院安全生产监督管理部门、工业和信息化主管部门、质量监督检验检疫部门、环境保护主管部门、公安机关等多部门分工负责危险化学品的监督管理职能。

此外国务院发布的与化学品相关的条例还有《中华人民共和国监控化学品管理条例》（1995 年发布）、《农药管理条例》（1997 年发布）、《使用有毒物品作业场所劳动保护条例》（2002 年发布）、《易制毒化学品管理条例》（2005 年发布）、《民用爆炸物品安全管理条例》（2006 年发布）、《消耗臭氧层物质管理条例》（2010 年发布）等，如表 5-2 所示。

表 5-2　国务院发布的我国化学品管理主要法规

法规名称	发布和/或现行修订时间	涉及化学品种类	主要制度与内容
《化学危险物品安全管理条例》	1987 年发布 2002 年废止	化学危险物品	化学危险物品的生产、储存、经营、运输和使用等安全管理制度
《危险化学品安全管理条例》	2002 年发布 2011 年修订 2013 年修订	危险化学品	危险化学品生产、储存、使用、经营和运输的安全管理制度
《化妆品卫生监督条例》	1989 年发布 2021 年废止	化妆品	有关化妆品生产和经营的卫生监督制度
《化妆品监督管理条例》	2020 年发布 2021 年施行	化妆品	按照风险程度对化妆品、化妆品原料实行分类管理的监督管理制度
《中华人民共和国监控化学品管理条例》	1995 年发布 2011 年修订	监控化学品	生产、经营、使用和储存监控化学品的管理制度
《农药管理条例》	1997 年发布 2001 年修订 2017 年修订 2022 年修订	农药、卫生杀虫剂	有关农药登记、生产、经营、使用的管理制度
《使用有毒物品作业场所劳动保护条例》	2002 年发布	有毒物品,包含一般有毒物品和高毒物品	使用有毒物品作业场所的预防、防护、职业健康监护及劳动者权益的监督管理制度
《易制毒化学品管理条例》	2005 年发布 2014 年修改 2016 年修改 2018 年修改	易制毒化学品	对易制毒化学品的生产、经营、购买、运输和进口、出口实行分类管理和许可制度
《民用爆炸物品安全管理条例》	2006 年发布 2014 年修订	民用爆炸物品	民用爆炸物品的生产、销售、购买、进出口、运输、爆破作业和储存，以及硝酸铵的销售、购买等安全管理制度
《消耗臭氧层物质管理条例》	2010 年发布 2018 年修订 2023 年修订	消耗臭氧层物质（列入《中国受控消耗臭氧层物质清单》的化学品）	消耗臭氧层物质的生产、销售、使用、回收、再生利用、进出口等全链条管理制度

总体来说，我国化学品管理法规体系正在不断健全和规范，一系列的法律法规、国务院条例、部门规章、地方性法规及配套标准等相继发布、修订和实施。但随着化学品的广泛使用与现代社会对化学品的依赖，化学品种类、数量相比过去激增，体量庞大、分类复杂，现有的化学品管理立法仍以保障生产安全为核心，对化学品环境健康风险防控薄弱，缺乏对化学品管理的专门立法，现有法律位阶低等，影响化学品管理体制的协调性和统一性，难以真正落实化学品全生命周期管理。

5.3.2　化学品的预防控制

前已述及，危险化学品具有利弊两重性，一方面，危险化学品具有易燃易爆、有毒害等性质，另一方面人类正是利用化学品的毒性或用来治病或用来杀虫杀菌等，不能说化学品有危险就不使用，也不进行科学研究。实际上，人类的生活已离不开化学品，有时不得不生产和使用有害化学品，因此如何预防与控制作业场所中化学品的危害，防止火灾、爆炸、中毒与职业病的发生，就成为必须解决的问题。

实验室和/或作业场所化学品危害预防与控制的基本原则有四个：工程技术控制、个体防护和卫生、管理控制和人行为控制。

（1）工程技术控制

工程技术控制是控制化学品危害最直接、最有效的方法，目的是通过采取适当的技术措施，消除或降低工作场所的危害，防止作业人员在正常作业时受到有害物质的侵害。

① 替代。技术控制首选方案是替代，即选用无毒、低毒的化学品替代剧毒、高毒的化学品，用可燃物替代易燃物。如用苯作溶剂时，可选用毒性较小的甲苯替代毒性大的苯；选用涂料或黏合剂时，用水基涂料或水基黏合剂替代有机溶剂基的涂料或黏合剂；使用水基洗涤剂代替溶剂基洗涤剂；使用三氯甲烷作脱脂剂而取代三氯乙烯；制油漆的颜料铅氧化物用锌氧化物或钛氧化物代替；用高闪点化学品替代低闪点化学品等。在实验室和工农业生产中，替代品作为首选方案较被替代品安全，是一种很有效的预防控制方法，但并不是所有的替代品都是本质安全的，如甲苯虽不是致癌物，但高浓度的甲苯会伤肝；此外替代品往往是有限的，特别是技术和经济方面的原因不得不用危险化学品，这时可考虑其他控制措施。

② 变更工艺。主要是通过采用新技术或改变工艺来消除或降低化学品危害，如乙炔制乙醛，过去常用汞作催化剂，现在发展为以乙烯为原料，通过氧化或氯化制乙醛，不需要用汞作催化剂；氯碱厂电解氯化钠水溶液过程中，传统的汞电解工艺采用筛板塔直接用水冷却，产生的氯气和氢气会造成大气污染，采用膜电极技术合并使用钛管式冷却器进行间接冷却，不仅减少二氧化氯的生成，降低汞排放，同时避免使用汞电极对人体和环境造成的潜在危害；喷涂作业易造成火灾事故和危害从业者身体健康，可改为较安全的电喷或浸喷；类似的干法粉碎改为湿法粉碎等属于此类。

③ 隔离。隔离就是通过封闭、设置屏障等物理方式将化学品暴露源与作业人员隔离开，是控制化学危害最彻底、最有效的措施。最常用的隔离方法是将生产或使用的化学品用设备与操作室封闭隔开，使作业人员在操作中不接触化学品。通过安全储存有害化学品和严格限制有害化学品在工作场所的存放量，也可以获得隔离的效果。这种安全存储和限量的方法，特别适用于操作人数不多的实验室。通过设置屏障物，使作业人员免受热、噪声、光和离子

辐射的危害。如反射屏可降低靠近熔炉或锅炉操作人员的受热程度，铝屏可保护作业人员免受 X 射线的伤害。

④ 通风。生产、储存、使用危险化学品的场所往往伴随着有害气体、粉尘等，通风是降低它们浓度的最有效控制措施，借助于有效的通风，使作业场所空气中有害气体或粉尘的浓度低于安全浓度，以确保作业人员的身体健康，防止火灾、爆炸事故的发生。实验室通风的主要目的是提供安全、舒适的工作环境，减少实验人员暴露在危险空气下的可能。

通风分局部通排风（通风橱、通风罩、万向吸收罩等）和整体通排风。局部通排风是把污染源罩起来，抽出污染空气，所需风量小，经济有效，并便于净化回收；对于点式扩散源，可使用局部通排风；使用局部通排风时，污染源应在通风罩的控制范围内。整体通排风亦称稀释通风，原则是为工作场所提供新鲜空气，抽出污染空气，降低有害气体或粉尘在作业场所中的浓度；整体通风所需风量大，现在也能做到部分净化回收；对于面式扩散源，要使用整体通排风。采用整体通排风时，在设计阶段应考虑气流方向和其他因素，且整体通排风仅适合低毒性作业场所，不适合腐蚀性、污染物量大的作业场所。

⑤ 监控。监控主要是指安装烟雾报警器、毒气报警器和危险气体报警器这类设备或装置。在化学实验室等作业环境中，存在实验气体泄漏，作业中产生其他有毒、有害气体，危害人身财产安全，需要对现场环境进行有效的监控，包括实验室气体存放区域、实验室作业区域，即当有毒有害、易燃易爆气体超过报警值后，发出声光报警，以确保实验室人员安全。

（2）个体防护和卫生

在无法将作业场所中有害化学品的浓度降低到最高容许浓度以下时，作业人员就必须使用合适的个体防护用品。个体防护用品既不能降低工作场所中有害化学品的浓度，也不能消除工作场所的有害化学品，只是一道阻止有害物进入人体的屏障。防护用品本身的失效就意味着保护屏障的消失，因此个体防护不能被视为控制危害的主要手段，而只能作为一种辅助性措施。

1）呼吸防护用品

据统计，职业中毒的 95% 左右是吸入毒物所致，因此预防尘肺、职业中毒、缺氧窒息的关键是防止毒物从呼吸器官侵入。常用的呼吸防护用品分为过滤式（净化式）和隔绝式（供气式）两种类型。

① 过滤式呼吸器只能在不缺氧的劳动环境（即环境空气中氧的含量不低于 18%）和低浓度毒物污染使用，一般不能用于罐、槽等密闭狭小容器中作业人员的防护。过滤式呼吸器分为过滤式防尘呼吸器和过滤式防毒呼吸器。前者主要用于防止粒径小于 5μm 的呼吸性粉尘经呼吸道吸入产生危害，通常称为防尘口罩和防尘面具；后者用以防止有毒气体、烟雾等经呼吸道吸入产生危害，通常称为防毒面具和防毒口罩。过滤式防毒呼吸器又分为自吸式和送风式两类，目前使用的主要是自吸式防毒呼吸器。

② 隔绝式呼吸器能使戴用者的呼吸器官与污染环境隔离，由呼吸器自身供气（空气或氧气），或从清洁环境中引入空气维持人体的正常呼吸。可在缺氧、尘（毒）严重污染、情况不明的有生命危险的工作场所使用，一般不受环境条件限制。按供气形式分为自给式和长管式两种类型。自给式呼吸器自备气源，属携带型，根据气源的不同又分为氧气呼吸器、空气呼吸器和化学氧呼吸器；长管式呼吸器又称长管面具，得借助肺力或机械动力经气管引入空气，属固定型，又分为送风式和自吸式两类，只适用于定岗作业和流动范围小的作业。

在选择呼吸防护用品时应考虑有害化学品的性质、作业场所污染物可能达到的最高浓度、作业场所的氧含量、使用者的面型和环境条件等因素。例如自给式防毒呼吸器的选择，就是根据作业场所毒物的浓度选择呼吸器的种类，根据毒物的特性选择滤毒罐（盒），根据使用者的面型和环境条件选配面罩。

化学实验室中常用的呼吸防护用品主要有防尘口罩、一次性活性炭口罩和防毒口罩。同样的，实验中选择什么样的口罩，主要取决于实验室环境中污染物的危害程度，若污染物是不挥发性的颗粒状物质，且不含有毒、有害气体，可以选择防尘口罩；对于极低浓度的有机气体、恶臭及毒性粉尘的实验场所，可选择一次性活性炭口罩；若实验过程中涉及含有低浓度有毒、有害气体或粉尘时，如二氧化硫、丙酮、苯胺类、三氯甲烷等具有挥发性且有毒的气体或蒸气时，则选择防毒口罩。

2）其他个体防护用品

为了防止由于化学品的飞溅，以及化学粉尘、烟、雾、蒸气等所导致的眼睛和皮肤伤害，也需要根据具体情况选择相应的防护用品或护具。实验室常用的其他个体防护用品主要有防护眼镜、防护面罩、防护服（含实验服）、防护手套、防护靴等。

在这些个体防护用品中，防护手套的选择尤其多样化，使用时一定要根据所接触化学品或物品的性质选择不同功能的防护手套。如实验中若使用酸、碱以及无机盐溶液，可使用天然橡胶手套和氯丁橡胶手套；对于实验中涉及油脂类、石油化工产品、生物成分时，可选用丁腈橡胶手套；丁基合成橡胶手套作为中型无衬手套的材料，可作为手套箱、培养箱、操作箱等作业使用，对氢氟酸、王水、硝酸等强酸，以及强碱、甲苯、乙醇等有超强的耐久性，对于碳氢化合物等非极性溶剂的防护性较差；如从烘箱、马弗炉中取出物体或从加热套上取下热溶剂时，需要佩戴防热手套，它的材质一般为厚皮革、特殊合成涂层、绝缘布、玻璃棉等；如操作或搬运与液氮有关的工作、接触干冰等制冷剂时需要佩戴耐低温防护手套，材质一般外部为牛皮革，内里为防寒海绵夹层，堪培拉衬里；若需要在实验室进行玻璃仪器加工和金属加工，则需要戴材质为高强高模聚乙烯纤维包覆的钢丝或玻璃纤维的防割手套。

3）保持实验室整洁卫生

经常整理实验室或作业场所，对实验过程中产生的废弃物或溢出物及时回收处理或处置，保持实验场所清洁，也能有效地预防和控制化学品危害。如定期将地面、实验台面上的粉尘、灰尘、纸屑清理干净；化学品使用完毕应及时放回原位；若装化学品的容器不小心损坏或泄漏，应及时将化学品转移到其他容器内，或做回收处理，损坏的容器视情况做固废处置等。

4）作业人员的个人卫生

除了以上控制措施外，作业人员养成良好的卫生习惯也是消除和降低化学品危害的一种有效方法。保持好个人卫生，就可以防止有害物附着在皮肤上，防止有害物通过皮肤渗入体内。使用化学品过程中保持个人卫生的基本原则是：

① 遵守安全操作规程并使用适当的防护用品；

② 工作结束后、饭前、饮水前、吸烟前以及便后要充分洗净身体的暴露部分；

③ 定期检查身体；

④ 皮肤受伤时，要完好地包扎；

⑤ 时刻注意防止自我污染，尤其在清洗或更换工作服时更要注意；

⑥ 在衣服口袋里不装被污染的东西，如抹布、工具等；

⑦ 防护用品要分放、分洗；

⑧ 勤剪指甲并保持指甲洁净；

⑨ 不直接接触能引起过敏的化学品。

（3）管理控制

管理控制是指按照法律和标准建立起来的管理程序和措施，是预防实验室和/或作业场所中化学品危害的一个重要方面。管理控制主要包括申购登记、分类管理、安全标签、安全技术说明书、安全储存、废弃物处理、安全教育培训等手段，通过对化学品实行全过程管理，杜绝或减少事故的发生。

1）申购登记

申购登记是化学品安全管理最重要的一个环节。

申购登记的化学品主要是指受国家管控的化学品，通常包含原国家安全生产监督管理总局（现应急管理部）发布的《危险化学品目录》（2015 版）中所列的常用危险化学品，原国家安全生产监督管理总局、公安部等发布的《剧毒化学品目录（2015 版）》［摘自《危险化学品目录》（2015 版）］中剧毒化学品和生态环境部、商务部及海关总署等发布的《中国严格限制的有毒化学品名录》（2020 年）中有毒化学品。使用人或使用单位在申请购买时需要按照一定的采购流程进行，如供应商提供有效的"危险化学品经营许可证"，采购单位提供法人证书、相关人员身份证、申请表、购买合同、安全承诺书、合法使用证明等并在相应网站申请备案，公安机关审核后发放"购买备案证明"，通知供应商供货，入库登记等流程。

2）分类管理

分类管理实际上就是根据某一化学品（化合物、混合物或单质）的理化、燃爆、毒性、环境影响等数据确定其是否是危险化学品，并进行危险性分类。分类管理是化学品管理的基础。目前我国的危险化学品分类主要依据《化学品分类和标签规范》（GB 30000.2—2013～GB 30000.29—2013）28 个国家标准，将化学品按其危险性分为 28 个大项和 81 个小项，已公布的常用危险化学品有 2828 种；《剧毒化学品目录（2015 版）》中共收录有 148 种剧毒化学品；《中国严格限制的有毒化学品名录》（2020 年）中包含的 8 类严格限制的有毒化学品。

3）安全标签

安全标签是用简单、明了、易于理解的文字和图形表述有关化学品的危险特性及安全处置注意事项。安全标签的作用是警示能接触到此化学品的人员。根据使用场合，安全标签分为供应商标签和作业场所标签（也称为化学品安全周知卡）。

4）安全技术说明书

安全技术说明书详细描述了化学品的燃爆、毒性和环境危害，给出了安全防护、急救措施、安全储运、泄漏应急处理、法规等方面的信息，是了解化学品安全卫生信息的综合性资料。生产单位必须随产品向用户提供标准的安全技术说明书，销售、使用单位应主动向供应商索取安全技术说明书。

5）安全储存

随着石油和化工产业持续快速发展，我国危险化学品仓库储存的品种和数量不断增加，因管理或操作不当引发的安全事故时有发生，给企业和社会造成巨大损失和危害，因此加强危险化学品仓库储存安全管理，加强危险化学品仓储标准体系建设意义重大。同时，随着科技进步与经济发展，特别是互联网、物联网技术的发展，以及危险化学品仓储信息管理系统的应用，使危险化学品仓库的仓储管理更趋于标准化、智能化、透明化、科学化。2022 年 12 月 29 日，国家市场监督管理总局正式批准《危险化学品仓库储存通则》（GB 15603—2022）

等 54 项强制性国家标准，这是对于《常用化学危险品贮存通则》（GB 15603—1995）的首次修订。新标准对危险化学品仓库储存的基本要求、储存要求、装卸搬运与堆码、入库作业、在库管理、出库作业、个体防护、安全管理、人员与培训等内容都提出了要求。

化学品储存方式有三种，隔离储存、隔开储存和分离储存。如：剧毒化学品、易燃气体、氧化性气体、急性毒性气体、遇水放出易燃气体的物质和混合物、氯酸盐、高锰酸盐、亚硝酸盐、过氧化钠、过氧化氢、溴素应分离储存；剧毒化学品、监控化学品、易制毒化学品、易制爆危险化学品应按规定将储存地点、储存数量、流向及管理人员的情况报相关部门备案；剧毒化学品以及构成重大危险源的危险化学品，应在专用仓库内单独存放，并实行双人收发、双人保管制度。

6）废弃物处置

废弃物处理在本章第四节会专门描述，此处不再赘述。

7）安全教育培训

安全教育是化学品安全管理的一个重要组成部分。安全教育的目的是通过培训使实验人员能正确使用安全标签和安全技术说明书，了解所使用的化学品的燃烧爆炸危害、健康危害和环境危害，掌握必要的应急处理方法和自救、互救措施，掌握个体防护用品的选择、使用、维护和保养，掌握特定设备（如急救、消防、溅出和泄漏控制设备）和材料的使用。

安全教育还可以使化学品的管理人员和接触化学品的作业人员能正确认识化学品的危害，自觉遵守规章制度和操作规程，从主观上预防和控制化学品危害。

在高校化学实验室，管理控制还应包括建立健全危险化学品管理的规章制度，明确责任、定期检查、及时整改隐患，加强危险化学品的日常管理等。高校对危险化学品的管理需要配套出台一系列的文件，如实验室安全管理制度、实验室安全准入制度、实验室安全检查制度、剧毒化学品/危险化学品安全管理规定、易制毒化学品安全管理规定、易燃易爆危险化学品管理规定、危险化学品事故应急预案等。这些制度需要张贴在实验室显著的地方，便于及时阅读和学习。

（4）人行为控制

人行为控制即控制人为失误，减少不正确行为对危险源的触发作用。人为失误主要表现形式有：操作失误，指挥错误，不正确的判断或缺乏判断，无知，粗心大意，遗忘，厌烦，懒散，疲劳，紧张，忙乱，工作没有秩序，疾病或生理缺陷，错误使用防护用品和防护装置等。

5.4 化学品废弃物的处置

实验室或作业生产过程中都会产生一定数量的具有毒性、腐蚀性、易燃性、化学反应性或者感染性一种或几种危险特性的废弃物，有害的废弃物处理不当会对生态环境和人类健康构成危害，甚至还有可能引发火灾和爆炸等。高校实验室产生的废弃物在数量和强度上虽然不及工业生产产生的废弃物，但随着科研教学活动力度的加大，实验室废弃物的数量与类型更加多元化、多样化，因此，在实际工作中，仍需要像前面所述的要对化学品进行控制管理，如优化技术路线、绿色小型化/微型化、采用替代物等，尽可能减少废弃物的产生。尽管如此，实验室废弃物的产生量仍不可忽视,但高校化学实验室一般都缺乏专业设施和专业技术人员,因此目前实验室产生的化学废弃物主要由具备相应处置资质的单位负责处理。但在这些单位回收处理之前,实验室必须采取有效措施,对化学废弃物进行分类收集、妥善储存和贮存、合理回收或简单处理,防止其扩散、流失、渗漏或产生交叉污染等。本节涉及的化学废弃物主要指实验室废弃化学品。

5.4.1 实验室废弃化学品的分类

实验室废弃化学品从物理形态划分,有固体废弃物(废固)、液态废弃物(废液)和废气三种,简称"三废"。实验室产生的废气主要是通过末端收集法进行处置,实验过程中产生有毒废气的实验都需要在通风橱内进行,且需要增加尾气吸收装置;无法收集的极低浓度、极低毒性的废气可通过通排风系统在通风管道末端采用活性炭集中吸收处理。因此,这里所指实验室废弃化学品主要是指需要集中回收处置的固废和液废,主要有实验过程中产生的有毒有害的各类化学废液、残渣;过期与失效的化学品(或废弃试剂)、药品、样品;盛装危险化学品的容器;沾染危险化学品的实验器皿、包装物、耗材等。

依据生态环境部、国家发展和改革委员会、公安部、交通运输部、国家卫生健康委员会令第 36 号公布的《国家危险废物名录(2025 年版)》,实验室产生的危险废弃物主要属于名录中的 4 个危险废物类别,见表 5-3。凡列入国家危险废物名录中的危险废物,需要实行分类管理、集中处置,实现危险废物的减量化、资源化和无害化。

表 5-3 实验室常见危险废物类别

废物类别	行业来源	废物代码	危险废物	危险特性
HW03 废药物、药品	非特定行业	900-002-03	销售及使用过程中产生的失效、变质、不合格、淘汰、伪劣的化学药品和生物制品,以及《医疗用毒性药品管理办法》中所列的毒性中药	T
HW08 废矿物油与含矿物油废物	非特定行业	900-249-08	其他生产、销售、使用过程中产生的废矿物油及沾染矿物油的废弃包装物	T,I
HW14 新化学物质废物	非特定行业	900-017-14	研究、开发和教学活动中产生的对人类或者环境影响不明的化学物质废物	T/C/I/R
HW49 其他废物	非特定行业	900-041-49	含有或者沾染毒性、感染性危险废物的废弃包装物、容器、过滤吸附介质	T/In
		900-047-49	生产、研究、开发、教学、环境检测(监测)活动中,化学和生物实验室(不包含感染性医学实验室及医疗机构化验室)产生的含氰、氟、重金属无机废液及无机废液处理产生的残渣、残液,含矿物油、有机溶剂、甲醛有机废液,废酸、废碱,具有危险特性的残留样品,以及沾染上述物质的一次性实验用品(不包括按实验室管理要求进行清洗后的废弃的烧杯、量器、漏斗等实验室用品)、包装物(不包括按实验室管理要求进行清洗后的试剂包装物、容器)、过滤吸附介质等	T/C/I/R

注:本表摘自《国家危险废物名录(2025 年版)》,其中 T—对生态环境和人体健康具有有害影响的毒性(toxicity),C—腐蚀性(corrosivity),I—易燃性(ignitability),R—反应性(reactivity),In—感染性(infectivity)。

根据表 5-3 的内容，虽然一般实验室的化学性危险废弃物基本都能列入"900-047-49"的废物代码，但从危险特性可以看出，这一类危险废弃物很多都具有反应性的特征，因此在回收时不可以随意混合，需遵循"分类收集、集中回收"的处置原则，否则会因不相容物质相互反应，造成严重的安全事故和环境污染事故。

2014 年，国家质量监督检验检疫总局发布的《实验室废弃化学品收集技术规范》（GB/T 31190—2014），为实验室废弃化学品分类收集提供了依据（表 5-4）。按照表 5-4 要求实验室废弃化学品分为 5 大类别。其中在第 2 大类别中，对实验过程中产生的废弃化学品按照表 5-5 的要求又分为 19 个小类别。

表 5-4　实验室废弃化学品分类表

序号	类别	说明
1	优先控制的实验室废弃化学品	指以下实验室废弃化学品： 镉、铅、汞、三氯苯、四氯苯、三氯苯酚、溴苯醚、苊、苊烯、蒽、苯并芘、氧芴、二噁英/呋喃、硫丹、氟、七氯、环氧七氯、六氯苯、六氯丁二烯、六氯环己烷、六氯乙烷、甲氧氯、卫生球、多环芳香类化合物、二甲戊乐灵、五氯苯、五氯硝基苯、五氯苯酚、菲、芘、氟乐灵、多氯联苯
2	实验过程中产生的废弃化学品	指在教学、科研、分析检测等实验室活动中产生的实验室废弃化学品，其分类要求详见表 5-5
3	过期、失效或剩余的实验室废弃化学品	指未经使用的报废试剂等
4	盛装过化学品的空容器	指盛装过试剂、药剂的空瓶或其他容器，无明显残留物
5	沾染化学品的实验耗材等废弃物	指实验过程中被污染的实验耗材等

注：摘自《实验室废弃化学品收集技术规范》（GB/T 31190—2014）。

表 5-5　实验过程中产生的废弃化学品分类表

序号	类别
1	无机浓酸溶液及其相关化合物
2	无机浓碱溶液及其相关化合物
3	有机酸
4	有机碱
5	可燃性非卤代有机溶剂及其相关化合物
6	可燃性卤代有机溶剂及其相关化合物
7	不燃非卤代有机溶剂及其相关化合物
8	不燃卤代有机溶剂及其相关化合物
9	无机氧化剂及过氧化物
10	有机氧化剂及过氧化物
11	还原性水溶液及其相关化合物

序号	类别
12	有毒重金属及其混合物
13	毒性物质、除草剂、杀虫剂和致癌物质*
14	氰化物
15	石棉或含石棉的废弃化学品
16	自燃物质
17	遇水反应的物质
18	爆炸性物质
19	不明废弃化学品

*可参考《危险废物鉴别标准 毒性物质含量鉴别》（GB 5085.6—2007）的有关规定。

注：摘自《实验室废弃化学品收集技术规范》（GB/T 31190—2014）。

实验室废弃化学品分类需要注意以下三点：

① 执行实验室废弃化学品分类的人员应熟悉实验室废弃化学品的物理、化学、毒害等特性，根据废弃化学品的性质，按照表 5-4、表 5-5 的要求分类。

② 各实验室应在合适位置张贴《实验室废弃化学品分类表》，以方便相关操作人员正确识别和弃置废弃化学品。

③ 当废弃化学品的成分比较复杂时，对含有多种成分的废弃化学品以其中危害性最大的物质的类别进行归类。

5.4.2 实验室废弃化学品的收集要求

实验室废弃化学品的收集时应严格遵循分类收集的原则，并需要注意以下事项：

① 实验室废弃化学品在收集时，按照表 5-5 的要求分类收集，注明废弃化学品的种类和浓度等相关信息。

② 如需要对实验室废液进行混合收集，收集之前应明确废液的成分，根据实验室废液不相容性表（表 5-6）及化学品安全技术说明书的有关信息进行收集，每次向容器放入废弃化学品时，均需要登记化学品名称、数量、时间等信息，并详细填写收集记录表。

③ 含高度活性化合物、高浓度氧化剂或还原剂之间的废弃物或废液，严禁与其他废弃化学品混合收集，表 5-7 给出了部分不相容废弃化学品混合后产生的危险。

④ 不明成分的实验室废弃化学品，严禁与其他废弃化学品混合收集。

⑤ 剧毒类废弃化学品（如氰化物、氧化砷）按照剧毒类化学品的有关管理规定收集和存放。

⑥ 对于沾染化学品的针头、针管、玻璃等利器，必须先用专用的包装袋或利器盒密封，再用纸箱装好，贴上标签作为固体废弃物回收。

⑦ 实验室废弃化学品不可投到收集生活废弃物的垃圾桶内，不得向下水道倾倒各种化学试剂及废液。

表 5-6 实验室废液相容表

反应类编号	废液主要成分																		
1	酸、矿物(非氧化性)	1																	
2	酸、矿物(氧化性)		2																
3	有机酸			3															
4	醇类、二元醇类和酸类				4														
5	农药、石绵等有毒物质					5													
6	酰胺类						6												
7	胺、脂肪族、芳香族							7											
8	偶氮化合物、重氮化合物和联胺								8										
9	水									9									
10	碱										10								
11	氰化物、硫化物及氟化物											11							
12	二磺氨基碳酸盐												12						
13	酯类、醚类、酮类													13					
14	易爆物(注一)														14				
15	强氧化剂(注二)															15			
16	烃类、芳香族、不饱和烃																16		
17	卤化有机物																	17	
18	一般金属																		18
19	铝、钾、锂、镁、钙、钠等易燃金属																			19

颜色说明

反应颜色	混合后结果
	产生热
	起火
	产生无毒性和不易燃性气体
	产生有毒气体
	产生易燃气体
	爆炸
	剧烈聚合作用
	或许有危害但不确定

范例

	产生热并起火及有毒气体

注一：易爆物包括溶剂、废弃爆炸物、石油废弃物等。

注二：强氧化剂包括铬酸、氯酸、双氧水、硝酸、高锰酸等。

注：根据《实验室废弃化学品收集技术规范》（GB/T 31190—2014）附录 B（部分）绘制而成。

表 5-7 不相容危险废弃化学品（部分）

不相容危险废弃化学品		混合时会产生的危险
甲	乙	
氰化物	酸类、非氧化	产生氰化氢，吸入少量可能会致命
次氯酸	酸类、非氧化	产生氯气，吸入可能会致命
铜、铬及多种金属	酸类、氧化，如硝酸	产生二氧化氮、亚硝酸盐，刺激眼目及烧伤皮肤
强酸	强碱	可能引起爆炸性的反应及产生热能
铵盐	强碱	产生氨气，吸入会刺激眼目及呼吸道
氧化剂	还原剂	可能引起强烈及爆炸性的反应及产生热能

注：根据《危险废物贮存污染控制标准》（GB 18597—2023）绘制。

一些高校实验室对于化学废液的收集容器，做了详细的分类管理要求，如有机溶剂分卤代烃类废液和非卤代烃类废液，酸类废液和碱类废液严格分开，具体如下。

① 卤代溶剂类废弃物容器：收集含卤的有机溶剂（如三氯甲烷、四氯乙烯、二氯甲烷等）和其他含卤的有机化合物。

② 非卤代溶剂类废弃物容器：收集不含卤的有机溶剂和其他化合物，如丙酮、己烷、石油醚等。

③ 无机酸放入无机酸类废弃物容器，有机酸放入有机酸类废弃物容器，且应远离：活泼

金属，如钠、钾、镁；氧化性酸及易燃有机物；相碰后即产生有毒气体的物质，如氰化物、硫化物及碳化物等。

④ 碱类废弃物容器：收集氢氧化钠、氢氧化钾和氨水等，存储时应远离酸及一些性质活泼的物质等。

⑤ 有机酸类废弃物容器：收集废有机酸。若收集量较低（< 4L/月），可允许在"非卤代溶剂或卤代溶剂类废弃物"容器中处理。

⑥ 氰化物类废弃物容器：容器中的废料务必保持强碱性，以免产生有毒的氢氰酸气体。

⑦ 润滑剂类废弃物容器：收集泵油、润滑油、液态烷烃、矿物油等。

⑧ 有毒重金属类废液容器：收集含有铁、钴、铜、锰、铅、银、锌等重金属离子或混合物的废液，对于含重金属（如镉、汞）浓度较高的废液应单独收集，不得与其他重金属废液混合。

5.4.3　实验室废弃化学品的贮存要求

2023 年 1 月 20 日，生态环境部联合国家市场监督管理总局发布了《危险废物贮存污染控制标准》（GB 18597—2023）新版国家标准，这是该标准自 2001 年以来第一次修订，新标准对防控危险废物环境风险、保障公众健康、维护生态安全具有重要意义。此外，新版国家标准《危险废物贮存污染控制标准》（GB 18597—2023）与时俱进，强化了智慧监管，增加了信息化管理内容，如对危险废物重点监管单位，应采用电子地磅、电子标签、电子管理台账等技术手段对危险废物贮存过程进行信息化管理，确保数据完整、真实、准确。对照国家标准，实验室废弃化学品的贮存应按照如下要求执行：

① 实验室废弃化学品须使用密闭式容器收集贮存，贮存容器应与实验室废弃化学品具有相容性，一般为高密度聚乙烯桶（HDPE 桶）或聚四氟乙烯、聚丙烯、聚氯乙烯等材料容器，若与上述容器材料不相容，则使用不锈钢桶；对于未用完或过期化学品可直接保留原包装，集中于纸箱中贮存，但要注意内包装的密闭性，防止发生泄漏。

② 使用容器盛装废液或半固态废液时，容器内部应留有适当的空间不能装满，以适应因温度变化等可能引发的收缩和膨胀，导致容器泄漏或永久变形。建议废液桶类容器顶部与液面之间保留 10cm 空间，废液瓶约装载设置容量的 3/4。

③ 回收容器必须按照《危险废物识别标志设置技术规范》（HJ 1276—2022）要求编制"危险废物标签"，并粘贴于回收容器远离开口面的位置。

④ 实验室少量的废弃化学品回收容器可贮存在卫星式存储区,卫星式存储区应贴有醒目的警告标识，回收容器下方应放置储漏盘，防止泄漏或溢出。

⑤ 对卫星式存储区的废弃化学品的数量和贮存时限应有明确的规定,超过规定时限各实验室应定期转移至集中存储区贮存，集中存储区的实时贮存量一般不超过 3t。

此外，无论是收集实验室废弃化学品还是贮存操作时，都应做好个人防护。

表 5-8 列出了几种常见的实验室废弃化学品收集贮存要求。

表 5-8　几种常见的实验室废弃化学品收集贮存要求

序号	废弃化学品	收集贮存要求
1	酸类废弃化学品	应远离活泼金属（如钠、钾、镁等）、接触后即产生有毒气体的物质（如氰化物、硫化物等）

序号	废弃化学品	收集贮存要求
2	碱类废弃化学品	应远离酸及性质活泼的化学品
3	易燃废弃化学品	宜置于暗冷处并远离有氧作用的酸,或产生火花火焰的物质,且其存量不可太多
4	氧化剂类废弃化学品	(如过氧化物、氧化铜、氧化银、氧化汞、含氧酸及其盐类、高氧化价的金属离子等)应放在暗冷处,并远离还原剂(如锌、碱金属、碱土金属、金属氮化物、低氧化价的金属离子、甲酸、醛、草酸等)
5	与水易反应的废弃化学品	应存放在干冷处并远离水
6	与空气易反应的废弃化学品	应采取隔绝空气(如水封、油封或充惰性气体隔离)处理并盖紧瓶盖
7	与光易变化的废弃化学品	应存放在深色瓶中,避免阳光照射
8	可变成过氧化物的废弃化学品	应存放在深色瓶中并盖紧瓶盖
9	有机废弃化学品	多为易挥发的液体,易燃且有毒性,应存放在药柜最底层且通风良好,谨防地震时倾倒摔裂

注:根据《实验室废弃化学品收集技术规范》(GB/T 31190—2014)整理。

5.4.4　实验室废弃化学品的处置流程

虽然目前高校实验室废弃化学品主要委托具备相应资质的单位处置,但废弃化学品的产生者仍需要按照规定的流程分类、收集、暂存、打包、转移废弃物,至指定的集中储存区贮存。实验室废弃化学品申请处置的流程大致如图5-2所示。

5.4.5　危险废物标签

危险废物标签一般设置在危险废物容器或包装物上,由文字、编码和图形符号等组合而成,类似于危险化学品标签,用于向相关人员传递危险废物特定信息,以警示危险废物潜在

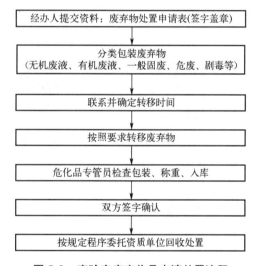

图 5-2　实验室废弃物品申请处置流程

环境危害的标志。对于危险废物标签,我国生态环境部在2022年发布了国家生态环境标准《危险废物识别标志设置技术规范》(HJ 1276—2022)。

危险废物标签应包含以下几点内容和要求:

① 标签应以醒目的字样标注"危险废物"。

② 标签应包含废物名称、废物类别、废物代码、废物形态、危险特性、主要成分、有害成分、注意事项、产生/收集单位名称、联系人、联系方式、产生日期、废物重量和备注。

③ 标签宜设置危险废物数字识别码和二维码。

④ 标签的背景色应采用醒目的橘黄色,RGB颜色值为(255,150,0),标签框和字体颜色为黑色,RGB颜色值为(0,0,0)。

⑤ 标签字体宜采用黑体字,其中"危险废物"字样应加粗放大。

⑥ 标签尺寸可根据容器或包装物的容积按照表 5-9 的要求设置。

⑦ 选用标签的材质应具有一定的耐用性和防水性，如压敏胶印刷品、印刷品加塑封等。

根据以上内容和要求，危险废物标签的空白样式和填写式样如图 5-3 所示，供高校实验室参考，高校也可以根据实际设计符合要求的危险废物标签样式。

表 5-9　危险废物标签尺寸

序号	容器或包装物容积/L	标签最小尺寸/（mm×mm）	最低文字高度/mm
1	≤50	100×100	3
2	>50～≤450	150×150	5
3	>450	200×200	6

图 5-3　危险废物标签空白式样（左）和填写式样（右）

章节习题

1. 对照危险货物的分类，按照化学品的物理危害来分，化学品包括哪几类？他们分别是什么？以实验室常见的化学品举例说明。

2. 判断易燃气体、易燃液体、易燃固体的标准分别是什么？他们对应的主要物理危害又有哪些？

3. 我国《危险化学品目录》（2015 版）中收录的剧毒品有多少种？请你写出 5 种常见的剧毒化学品名称。

4. 腐蚀品的主要危险特性有哪些？

5. 预防化学品的危害，除了执行法律法规外，在实际工作中还要做到控制化学品的危害。化学品预防控制的基本原则有哪四个？

6. 工程技术控制和管理控制分别包含哪些方式方法？

7. 实验室废弃化学品中，由实验过程中产生的废弃化学品有多少类？分别是什么？

8. 简要概述实验室废弃化学品的收集要求和贮存要求。

9. 危险废物标签的颜色是什么？危险废物标签上应包括哪些内容？

参考文献

[1] 联合国. 关于危险货物运输的建议书 规章范本（第二十三修订版）[Z]. 纽约和日内瓦，2023.

[2] 国家标准化管理委员会. 危险货物分类和品名编号：GB 6944—2012 [S]. 北京：中国标准出版社，2012.

[3] 中华人民共和国工业和信息化部. 化学品分类和危险性公示　通则：GB 13690—2009 [S]. 北京：中国标准出版社，2009.

[4] 中华人民共和国国务院令第 645 号. 危险化学品安全管理条例 [Z]. 2013.

[5] 国家安全生产监督管理总局. 危险化学品目录（2015 版）[Z]. 2015.

[6] 国家标准化管理委员会. 化学品分类和标签规范：GB 30000.2—2013～GB 3000.29—2013 [S]. 北京：中国标准出版社，2013.

[7] 联合国. 全球化学品统一分类和标签制度（全球统一制度）（第十修订版）[Z]. 纽约和日内瓦，2023.

[8] 国家标准化管理委员会. 危险货物分类和品名编号：GB 6944—2012 [S]. 北京：中国标准出版社，2012.

[9] 全国环境化学计量技术委员会. 可燃气体检测报警器：JJG 693—2011 [S]. 北京：中国质检出版社，2022.

[10] 中华人民共和国住房和城乡建设部. 石油化工可燃气体和有毒气体检测报警设计标准：GB 50493—2019 [S]. 北京：中国计划出版社，2009.

[11] 全国塑料制品标准化技术委员会. 塑料购物袋的快速检测方法与评价：GB/T 21662—2008 [S]. 北京：中国标准出版社，2008.

[12] 全国石油产品和润滑剂标准化技术委员会. 石油产品闪点和燃点的测定 克利夫兰开口杯法：GB/T 3536—2008 [S]. 北京：中国标准出版社，2008.

[13] 冯建跃. 高校实验室化学安全与防护 [M]. 杭州：浙江大学出版社，2013.

[14] 北京大学化学与分子工程学院实验室安全技术教学组. 化学实验室安全知识教程 [M]. 北京：北京大学出版社，2012.

[15] 孙万付，郭秀云，李运才，等. 化学品分类与鉴定 [M]. 北京：化学工业出版社，2021.

[16] 高建村，任绍梅. 化学品物理危险性检测与鉴定概论 [M]. 北京：中国石化出版社，2021.

[17] 中华人民共和国工业和信息化部. 化学品分类和标签规范 第 18 部分：急性毒性：GB 30000.18—2013 [S]. 北京：中国标准出版社，2013.

[18] 生态环境部，商务部，海关总署. 中国严格限制的有毒化学品名录（2020 年）[Z]. 2019.

[19] 生态环境部，国家市场监督管理总局. 放射性物品安全运输规程：GB 11806—2019 [S]. 北京：中国标准出版社，2019.

[20] 刘建国，等. 中国化学品管理：现状与评估 [M]. 北京：北京大学出版社，2015.

[21] 郭日生.《21 世纪议程》：行动与展望 [J]. 中国人口·资源与环境，2012，22（5）：5-8.

[22] 王婉芳. 介绍国际劳工组织第 170 公约——作业场所安全使用化学品公约 [J]. 劳动医学，1996（3）：55-56.

[23] 联合国环境与发展大会. 21 世纪议程 [Z]. 1992.

[24] 张耀花. 新污染物治理视域下化学品管理立法研究 [D]. 北京：北京化工大学，2022.

[25] 中华人民共和国应急管理部. 危险化学品仓库储存通则：GB 15603—2022 [S]. 北京：中国标准

出版社，2022.

［26］中华人民共和国生态环境部. 国家危险废物名录（2025 年版）［Z］. 2024.

［27］全国废弃化学品处置标准化技术委员会. 实验室废弃化学品收集技术规范：GB/T 31190—2014［S］. 北京：中国标准出版社，2014.

［28］中华人民共和国生态环境部，国家市场监督管理总局. 危险废物贮存污染控制标准：GB 18597—2023［S］. 北京：中国环境科学出版社，2023.

［29］中华人民共和国生态环境部. 危险废物识别标志设置技术规范：HJ 1276—2022［S］. 北京：中国环境科学出版社，2022.

第6章

化学品的管理与应急处理

6.1　化学品安全储存柜

　　化学试剂种类繁多，存放不当很容易造成浪费；并且化学试剂存放不当也会带来安全隐患，因此需要配备专门存放各种化学品的设备。

　　化学试剂的储存应根据试剂的毒性、易燃性、腐蚀性和潮解性等不同的特点和危害分类，以不同的方式妥善管理。用来存储一般化学试剂或药品的柜子称为试剂柜或化学品安全储存柜，目前常用的有钢制或铁制结构储存柜（图6-1）和耐强酸强碱的聚丙烯（PP）结构储存柜，如图6-2。

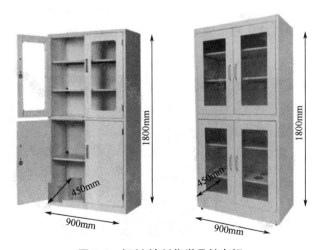

图 6-1　钢制/铁制化学品储存柜

　　一般试剂应分类存放于阴凉、通风处，温度低于30℃的安全储存柜。这类试剂包括不易变质的无机酸碱盐，如硅酸、硅酸盐，没有还原性的硫酸盐、碳酸盐、盐酸盐，碱性比较弱的碱。尽管这类物质的储存条件要求不是很高，但要对这类物质进行定期查看，做到药品的密封性良好，要在保质期内用完。

图 6-2　聚丙烯（PP）化学品安全储存柜

用来存储易燃易爆等危险化学品时，需要使用危化品安全柜，又称为防爆柜，危化品安全柜是一种具有防静电设计和防火功能的储存柜，不同尺寸的危化品安全柜可以提供危险化学品的安全储存、分装和分类管理，如图 6-3。

在储存化学品的过程中，通常使用颜色标签来区分不同的危险化学品。黄色柜用于放各种闭杯试验闪点高于 60℃ 的可燃物品，红色柜用于放各种闭杯试验闪点不高于 60℃ 的易燃物品，蓝色柜用于放各种弱腐蚀性物质或弱酸弱碱。

大量化学试剂应存放在药品仓库，存放化学试剂时要注意化学试剂的存放期限，因为部分试剂在存放过程中会逐渐变质，甚至形成危害，如乙醚、四氢呋喃、液体石蜡等，在日光条件下如接触空气可形成过氧化物，放置越久，危险性越大。

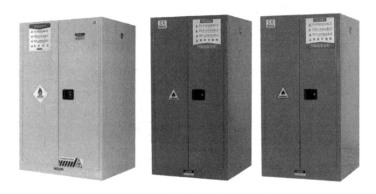

图 6-3　危险化学品安全储存柜

化学品安全储存柜具有以下作用。

① 避免交叉污染：在实验室中经常使用到多种不同种类的化学物质，如果混放在一起的话可能会发生化学反应导致危险事故；此外，还可能包含有害成分或易燃易爆品等。所以为了保证实验的安全性以及实验结果的准确性，必须对不同的物品进行分类存放。同时还要做好定期检查工作，确保没有出现过期变质等情况。

② 提高效率：在实验室内设置一个大型的储存装置存储各种化学品，可以节省寻找化学试剂的时间，从而有效提升工作效率。

③ 便于管理：集中、妥善地将化学试剂放置于储存柜中，对照试剂清单、用量信息等取用化学试剂，形成安全高效的管理。

6.2 化学品的安全存储与使用

实验室存放常见化学品应建立化学试剂目录以及动态使用台账，实现存储量、领用量的实时监管。存储时还应放置相应化学试剂的安全技术说明书（MSDS/SDS）或安全周知卡，方便查阅。

实验室应有专用于存放试剂药品的空间（储藏室、储藏区、储存柜等），应通风、隔热、避光、安全；有机溶剂储存区应远离热源和火源；易泄漏、易挥发的试剂保证充足的通风；试剂柜中不能有电源插座或接线板；试剂不得叠放、装有试剂的试剂瓶不得开口放置；实验台架无挡板不得存放化学试剂。

化学实验室常见化学试剂要按照化学试剂的危险分类进行存放，可按以下分类：易燃类、剧毒类、强腐蚀类、易爆类、强氧化剂类、一般化学试剂。因为不相容物质可能在同一个类别中，除了按照危险分类进行存放，同时还要兼顾化学物质的不相容性。相互接触能引起燃烧爆炸的物质不能混存；氧化剂和还原剂不能混存；氧化性盐和强酸不能存放在同一个试剂柜中，这些情况可能导致爆炸或发热反应。灭火方法不同的化学试剂应分开存放；所有化学试剂及其容器都要避免被阳光直射；存放化学试剂的房间照明设备应采用隔离、封闭、防爆型；室内严禁烟火；定期检查危险品贮藏情况，及时消除事故隐患；实验室及库房中应备齐消防器材，管理人员必须具备防火和灭火知识等。

化学品储藏的通用要求：

① 不能将化学试剂存放在 1.5m 以上的货架上，尤其是液体化学试剂应放置在视线高度以下。台架、货架要设置挡板或护栏，隔层底板应有一定高度的围堰，以防化学试剂倾倒、泄漏。

② 每个房间应建立化学试剂存放位置目录（首先要注意化学配伍禁忌物质分开放置，然后再考虑按字母顺序排序），每种化学试剂应在指定的地方存放。

③ 高毒性易挥发的化学试剂建议放置在带有通风的试剂柜中；易燃化学试剂应远离热源、火源、电源。

④ 对于腐蚀性、危险试剂，要有二次防泄漏托盘。特别指出，汞有毒，易挥发，相对密度大，玻璃瓶（无色）一般不大于 500mL，且储存量一般低于 1/3 容量（防止瓶子脱底），加水封，瓶子外再加二次防泄漏容器，塑料材质最佳。

⑤ 除了目前正在使用的化学试剂外，避免在实验台桌面上摆放化学试剂。

⑥ 不要将化学试剂直接放在地面上，如果确实需要，应增加防撞倒的二次容器或包装。除了清洁剂外，不要将任何化学试剂存放在水槽下面。

⑦ 不要使用通风橱存储化学试剂，这样会干扰通风橱内的空气流动，降低通风橱的排气效果，在通风橱中使用加热设备时也容易引发火灾。

⑧ 装有试剂的试剂瓶不得开口放置。化学试剂使用完毕，要重新密封好容器，放回原储存地点（可以在容器上标记存储位置）；瓶盖、瓶塞如有破损老化，需及时更换。

⑨ 化学试剂在任何地方都不得叠放，防止造成滑落、泄漏等。

⑩ 将化学试剂和危险废物分开储存。

如果发现化学试剂出现沉淀、变色，或瓶口有晶体形成，则说明此试剂有一定程度的暴露，需要尽快检查其密封情况，以及是否与其他不相容试剂混存。

实验室内存放的危险化学品总量原则上不应超过 100L 或 100kg，其中易燃易爆性化学品的存放总量不应超过 50L 或 50kg，且单一包装容器不应大于 20L 或 20kg。使用过的化学试剂，由于接触过空气、转移时污染等情况，会随着放置时间"变质"，或降低纯度等级；此外长期放置的化学试剂由于一些存放环境不适当，或者与其混存的其他化学试剂有溢出，其包装腐蚀、破裂或标签模糊、脱落，形成了较大安全隐患，因此，需定期清理久放的药品，消除累积现象。

对于一些特殊有机溶剂（如醚类、四氢呋喃和某些非芳香族不饱和环烃）接触空气容易形成具有潜在爆炸性的过氧化物，因此，一旦开瓶使用过，就需特别注意，实验室存放时间不能过长，一般在 6 个月后不能用于浓缩、蒸馏等操作，如确需使用，必须检验其中是否存在过氧化物。

6.2.1　易燃类化学试剂的安全存放与使用

实验室常见的闪点在 45℃ 以下的化学试剂有乙醚、石油醚、丙酮、苯、甲苯、乙酸乙酯、甲酸乙酯、异丙醇、二甲苯、乙酸丁酯、吡啶等。这类试剂要求存放在黄色防爆柜中，室温最好不超过 28℃，双人双锁管理。

（1）易燃固体试剂

举例如下。

① 黄磷：又名白磷，存放于盛水的棕色广口瓶里，水应保持将磷全部浸没；再将试剂瓶埋在盛硅石的金属罐或塑料筒里。取用时，因其易氧化，燃点又低，有剧毒，能灼伤皮肤。故应在水下面用镊子夹住，小刀切取。掉落的碎块要全部收集起来，防止抛撒。

② 红磷：又名赤磷，应存放在棕色广口瓶中，务必保持干燥。取用时要用药匙，勿近火源，避免和灼热物体接触。

③ 钠、钾：金属钠、钾应存放于无水煤油、液体石蜡或甲苯的广口瓶中，瓶口用塞子塞紧。若用软木塞，还需涂石蜡密封。取用时切勿与水或溶液相接触，否则易引起火灾。取用方法与白磷相似。

这类易燃试剂按要求应存放在黄色防爆柜中，室温不超过 28℃，双人双锁管理。

（2）易燃液体试剂

如乙醇、乙醚、二硫化碳、苯、丙醇等沸点很低，极易挥发又易着火，故应盛于既有塑料塞又有螺旋盖的棕色细口瓶里，置于阴凉处，取用时勿近火源。常在乙醚的试剂瓶中，加少量铜丝，防止乙醚因变质生成易爆的过氧化物。

因此，这些液体应密封保存，且要单独存放，并且注意：阴凉、通风、远离火源。

6.2.2 剧毒类化学试剂的安全存放与使用

实验室剧毒类化学试剂如氰化钾、氰化钠、三氧化二砷、硫酸二甲酯等，侵入消化道极少量即可能引起中毒、死亡；可溶性铜盐、钡盐、锑盐也能引起中毒，因此，对这些试剂应妥善保管，一般严管严控，专人管理、锁在专门的毒品柜（或保险柜）中，使用时按最小使用剂量双人登记、签字领用，使用过程中废弃物登记回收。

6.2.3 强腐蚀类化学试剂的安全存放与使用

实验室强腐蚀类化学试剂非常多，如浓硫酸、浓硝酸、浓盐酸、氢氟酸、氢溴酸、液溴、氢氧化钠、氢氧化钾、乙酸酐、苯酚、水合肼等。这些药品存放要求阴凉、通风，并与其他药品隔离放置，应选用抗强腐蚀性的 PP 化学试剂柜存放，料架不宜过高，也不要放在高架上，最好放在地面靠墙处，以保证存放安全，双人双锁管理。举例如下。

① 液溴：液溴密度较大，极易挥发，蒸气极毒，溅到皮肤上会造成灼伤。故应将液溴贮存在密封的棕色磨口细口瓶内，为防止其扩散，一般要在溴的液面上加水起到封闭作用，再将液溴的试剂瓶盖紧放于塑料桶中，置于阴凉不易碰翻处。取用时，要用胶头滴管伸入水面下液溴中迅速吸取少量后，密封放还原处。

② 浓氨水：浓氨水极易挥发，要用塑料塞和螺旋盖的棕色细口瓶储存，贮放于阴凉处。使用时，开启浓氨水的瓶盖要十分小心。因瓶内气体压强较大，有可能冲出瓶口使氨液外溅。所以要用塑料薄膜等遮住瓶口，使瓶口不要对着任何人，再开启瓶塞。特别是气温较高的夏天，可先用冷水降温后再启用。

③ 浓盐酸：浓盐酸极易放出氯化氢气体，具有强烈刺激性气味。所以应盛放于磨口细口瓶中，置于阴凉处，要远离浓氨水贮放。取用或配制这类试剂的溶液时，若量较大，接触时间又较长者，还应戴上防毒口罩。

6.2.4 易爆类化学试剂的安全存放与使用

① 遇水燃烧爆炸的物质：钠、钾、钙、电石、锌粉等，可与水剧烈反应，放出可燃性气体，极易引起爆炸。因此，这些物质在存放时应与易燃物、强氧化剂等隔离且密封保存。

② 因发生强烈氧化还原反应引起爆炸的物质：过氧化物（如过氧化氢、过氧化钠、过氧化钡）、强氧化性含氧酸（如高氯酸）及其强氧化性盐（如硝酸盐、氯酸盐、重铬酸盐、高锰酸盐）等强氧化性物质，在受热、受撞击或混入还原性物质时，就可能引起爆炸。因此，存放时一定不能与可燃物、易燃物、还原性物质放在一起，应存放在阴凉、通风处。

因此，易爆类化学试剂根据不同的燃爆特性，存放要求不一样，如遇水发生剧烈反应的金属钠和钾应保存在煤油中；金属锂保存在石蜡中；与空气接触能发生强烈反应的物质如白磷应保存在水中，切割时也要在水中进行。引火点低、受热、撞击、摩擦或与氧化剂接触能急剧燃烧的物质如赤磷、镁粉、锌粉、铝粉等，可置于干燥的黄沙中存放，温度不能超过30℃，须与易燃物、氧化剂隔离；氯酸钾、硝酸铵等不要同可燃物混放，要放在平稳的地方，以防爆炸等。易爆类化学试剂也须存放在黄色防爆柜中，双人双锁管理。

6.2.5 强氧化剂类化学试剂的安全存放与使用

实验室具有强氧化性的物质非常多，这类物质大多具有高价氧化态，有过氧化物或含氧酸及其盐。在适当条件下会发生爆炸，并可与有机物、镁粉、铝粉、锌粉、硫等易燃固体形成爆炸化合物，这类物质有的遇水起剧烈反应，有发生爆炸的危险。如高氯酸及其盐类、高锰酸钾、重铬酸钾、过氧化物等，存放要求阴凉、通风，最高温度不得超过30℃，要与酸类及木屑、炭粉、硫化物等易燃物、可燃物或易被氧化物等隔离，以免引起爆炸或燃烧，存放时也应放在防爆柜中，双人双锁管理。

6.2.6 易变质类化学试剂的安全存放与使用

固体烧碱：氢氧化钠极易潮解并可吸收空气中的二氧化碳而变质不能使用。所以应当保存在广口瓶或塑料瓶中，塞子用蜡涂封。特别要注意避免使用玻璃塞子，以防黏结。氢氧化钾与此相同。

碱石灰、生石灰、碳化钙（电石）、五氧化二磷、过氧化钠等，都易与水蒸气或二氧化碳发生作用而变质，均应密封贮存。特别是取用后，注意将瓶塞塞紧，放置干燥处。

硫酸亚铁、亚硫酸钠、亚硝酸钠等，具有较强的还原性，易被空气中的氧气等氧化而变质。要密封保存，并尽可能减少与空气的接触。

过氧化氢、硝酸银、碘化钾、浓硝酸、亚铁盐、三氯甲烷（氯仿）、苯酚、苯胺，受光照后会变质，有的还会放出有毒物质。它们均应按其状态保存在不同的棕色试剂瓶中，且避免光线直射。

因此，化学品分类存放见表6-1管制类化学品按大类分柜存放表，危险化学品储存禁忌见表6-2，同时，存放与使用过程中应遵循以下原则。

① 所有化学品和配制试剂都应贴有明显标签，杜绝标签丢失、新旧标签共存、标签信息不全或不清等混乱现象。配制的试剂、反应产物等应有名称、浓度或纯度、责任人、日期等信息。

② 存放化学品的场所必须整洁、通风、隔热、安全、远离热源和火源。

③ 实验室不得存放大桶试剂和大量试剂，严禁存放大量的易燃易爆品及强氧化剂；化学品应密封、分类、合理存放，切勿将不相容的、相互作用会发生剧烈反应的化学品混放。

④ 实验室需建立并及时更新化学品台账，及时清理废旧化学品。

⑤ 管制类化学品需上锁保管并做好使用登记。

表 6-1　管制类化学品按大类分柜存放表

序号	管制类别	化学试剂	存放要求
第一类	酸、腐蚀品	易制毒品：盐酸、硫酸、苯乙酸、醋酸酐、溴素 易制爆品：硝酸、发烟硝酸、高氯酸、过（氧）乙酸	有防泄漏托盘，有通风

序号	管制类别	化学试剂	存放要求
第二类	氧化剂、无机盐	易制毒品：高锰酸钾 易制爆品： ① 硝酸盐类有硝酸钠、硝酸钾、硝酸铯、硝酸镁、硝酸钙、硝酸锶、硝酸钡、硝酸镍、硝酸银、硝酸锌、硝酸铅 ② 氯酸盐类有氯酸钠（含溶液）、氯酸钾（含溶液） ③ 高（过）氯酸盐类有高（过）氯酸锂、高（过）氯酸钠、高（过）氯酸钾 ④ 重铬酸盐类有重铬酸锂、重铬酸钠、重铬酸钾、重铬酸铵 ⑤ 高锰酸盐类有高锰酸钾、高锰酸钠 ⑥ 无机过氧化物类有过氧化氢溶液、过氧化锂、过氧化钠、过氧化钾、过氧化镁、过氧化钙、过氧化锶、过氧化钡、过氧化锌、超氧化钠、超氧化钾 ⑦ 有机物类有过氧化二异丙苯、过氧化氢苯甲酰、过氧化脲、硝酸胍	分柜放置
第三类	有机试剂、还原剂	易制毒品： ① 第二类有三氯甲烷、乙醚、哌啶、乙基苯基酮及前述所列物质可能存在的盐类 ② 第三类有甲苯、丙酮、甲基乙基酮 易制爆品： ① 有机液体类有硝基甲烷、硝基乙烷、1,2-乙二胺、一甲胺溶液、水合肼 ② 有机固体类有六亚甲基四胺、一甲胺、2,4-二硝基甲苯、2,6-二硝基甲苯、1,5-二硝基萘、1,8-二硝基萘、2,4-二硝基苯酚（含水≥15%）、2,5-二硝基苯酚（含水≥15%）、2,6-二硝基苯酚（含水≥15%）、季戊四醇（四羟甲基甲烷）	有通风
第四类	活泼金属等	易制爆品（遇水爆炸或燃烧、易燃固体） ① 锂、钠、钾、镁、镁铝粉、铝粉、硅铝、硅铝粉、锌灰、锌粉、锌尘、锆、锆粉 ② 硫黄 ③ 硼氢化锂、硼氢化钠、硼氢化钾	隔水隔热隔氧
第五类	爆炸品	爆炸品：硝酸铵、2,4,6-三硝基甲苯（TNT）、2,4,6-三硝基苯酚（苦味酸）、季戊四醇四硝酸酯 易制爆品名录中的爆炸品：氯酸铵、高（过）氯酸铵、二硝基苯酚（溶液）、2,4-二硝基苯酚钠、硝化纤维素（硝化棉）、2-氨基-4,6-二硝基苯酚钠（苦氨酸钠）	双人双锁

注：

1.第一类易制毒品须按照双人双锁、化学禁忌分类保管，不得与上述管制品混放。

2.同一类别中，固液需分开（固上液下）、有机无机需分开。

3.无机盐类易制爆品同时包括无水和含有结晶水的化合物。

4.溴素（易制毒品）必须水封。

5.管制类化学品未经相关部门审批，严禁购买。

表 6-2　危险化学品储存禁忌表

化学危险品的种类和名称			配存顺号	1	2	3	4	5	6	7	8	9	10	11	12	13	14	15	16	17	18	19	20	21	22	23	24
化学危险品	爆炸品	点火器材	1	1																							
		起爆器材	2	×	2																						
		炸药及爆炸性药品（不同品名的不得在同一库内配存）	3	×	×	3																					
		爆炸品	4	△	×	×	4																				
	氧化剂	有机氧化剂	5	×	×	×	×	5																			
		亚硝酸盐、亚氯酸盐、次亚氯酸盐①	6	△	△	△	△	×	6																		
		其他无机氧化剂②	7	△	△	△	△	×		7																	
	压缩气体和液化气体	剧毒（液氯与液氨不能在同一库内配存）	8		×	×	×	×	×	×	8																
		易燃	9	△	×	×	△	×	△	△		9															
		助燃（氧及氧气空气混合钢瓶不得与油脂在同一库内配存）	10	△	×	×	△					△	10														
		不燃	11		×	×								11													
	自燃物品	一级	12	△	×	×	×	×	△	△	×	×			12												
		二级	13		×	×	△				×	△	△			13											
		遇水燃烧物品（不得与含水液体物质在同一库内配存）	14		△	△	△	△	△	△	△					×	14										
		易燃液体	15	△	×	×	×	△	×	×		×				×	△	15									
		易燃固体（H发孔剂不可与酸性腐蚀品及有毒或易燃酯类危险货物配存）	16														×		16									
	有毒品	氰化物	17		△	△														17								
		其他毒害品	18			△	△														18							
	腐蚀物品	酸性腐蚀物品 溴	19	△	×	×	×	×			△			×	△	△	△			×	△	19					
		过氧化氢	20	△	×	×	△	△						△	△	×				×			20				
		硝酸、发烟硝酸、硫酸、发烟硫酸、氯磺酸	21	△	×	×	×	×	①	×	×	△	△	×	△	△	△		×	△	△	△	△	21			
		其他酸性腐蚀物品	22	△	×		△	△	△	△		△							×	△		△	△		22		
	碱性及其他腐蚀物品	生石灰、漂白粉	23			△	△	△			△	△						△					△	×	△		23	
		其他（无水肼、水合肼、氨水不得与氧化剂配存）	24														△								×			24

化学危险品的种类和名称		配存顺号	1	2	3	4	5	6	7	8	9	10	11	12	13	14	15	16	17	18	19	20	21	22	23	24	
普通物品	易燃物品	25	×	×	△	△			×	×											△	△	×		△		25
	饮食品、粮食、饲料、药品、药材类、食用油脂③④	26	×	×					×	△			×		×	△	△	×	×	×	△	×	×		△		26
	非食用油脂	27	×	×															×	△	×		△					27
	活动物③	28	×	×		△	△	△	×	×			×						×	△	△	×	×	×	×	×	28
	其他③④	29																									29
配存顺号			1	2	3	4	5	6	7	8	9	10	11	12	13	14	15	16	17	18	19	20	21	22	23	24	

注：1. 无配存符号表示可以配存。

2. △表示可以配存，二者堆放时至少隔离 2m。

3. × 表示不可以配存。

4. 有注释时按注释规定办理。

① 除硝酸盐（如硝酸钠、硝酸钾、硝酸铵等）与硝酸、发烟硝酸可以配存外，其它情况不得配存。

② 无机氧化剂不得与松软的粉状可燃物（如煤粉、焦粉、炭黑、糖、淀粉、锯末等）配存。

③ 饮食品、粮食、饲料、药品、药材、食用油脂或动物不得与贴毒品标志及有恶臭易使食品污染熏味的物品以及畜禽产品中的生皮张和生毛皮（包括碎皮）、畜禽毛、骨、蹄、角等物品配存。

④ 饮食品、粮食、饲料、药品、药材、食用油脂与按普通货物条件贮存的化工原料、化学试剂、非食用药剂、香精应隔离 1m 以上。

6.3 危险化学品应急处理

6.3.1 危险化学品应急处理方法

（1）中毒应急处置

危险化学品的应急处理

实验中若感觉咽喉灼痛、嘴唇脱色或发绀，胃部痉挛或恶心呕吐等，则可能是中毒所致。视中毒原因施以下述急救后，立即送医，不得延误。

① 首先将中毒者转移到安全地带，解开领扣、紧身衣物和腰带，使其呼吸通畅，让中毒者呼吸到新鲜空气，并尽可能了解导致中毒的物质。

② 误服毒物中毒者，须立即引吐、洗胃及导泻，若患者清醒而又合作，宜饮大量清水引吐，亦可用药物引吐。对引吐效果不好或昏迷者，应立即送医院用胃管洗胃，孕妇应慎用催吐救援。

③ 重金属盐中毒者，喝一杯含有几克 $MgSO_4$ 的水溶液，立即就医。不要服催吐药，以免引起危险或使病情复杂化。砷和汞化合物中毒者，必须紧急就医。

④ 吸入刺激性气体中毒者，应立即将患者转移离开中毒现场，给予 2%～5%碳酸氢钠溶液雾化吸入。应急人员一般应配置过滤式防毒面罩、防毒服装、防毒手套、防毒靴等。

表 6-3 列出了部分常见中毒事件急救措施。

表 6-3 常见中毒事件急救措施汇总

毒品	解毒急救措施
有毒气体	应将中毒者移至空气清新且流通的地方进行人工呼吸，嗅闻解毒剂蒸气；二氧化硫、氯气刺激眼部，用2%～3%的$NaHCO_3$水溶液充分洗涤；咽喉中毒用2%～3%的$NaHCO_3$水溶液漱口，或吸入$NaHCO_3$水溶液的热蒸气，并饮热牛奶或1.5%的氧化镁悬浮液。输氧（硫化氢中毒者禁止口对口人工呼吸）
酸	立即服用氢氧化铝凝胶、牛奶、豆浆、鸡蛋清、花生油等，忌用小苏打（因产生二氧化碳气体可增加胃穿孔的危险）
碱	立即服用柠檬汁、橘汁或1%的硫酸铜溶液以引起呕吐；生物碱中毒，可灌入活性炭水溶液以催吐
汞化合物	急性中毒早期时用饱和碳酸氢钠溶液洗胃，或立即饮用浓茶、牛奶，吃生蛋白、喝麻油。立即送医院救治
苯	误入消化系统者，内服催吐剂引起呕吐，洗胃，对吸入者进行人工呼吸，输氧
酚	口服者给服植物油15～30mL，催吐，后温水洗胃至呕吐物无酚气味为止，再给硫酸钠15～30mg。清化道已有严重腐蚀时，勿给上述处理
氟化物	早期给服2%的氧化钙催吐
氰化物	① 一般处理：催吐，洗胃可用1：2000高锰酸钾、5%硫代硫酸钠或1%～3%过氧化氢。口服拮抗剂，保持体温，尽快给氧，镇惊止痉，给呼吸兴奋剂以及在必要时保持人工呼吸直至呼吸恢复为止，同时进行静脉输液，维持血压等对症治疗。一旦确证，应该尽快应用特效解毒药。 ② 特殊疗法：特效解毒药有硫代硫酸钠、亚硝酸盐类、亚甲蓝、含钴的化合物
磷化物	磷化物毒品有磷化氢、三氧化磷、五氧化磷等。误吸入时速用0.1%的硫酸铜溶液催吐，洗胃后用缓泻剂如硫酸镁。严禁进食脂肪。在操作磷的工作场所，应戴用5%的硫酸铜浸湿的口罩
砷化合物	砷化合物毒性特别强，如As_2O_3、As_2S_3、$AsCl_3$、H_3AsO_3等。误吸入时用炭粉及25%的磷酸铁和0.6%的氧化镁混合洗胃，再服用食糖
钡化合物	误食时，用炭粉及25%硫酸钠溶液洗胃

（2）化学灼伤应急处置

化学灼伤常由强酸、强碱、黄磷、液溴、酚类等腐蚀性物质引起。伤处剧烈灼痛，轻者发红或起泡，重者溃烂。创面不易愈合，某些化学品可被皮肤、黏膜吸收，出现合并中毒现象。紧急处置办法为：

① 迅速移离现场，脱去受污染的衣物，立即用大量流动清水冲洗20～30min，碱性物质污染后冲洗时间应该延长，特别要注意眼睛及其他特殊部位如头、面、手的冲洗；

② 对有些化学物灼伤，如氰化物、酚类、氯化钡、氯氟酸等在冲洗时应进行适当解毒急救处理；

③ 化学灼伤创面应彻底清创，剪去水疱、清除坏死组织，深度创面应立即或在早期进行削（切）痂植皮及延迟植皮；

④ 灼伤创面经水冲洗后，必要时进行合理的中和治疗，例如氢氟酸灼伤，经水冲洗后需及时用钙、镁试剂局部中和治疗，必要时用葡萄糖酸钙动、静脉注射；

⑤ 烧伤面积较大，应令伤员躺下，等待医生到来，头、胸应略低于身体其他部位，腿部若无骨折，应将其抬起；

⑥ 化学灼伤并休克时，冲洗从速从简，积极进行抗休克治疗；

⑦ 如患者神志清醒，并能饮食，给以大量饮料；

⑧ 及时就医，解毒、抗感染，进行进一步治疗。

表6-4为常见化学灼伤、创伤的处置措施举例，如在实验过程中遇到这类事件可以参照表格所列出的方法进行初步处理。

表 6-4 化学灼伤、创伤急救措施举例

种类		急救措施
灼伤	酸灼伤	先用大量水冲洗，然后用 5% 的碳酸氢钠或 10% 的氨水清洗伤口；若溅入眼睛内，应先用清水冲洗，然后用 3% 的碳酸氢钠冲洗，随即去医院治疗。氢氟酸灼伤立即用水冲洗伤口至苍白色并涂以甘油与氧化镁（2∶1）或用冷的饱和碳酸镁溶液清洗伤口后包扎好，要严防氢氟酸进入皮下和骨骼中
	碱灼伤	用大量水冲洗，然后用 2% 的硼酸或 2% 的醋酸冲洗，严重者去医院治疗
	氧化物灼伤	先用高锰酸钾溶液冲洗伤处，然后再用硫化铵溶液漂洗
	钠灼伤	可见的金属钠小块用镊子移去，其余与碱灼伤处理相同
	溴灼伤	立即用大量水冲洗，再用乙醇擦至无溴液存为止，然后涂上甘油或烫伤油膏，用 3% 硫酸铜的乙醇溶液浸湿纱布包扎
	黄磷灼伤	立即用 1% 硫酸铜溶液洗净残余的磷，或用镊子除去磷屑，或用湿棉花擦去，再用 0.01% 高锰酸钾溶液湿敷，外涂保护剂，用绷带包扎。眼黏膜损害时，用 2% 小苏打水冲洗多次
	铬酸灼伤	先用大量流动清水冲洗，再用氯化铵稀溶液漂洗。创面治疗：①5% 硫代硫酸钠溶液湿敷；②涂以 5% 硫代硫酸钠软膏；③CaNa$_2$-EDTA 软膏或溶液湿敷；④10% 维生素 C 溶液湿敷，使 Cr（Ⅵ）还原成 Cr（Ⅲ），并与其结合，使其失去活性；⑤深度创面宜早期切痂植皮
	酚灼伤	先用大量水冲洗，然后用体积比为 4∶1 的 70% 乙醇-氧化铁（1mol/L）混合溶液冲洗
	氧化锌灼伤	若只是浅表受伤，用生理盐水清洗创面，周围用 75% 的酒精清洗，然后包扎。若伤口较深或有异物，应立即到医院去清创缝合处理
	硝化银灼伤	先用水冲洗，再用 5% 碳酸氢钠溶液漂洗，涂油膏及磺胺粉
创伤		若受伤重，大量出血，应先让伤者躺下，抬高受伤部位，让伤者保暖并用垫子稍用力压住伤口，用止血带止血，同时拨打急救电话
烧伤		轻度烧伤可用冷水冲洗 15～30min，再用生理盐水擦拭，勿用药膏、牙膏涂抹，切勿刺破水泡。重度烧伤应送医院
烫伤		勿用水冲洗。若皮肤未破，可用碳酸氢钠粉调成浆状敷于伤处，或伤处抹些黄色苦味酸溶液、烫伤药膏、万花油等。若伤处已破，可涂些紫药水或 0.1% 高锰酸钾溶液
冻伤		应迅速脱离低温环境和冰冻物体，用 40℃ 左右温水将冰冻融化后将衣物脱下或剪开，然后在对冻伤部位进行复温的同时，尽快就医，对于心跳呼吸骤停者要施行心脏按压和人工呼吸。严禁用火烤、雪搓、冷水浸泡或猛力捶打等方式作用冻伤部位
吸入性化学中毒		采取果断措施切断毒源（如关闭管道阀门、堵塞泄漏的设备等）；并通过开启门、窗等措施降低毒物浓度，救者在进入毒区抢救之前，应佩戴好防护面具和防护服，尽快转移患者，阻止毒物继续侵入人体，采取相应的措施进行现场应急救援，同时拨打 120 求救

（3）化学品泄漏沾染皮肤应急处置

① 立刻用水冲洗至少 15min（浓硫酸也要冲）。

② 如果没有明显的灼伤，可以用温水和肥皂水清洗，也可以用"中和剂"（弱酸、弱碱溶液）清洗。当灼伤面积较大时，可用冷水浸湿的干净衣物敷在创面上，然后就医。

③ 检查实验记录，看是否还有潜在的危害。

④ 对于黏在衣服上的泄漏物，不要试图去擦，应迅速脱去污染的衣服、鞋子和饰物。

⑤ 时间紧迫时，迅速除去或剪开衣服，不要犹豫。

⑥ 迅速送医院，拨打 120，说清楚引起伤害的化学品名称、受伤过程及受伤程度。

6.3.2 常见危险化学品的应急处理方法

应急处理只是一种紧急自救或他救措施，一旦中毒，在对中毒者进行应急处理的同时，要立刻寻找医生的治疗，并告知医生引起中毒的化学药品的种类、数量、中毒情况（包括吞食、吸入或沾到皮肤等）以及发生时间等有关情况。

（1）乙醇

1）消防应急措施

乙醇易燃，其蒸气与空气可形成爆炸性混合物，遇明火、高热能引起燃烧爆炸。

灭火方法：用抗溶性泡沫、干粉、二氧化碳、沙土灭火。消防人员须佩戴防毒面具，穿全身消防服，在上风向灭火。

2）泄漏应急措施

消除所有点火源。根据液体流动和蒸气扩散的影响区域划定警戒区，无关人员从侧风、上风向撤离至安全区。建议应急处理人员戴正压自给式呼吸器，穿防静电服。

（2）氢氧化钠

1）消防急救措施

氢氧化钠不燃。用适合周边环境物质的灭火剂灭火。推荐使用雾状水、二氧化碳、沙土扑救，但须防止物品遇水产生飞溅，造成灼伤。灭火时，消防人员须佩戴防毒面具、佩戴自给式空气呼吸器，穿全身消防服，在上风向灭火。

2）泄漏应急处理措施

疏散泄漏污染区人员至安全区，禁止无关人员进入污染区。不要直接接触泄漏物，小量泄漏：用大量水冲洗，洗水稀释后放入废水回收系统。大量泄漏：利用围堤收容，然后收集、转移、回收或无害处理后废弃。

（3）盐酸

1）消防急救

盐酸不燃，若周围发生火灾，喷水保持火场容器冷却，直至灭火结束。应急处理人员须穿全身耐酸碱消防服。

2）泄漏急救措施

疏散泄漏污染区人员至安全区，禁止无关人员进入污染区。建议应急处理人员戴好面具，穿化学防护服，不要直接接触泄漏物。小量泄漏：用沙土、干燥石灰或苏打灰混合，然后收集运至废物处理场所处置；也可用大量水冲洗，经稀释的洗水放入废水回收系统。大量泄漏：利用围堤收容，然后收集、转移、回收或无害处理后废弃。

（4）硫酸

1）消防急救

硫酸助燃，推荐使用干粉、二氧化碳、沙土扑救。避免水流冲击物品，以免遇水会放出大量热量发生喷溅而灼伤皮肤。应急处理人员必须穿全身耐酸碱消防服。

2）泄漏急救措施

疏散泄漏污染区人员至安全区，禁止无关人员进入污染区。小量泄漏：用沙土、干燥石灰或苏打灰混合。也可以用大量水冲洗，洗水稀释后放入废水回收系统。大量泄漏：构筑围堤或挖坑收容，用泵转移至槽车或专用收集器内，回收或运至废物处理场所处置。

（5）丙酮

① 急救措施：同乙醇。
② 灭火剂：抗溶性泡沫、二氧化碳、干粉、沙土。用水灭火无效。

（6）甲醛

1）急救措施

① 皮肤接触：脱去污染的衣着，用肥皂水及清水彻底清洗皮肤至少 15 min，若有灼伤，及时就医。
② 眼睛接触：立即提起眼睑，用大量流动清水或生理盐水冲洗至少 15 min，就医。
③ 吸入：迅速脱离现场至空气新鲜处。保持呼吸道通畅。呼吸困难时给输氧。严重者就医。
④ 食入：用 1%碘化钾 60mL 灌胃，催吐。常规洗胃。就医。
2）消防急救
① 灭火方法：用水喷射逸出液体，使其稀释成不燃性混合物，并用雾状水保护消防人员。
② 灭火剂：雾状水、抗溶性泡沫、干粉、二氧化碳、沙土。

（7）氢化钠、氢化钾的污染

将硫代硫酸钠（高锰酸钾、次氯酸钠、硫酸亚铁）溶液浇在污染处后，碱液透湿污染处，然后用热水及冷水冲洗干净。

（8）硫酸二甲酯洒漏

先用氨水洒在污染处，使其起中和作用；也可用漂白粉加五倍水后浸湿污染处，用热水冲，再用冷水冲。

（9）对硫磷及其他有机磷剧毒农药

如苯硫磷、敌死通（乙拌磷）污染：可先用石灰将洒泼的药液吸去，再用碱水浸湿，最后用热水和冷水各冲一遍。

（10）甲醛洒漏

可用漂白粉加五倍水后浸湿污染处，使甲醛被漂白粉氧化成甲酸，再用水冲洗干净。

（11）汞洒漏

可先行收集，尽可能不使其泄入地下缝隙，并用硫黄粉盖在洒落的地方，并碾磨使硫黄粉与汞充分混合，使汞转变成不挥发的硫化汞。

（12）苯胺洒漏

可用稀盐酸溶液浸湿污染处，再用水冲洗。因为苯胺呈碱性，能与盐酸反应生成盐酸盐，如用硫酸溶液，可生成硫酸盐。

（13）盛磷容器破裂

磷一旦脱水将产生自燃，故切勿直接接触，应用工具将磷迅速移入盛水容器中。污染处先用石灰乳浸湿，再用水冲。被黄磷污染过的工具可用 5%硫酸铜溶液冲洗。

（14）砷洒漏

可用碱水和氢氧化铁解毒，再用水冲洗。

（15）溴洒漏

可用氨水使之生成铵盐，再用水冲洗干净。

 章节习题

1. 化学品安全储存柜的作用是什么？
2. 化学品安全储存柜分哪几种颜色？各种颜色的柜子分别用来储存什么类型的化学品？
3. 化学试剂需要按照化学试剂的危险类别进行存放，危险类别有哪些？
4. 易爆类化学品分为哪几类？应如何存放？
5. 常见危险化学品乙醇意外泼洒燃烧，应采取什么应急处理措施？
6. 实验室常见易制爆化学品包括哪些？
7. 易制毒易制爆危险化学品的申购、储存和使用管理应遵循什么原则？
8. 简述实验室酸灼伤的急救措施。

参考文献

［1］阳富强. 高校实验室安全教育［M］. 北京：化学工业出版社，2024.

［2］胡思前，王亚珍. 基础化学实验［M］. 北京：化学工业出版社，2018.

［3］中华人民共和国工业和信息化部. 化学品分类和标签规范　第 1 部分　通则：GB 30000.1—2024［S］. 北京：中国标准出版社，2024.

［4］无锡市市场监督管理局. 危险化学品中间储存设施安全管理规范：DB 3202/T 1023—2021［S］. 2021.

［5］中华人民共和国应急管理部. 危险化学品仓库储存通则：GB 15603—2022［S］. 北京：中国标准出版社，2022.

［6］常州市市场监督管理局. 危险化学品储存柜安全技术要求及管理规范：DB 3204/T 1026—2022［S］. 2022.

［7］艾德生. 《高等学校实验室安全检查项目表》要点解读［M］. 北京：清华大学出版社，2024.

［8］林洁，黎海红，袁磊. 实验室安全与管理［M］. 北京：化学工业出版社，2024.

［9］北京大学化学与分子工程学院实验室安全技术教学组. 化学实验室安全知识教程［M］. 北京：北京

大学出版社，2012.

［10］宋伟，曹洪印. 化学品安全管理［M］. 北京：化学工业出版社，2020.

［11］全国安全防范报警系统标准化技术委员会. 剧毒化学品、放射源存放场所治安防范要求：GA 1002—2012［S］. 北京：中国标准出版社，2012.

［12］中华人民共和国公安部令第 77 号. 剧毒化学品购买和公路运输许可证件管理办法［Z］. 2005.

第7章
化学实验室仪器设备安全使用方法及操作规程

7.1 通用设备的安全操作规程

7.1.1 通风柜

（1）设备介绍

通风柜，又称通风橱，是实验室，特别是化学实验室的一种大型设备。主要用途是防止有毒、易爆等危险物质向实验室泄漏扩散，减少实验者和有害气体的接触，保护实验室环境和保障实验人员人身安全。

（2）使用前检查

通风柜应置于通风良好的位置，远离易燃物品、火源、热源等，远离开放式电源。通风柜安放地面应平稳，确保通风柜放置稳定。通风柜内不得存放杂物。

检查水龙头、洗眼器是否正常。检查水槽/水盘水位是否在适宜范围内，如不足应加水。打开通风柜，检查照明是否正常。检查通风柜过滤网及高效过滤器是否清洁。检查风道防护板是否在正常位置，确保完全关闭。检查气体等各种开关及管路是否正常。

（3）通风柜的使用

将实验物品摆放在台面上，准备必要的试剂和仪器。穿戴所需的个人保护装备，如口罩、手套、实验服等。打开照明开关和风机开关，选择合适的风速。在使用过程中，实验装置应放在通风柜内台面上，距离操作口大于15cm的地方，防止有害物质溢出，且实验装置不应遮挡排风口。做任何实验操作时，必须将防爆玻璃窗拉下，以起保护作用。防爆玻璃窗离通风柜台板45cm左右视为正常工作时的安全高度。此时玻璃视窗大约开至使用者手肘处（半开），操作人员可将手伸入通风柜内进行实验，而胸部以上则受防爆玻璃面所屏护。若操作人员中途离开、暂停实验或者柜内实验自行反应时，应将防爆玻璃窗拉至最低位置。实验操作完毕后，让排风机继续运转约 1～2min，以确保柜内有毒气体和残余废气全部排出。关闭通风柜内设备电源以及水、电、气开关，关闭照明和风机开关，关闭总电源，并将防爆玻璃窗降至最低位置。

使用通风柜时，实验必须在工作台面上进行操作，不得在柜外做危险、有毒的实验，以免有毒气体挥发到室内，危及实验人员的安全。实验人员在通风柜实验进行中时，应避免将头伸入防爆玻璃窗内。做低爆炸和飞溅性实验时，必须拉下通风柜防爆玻璃活动面板，不得在柜内进行有强烈爆炸性的实验，以确保操作者的安全。操作实验时，切勿用头、手等身体任何部分，甚至其他硬物碰撞玻璃窗。禁止在通风柜内存放或使用易燃易爆物品。禁止在通风柜内私自连接插线或者电线。禁止将防爆玻璃窗拉得太高，只能在组装、调试内部仪器设备或清洁柜内时可将防爆玻璃窗拉高，否则会导致有害气体不能完全排出。当通风柜不做实验时应将防爆玻璃窗降至最低位置。实验结束后，关上所有的电源，再对通风柜进行清洁，清除溅在台面或侧板的杂物及溶液，切勿在带电或电机运转时清理。不宜长时间在通风柜内使用电炉，以免影响通风柜的使用。若使用应在电炉的下面垫上石棉垫或隔热板。为保证实验人员的身体健康，实验室在不使用通风柜时也要时常通风。

如通风柜内出现风速明显减挡、射线计数量异常等，应立即停止使用通风柜，并及时通知有关管理人员进行排查。如出现实验装置倒伏、液体喷溅等意外情况，应立即停止使用通风橱，并及时采取相应的处理措施。如出现产生气体或污染物的意外情况，应立即切断通风橱的电源，关闭通风橱的防爆玻璃窗，并及时通知有关管理人员进行处理。发生火灾时，按照实验室火灾应急预案进行处理。

（4）维护与检查

通风柜日常维护检查包括检查通风柜的外观，确保无裂纹、变形等，表面应无污点、划伤等。检查风量表和控制面板的读数是否正确。检查风机各部件是否有杂物和积尘，及时清理。检查排气管道是否正常，是否有堵塞、破裂等。检查过滤网的状态，如有明显变黑的现象，应立即更换。检查通风柜的照明系统是否正常，照明灯管是否能点亮，若有异常及时维修和更换。

维护周期：对于配备有过滤器的通风柜，每半年更换主过滤器。每周对通风柜的滤网进行清洗，清除表面菌斑。每月对通风柜的内部进行除尘、擦拭和消毒。通风柜每半年应进行一次安全检查。检查时，应对通风柜的气流速度、风量、压力等参数进行测试，并记录检查结果。发现问题后，应立即处理故障或维修，以保证实验的顺利进行。

7.1.2 冰箱

（1）设备介绍

冰箱是实验室中常见的设备之一，用于存储实验样本、化学药品和试剂等实验材料。主要作用是在适宜的温度和湿度条件下保存样本和试剂，防止在保存过程中发生意外。安全合理使用和管理冰箱是保证实验成功、保障实验室安全的重要条件。

（2）使用前检查

检查冰箱安放位置是否符合要求。周围不得有热源、易燃易爆品、气瓶等，置于通风良好、不受阳光直射的干燥场所。冰箱周围要留出足够空间，周围不得堆放杂物，避免影响散热。对照装箱单，清点附件是否齐全。详细阅读产品使用说明书，按照说明书的要求进行全面检查。检查电源、电压是否符合要求。使用的电源应为220V、50Hz单相交流电源，正常工作时，电压波动允许在187～242V之间，如果波动很大或忽高忽低，将影响压缩机正常工作，甚至会烧毁压缩机。不得损坏电源线绝缘层，不得重压电线，不得自行随意更改或加长电源线。检查无误后，冰箱静置数小时，接通电源，仔细听压缩机在启动和运行时的声音是否正常，是否有管路互相碰击的声音，如果噪声过大，检查产品是否摆放平稳，各个管路是否接触，并做相应的调整。若有较大的异常声音，应立即切断电源，与修理人员联系。冰箱在存放物品前，先空载运行一段时间，等箱内温度降低后，再放入物品，存放的物品不能过多，尽量避免冰箱长时间满负荷工作。

（3）冰箱的使用

冰箱按说明书要求放好后，插上电源线，冷藏室温度设置为4℃，冷冻室温度设置为-20℃，2h后用温度计确认。系统进入正常运行状态后即可正常使用。在使用中，不要经常调动温度控制器。注意检查电缆及插头接头是否有松动、磨损等现象，如果有，应及时处理并更换损坏零件。

冰箱使用时应注意检查冰箱内样品，是否有明确归属单位和归属人。样品标识上需要明确样品名称、使用人、日期等，清理冰箱内已过期、腐烂、变质和不能鉴别的样品并及时处理。放入冰箱内的全部试剂、样品、质控品等一定要密封保存，冰箱中试剂瓶螺口需要拧紧，不得有敞口的容器。存放强酸强碱及腐蚀性的物品必须选择耐腐蚀的容器，并且存放于托盘内。存放在冰箱内的试剂瓶、烧瓶等重心较高的容器应加以固定，防止因开关冰箱门时造成倒伏或破裂。危险化学品须贮存在防爆冰箱或经过防爆改造的冰箱内。冰箱内不得放置非实验用食品、药品。保持冰箱出水口通畅。

实验室冰箱在使用过程中，如意外发生故障，应立即停止使用，防止事故扩大。如发现实验室冰箱内有冰层和结冰现象，应及时通风散热，进行除霜。当结霜特别严重时，可关机或关掉电源进行人工化霜，必要时可打开柜门加速霜层融化。

若冰箱较长时间不用或需要送修时需关闭冰箱电源，并拔下电源插头。清空冰箱内所有贮存物，并妥善放置到其他冰箱内。打开冰箱门，等待冰箱内的霜化完。用软布蘸水擦拭冰箱内外，必要时可用中性洗涤剂。禁止用开水、去污剂、酸碱性洗涤剂、香皂、研磨粉、汽油、乙醇、苯类有机溶剂及刷子擦洗。严禁直接用水冲洗冰箱，以防生锈和电气绝缘能力降低。清洗后，检查电源插头及电源线是否有损伤。可用10%次氯酸钠溶液擦洗消毒。保持冰箱门打开，待其自然干燥。

（4）维护与检查

定期对冰箱进行清洁、消毒和除霜。相应的检查和保养应按厂家的要求执行，特别是要注意安装位置、散热保护网的清洗或更换、排水管的通畅以及压缩机部分清洁和润滑。按时更换压缩机、风扇和其他易损件。定期对冰箱进行测温，记录冰箱内部温度和湿度变化情况，确保实验室冰箱的运行质量。

7.1.3 烘箱

(1) 设备介绍

烘箱是利用电热丝隔层加热使物体干燥的设备，也可提供实验所需的环境温度。它的型号很多，但基本结构相似，一般由箱体、电热系统和自动控温系统三部分组成。

(2) 使用前检查

烘箱应安放在实验室内干燥和水平处，防止震动和腐蚀。使用的电源应为220V、50Hz 单相交流电源，根据烘箱耗电功率安装足够容量的电源闸刀。选用足够的电源导线，并应有良好的接地线。烘箱附近不得堆放易燃易爆物品，不得在烘箱旁进行洗涤、刮漆和喷漆等工作。注意防止其他物件落入烘箱底部与电阻丝接触造成短路。通电前，须检查烘箱的电气性能，注意是否有断路或漏电现象。

(3) 烘箱的使用

准备工作就绪后方可将样品放入烘箱内，然后连接并开启电源，红色指示灯亮表示箱内已加热。当温度达到所控温度时，红灯熄灭绿灯亮，开始恒温。为了防止温控失灵，还必须照看。放入试品时应注意排列不能太密。散热板上不应放试品，以免影响热气流向上流动。禁止干燥易燃、易爆、易挥发及有腐蚀性的物品。当需要观察工作室内样品情况时，可透过玻璃门观察。箱门避免频繁开启，以免影响恒温。特别当工作温度在200℃以上时，开启箱门有可能使玻璃门骤冷而破裂。有鼓风的烘箱，在加热和恒温的过程中必须将鼓风机开启，否则影响工作室温度的均匀性和损坏加热元件。工作完毕后应及时切断电源，确保安全。烘箱内外要保持干净。注意按照铭牌上所规定的温度范围使用，使用时，温度不要超过烘箱的最高使用温度。为防止烫伤，取放样品时要用专门工具。

烘箱的供电电压一定要与额定工作电压相符，以免损坏箱内电子器件，切勿任意拆卸机件，以免损坏箱内电气线路。如发生故障，应由熟悉电子仪器的专业人员修理。突然停电，要把高温烘箱的加热开关关闭，防止来电时自动启动。

(4) 维护与检查

注意清洁烘箱表面及内腔灰尘，保持机器干净、卫生。保护烘箱外表漆面，否则，不但影响箱体外型美观，更重要的是还会缩短箱体的寿命。日常维护检查包括检查风机运转是否正常，有无异常声音，如有立即关闭机器并通知维修人员检修。检查烘箱通风口是否堵塞，并清理积尘。风机运转是否正常。检查烘箱温控器是否准确，如不准确，调整温控器的静态补偿或传感器修正值。检查发热管有无损坏，线路是否老化。

7.1.4 马弗炉

(1) 设备介绍

马弗炉，又称马福炉或箱式电阻炉。马弗炉系周期作业式设备，供实验室作元素分析测定和淬火、退火、回火等热处理时加热用，还可作金属、陶瓷的烧结、溶解、分析等高温加热用。

（2）使用前检查

马弗炉适宜的环境温度为5～40℃，周围环境的相对湿度不超过85%。周围应没有导电尘埃、易燃易爆物质及能严重破坏金属和绝缘的腐蚀性气体。应放于坚固、平稳、不导电的平台上，没有明显的震动和颠簸。放置位置与电炉不宜太近，防止因过热而造成内部元件不能正常工作。马弗炉要有专用的电闸控制电源，所用电缆规格，要满足设备工作电流要求。

打开包装后，检查马弗炉是否完整无损，配件是否齐全。热电偶应插入炉膛20～50mm，插孔与热电偶之间空隙应用石棉绳填塞。使用前将温度表指示仪调整到零点，经检查接线确认无误后，盖上控制器外壳。

（3）马弗炉的使用

通电前，先检查马弗炉电气性能是否完好，接地线是否良好，并应注意是否有断电或漏电现象。接通电源，打开电源开关。温度调整至实验所需温度，然后接通电源。控制面板上设有输入电流、电压、输出功率显示以及实时温度等显示。随着电炉内部温度的升高，实时温度也会跟着增高，此现象表明系统工作正常。

新炉的耐火材料里含有水分，另外为使加热元件生成氧化层，在开始使用前，必须先在低温下烘烤数小时并逐渐升温至900℃，且保持5h以上，以防炉膛受潮后因温度的急剧变化而破裂。使用过程中，经常观察电热设备温度变化，不准长时间离开工作岗位。热电偶不要在高温状态或使用过程中拔出或插入，以防外套管炸裂。使用时炉温不得超过最高温度，以免烧毁电热元件，并禁止向炉膛内灌注各种液体及熔解的金属。马弗炉不宜放置酸性、碱性化学品或强烈氧化剂，金属及其他矿物不允许直接放在炉膛内加热，必须放于瓷坩埚内。盛放样品坩埚要求洁净，不得污染炉膛。灼烧沉淀时，不得随便超过规定的沉淀性质所要求的温度。熔融碱性物质时，应防止熔融物外溢，以免污染炉膛。炉膛内应垫一层石棉板，以减少坩埚的磨损及防止炉膛污染。在做灰化试验时，一定要先将样品在电炉上充分炭化后，再放入灰化炉中，以防碳的积累损坏加热元件。送取坩埚、灰皿等灼烧器皿时，应使用带有绝缘柄的专业工具。从炉中取出的灼烧器皿，须放在绝热干燥的石棉板上冷却。马弗炉不得连续使用超过8h。经常保持炉膛清洁，及时清除炉内氧化物之类的杂物。马弗炉使用完毕，应先关闭控制开关，再切断电源，使其自然降温。不应立即打开炉门，以免炉膛突然受冷碎裂。待温度降至100℃以下后，才能打开炉门。实验室内，应放置足够的消防灭火器材。

使用马弗炉时，如发现有漏电和烧断炉丝等情况，应停止使用，及时处理。当马弗炉自燃或闪燃时，应马上切断电源。当发生泄漏时，应当迅速采取安全措施，防止泄漏物质外溢。当出现火灾时，应立即用灭火器或火情隔离措施控制并报告有关主管部门进行处理。

（4）维护与检查

定期检查马弗炉的电源线路和接地线路，发现损坏及时更换。定期清洁马弗炉内部和外部，清除烤炉的灰烬和淤积物，确保马弗炉的干净和整洁。保持马弗炉内部的温度稳定，防止温度过高或过低造成烤炉异常。每年对马弗炉进行一次定期检查，以检查马弗炉的炉体、控制系统、电缆等是否存在异常，若存在异常及时处理并更换。

7.1.5　离心机

（1）设备介绍

离心机是利用离心机转子高速旋转产生的强大的离心力，加快液体中颗粒的沉降速度，将样品中不同沉降系数和浮力密度的物质进行分离。广泛应用于生物医学、化学化工、农业和食品卫生等领域。

（2）使用前检查

离心机应安装在结实、防震和水平的台面上。四周无较强振源，无热源。避免阳光直射，避免在强磁场环境下操作。四周留有一定空间，保持通风良好。环境温度要求15～30℃，相对湿度小于80%。电源要求为220V、50Hz的交流电，应具有独立地线，确保用电安全。确保电缆和电源的连接牢固可靠，接头应该处于正常状态。电缆应保持平整，严禁扭曲和折弯，以防止电缆损坏或断电现象的出现。

在使用离心机之前，调整离心机的水平度，并使用水平仪进行校准，确保设备处于水平状态。检查离心机的转盘、转头、离心管等是否有裂纹、损坏等情况，并确认离心管封口是否完好，如果发现问题，及时更换。根据要检测的样品性质和离心机型号选择离心管的容量和规格。离心管装置数量应控制在离心机安全容量的范围内。离心管内液体的容量不得超出离心管设计容量的80%。

（3）离心机的使用

打开电源开关，按要求装上所需的转头，将预先以托盘天平平衡好的样品放置于转头样品架上（使用离心管离心时，离心管须与样品同时平衡），关闭机盖。按功能选择键，设置温度、速度、时间、加速度及减速度等各项要求。按启动键，离心机将执行上述参数进行运作，到预定时间自动关机。操作人员应始终注视离心机设备以确保正常运转，不离开现场、不做其他工作。待离心机完全停止转动后打开机盖，按照规定的方法将样品从离心管中取出，并妥善处理离心管内的废液。用柔软干净的布擦净转头和机腔内壁，清洁时应注意不要让清洁剂进入离心机内部。待离心机腔内温度与室温平衡后方可盖上机盖。离心机在操作过程中如有异常情况，应及时停止离心，查找原因后再进行操作。离心机使用后，关闭电源，拔掉电缆，并将离心机摆放在安全的地方。

（4）维护与检查

设备如果使用时剧烈震动，噪声大，首先检查是否存在不平衡现象，再检查轴承是否有损坏弯曲现象，如果有需要更换整个轴承。实验操作过程中，实际转速无法到达额定转速，要检查离心机轴承，如果轴承内部脏物过多，需要彻底清洗轴承并添加润滑油。长期不用离心机时应将设备进行加油操作并且松开电源线。

日常维护时注意清洁仪器，定期对机体外表面特别是凹角部位做深度清洁，使用洁净柔软的抹布按相同方向轻轻擦拭。检查转头，定期检查外观是否完好、光滑，若出现较大划痕应及时更换。检查转头盖是否能拧紧，若不能可在螺纹上加润滑油脂，密封圈上加硅脂。如有冷凝器防护网，及时清理，使用洁净柔软的抹布轻轻擦拭。按照厂家提供的仪器使用说明定期检查水平。离心机的定期校准应在室温和静态情况下进行，以确保离心机实验的准确性和稳定性。

维护周期为清洁仪器每月一次，检查转头每月一次，检查转头盖是否能拧紧每月一次，清理冷凝器防护网（如有）半年一次，检查水平半年一次。

7.2 常用分析仪器设备的安全操作规程

7.2.1 红外光谱仪

红外光谱仪

（1）基本原理

红外光谱反映分子的振动情况。当用一定频率的红外光照射某物质分子时，若该物质的分子中某基团的振动频率与它相同，则此物质就能吸收这种红外光，使分子由振动基态跃迁到激发态。因此，若用不同频率的红外光依次通过测定分子时，就会出现不同强弱的吸收现象，得到其红外吸收光谱。红外光谱具有很高的特征性，每种化合物都具有特征的红外光谱。用它可进行物质的结构分析和定量测定。

红外光谱仪（infrared spectrometer，IR）是利用物质对不同波长的红外辐射的吸收特性，进行分子结构和化学组成分析的仪器。红外光谱仪通常由光源、单色器、探测器和计算机处理信息系统组成。利用麦克尔逊干涉仪将两束光程差按一定速度变化的复色红外光相互干涉，形成干涉光，再与样品作用。探测器将得到的干涉信号送入计算机进行傅立叶变化的数学处理，把干涉图还原成光谱图。

（2）开机前准备

开机前检查实验室电源、温度和湿度等环境条件，保持电源电压220V稳定，仪器工作的环境温度为15~25℃、相对湿度小于等于65%。对于长时间的样品测量过程，温度变化的影响尤为重要，要求温度波动每小时不超过1℃，每天不超过2℃。适当通风换气，避免积聚过量的二氧化碳和有机溶剂蒸气。实验开始前，检查电源火线、零线、地线连接是否正确，电线是否有破损，确认无误后才能给装置通电。仪器开启时仪器状态灯若变红，应立即更换干燥剂。取出仪器内的干燥管，将干燥管内分子筛拿出，置150℃下烘干24h，晾至常温后存放。

（3）仪器使用

根据样品特性以及状态选择合适的制样方法以及相应的测量方法。样品的研磨要在红外灯下进行，以免样品吸潮，影响结果。红外灯使用后要关闭。玛瑙研钵要轻拿轻放，以防打碎。采用溴化钾法制样时，样品含水量不能太高。所使用的溴化钾如果出现结块，在120℃干燥4h后，在干燥器晾至常温后使用。压片时压力不得大于10MPa。用衰减全反射（ATR）法测定时，如果采用锡化锌晶体，样品不能是强酸、强碱、络合剂［例如氨水、乙二胺四乙酸（EDTA）等］，pH值范围5~9。液体池不能用于含水的样品分析。液体池使用的NaCl、CaF_2、BaF_2等晶体很脆易碎，应小心保存。液体池使用的溴碘化铊（KRS-5）晶体有剧毒，使用时避免直接接触（戴手套），打磨 KRS-5 晶体时避免接触或吸入 KRS-5 粉末，打磨的废弃物必须妥善处理。OMNI 采样器在使用过程中必须注意样品与锗（Ge）晶体间必须紧密接触，不留缝隙。否则红外光射到空气层就发生衰减全反射，不进入样品层。热、烫、冰冷、强腐蚀性的样品不能直接置于晶体上进行测定，以免 Ge 晶体出现裂痕和被腐蚀。尖、硬且表面粗糙的样品不适合用 OMNI 采样器采样，因为这些样品极易刮伤晶片，甚至使其碎裂。

KBr 对钢制模具的平滑表面会产生极强的腐蚀性，因此模具用后应立即用水冲洗，再用去离子水冲洗三遍，用脱脂棉蘸取乙醇或丙酮擦洗各个部分，然后用电吹风吹干，保存在干燥箱内备用。玛瑙研钵的清洗与模具相同，液体池及其窗片使用完毕后用无水乙醇擦拭干净，必要时用水清洗干净并擦干，放在干燥器内备用保存。仪器使用完毕关闭电源，盖上仪器防尘罩。在记录本上记录使用情况。

（4）仪器维护与保养

保持实验室安静和整洁，不得在实验室内进行样品化学处理，实验完毕立即取出样品室内的样品。设备停止使用时，样品室内应放置盛满干燥剂的培养皿。经常检查干燥剂颜色，如果蓝色变浅，立即更换。为防止仪器受潮而影响使用寿命，实验室应经常保持干燥，即使仪器不用，也应每周开机至少两次，每次半天，同时开除湿机除湿。梅雨季节，最好是能每天开除湿机。

7.2.2 紫外-可见分光光度计

（1）基本原理

紫外可见光谱仪

紫外-可见分光光度计（ultraviolet-visible spectrophotometer）基本工作原理在于物质的吸收光谱本质上就是物质中的分子和原子吸收了入射光中的某些特定波长的光能量，相应地发生了分子振动能级跃迁和电子能级跃迁的结果。由于各种物质具有各自不同的分子、原子和不同的分子空间结构，其吸收光能量的情况也就不会相同。因此，每种物质就有其特有的、固定的吸收光谱曲线，可根据吸收光谱上的某些特征波长处的吸光度的高低判别或测定该物质的含量，这就是分光光度定性和定量分析的基础。分光光度分析就是根据物质的吸收光谱研究物质的成分、结构和物质间相互作用的有效手段。

（2）开机前准备

开机前检查实验室电源、温度和湿度等环境条件，工作电源电压为 220V，频率为 50～60Hz，环境温度要求 15～35℃，相对湿度要求 45%～85%。防止仪器振动，影响光学系统。为了延长光源灯的使用寿命，仪器不使用时不要开光源灯。实验开始前，检查电源火线、零线、地线连接是否正确，电线是否有破损，确认无误后才能给装置通电。使用前预热仪器 15～30min，检测器预热时必须等待所有指示灯变为绿色，才可进行下一步操作。

（3）仪器使用

使用时取出仪器内的干燥剂，使用完将干燥剂放回原处。依次开启电源开关、电脑、仪器及打印机开关，点击连接，仪器进行初始化，其间不要打开样品室。仪器测量之前，需要校正仪器，观察空白时透光率是否是 100%。

为了延长光源的使用寿命，在使用时应尽量集中测量，减少光源灯开关次数，短时间工作间隔内可以不关灯。刚关闭的光源灯不要立即重新开启。测量间隔时，打开样品室，光电转换元件不能长时间曝光，强光照射会影响光电传感器寿命。测量样品换样时，注意随时关闭样品室，不可任其大敞。扫描过程中不能打开或试图打开样品室。单色器是仪器的核心部分，装在密封盒内不能拆开，为防止色散元件受潮发霉，必须经常更换单色器盒的干燥剂。

比色皿应该保持清洁、干燥。如有污物，可用稀盐酸清洗后，再用1∶1的乙醇与乙醚清洗晾干。若被有色物质污染，可用3mol/L HCl或乙醇洗涤。必须正确使用比色皿，保护比色皿光学面。比色皿具有方向性，使用时要注意，比色皿上方有一个箭头标志，代表入射光方向。注入和倒出溶液时，应该选择非透光面。不能将比色皿光学面与手指、硬物或脏物接触，只能用擦镜纸或丝绸擦拭光学面；不得在火焰或电炉上进行加热或烘烤比色皿。最好使用配对的比色皿。仪器使用完毕关闭电源，盖上仪器防尘罩。在记录本上记录使用情况。

（4）仪器维护与保养

仪器工作稳定性差，漂移大时，应该考虑更换光源或光电元件。维护保养要做到"防尘、防潮、防振"。保持仪器干燥，每周用乙醇擦拭样品架附近部位，防止测试遗漏的样品腐蚀仪器并对仪器表面的灰尘进行清理。

7.2.3　离子色谱仪

（1）基本原理

离子色谱仪（ion chromatograph，IC）是高效液相色谱的一种，故又称高效离子色谱（HPIC）或现代离子色谱。其工作原理是基于离子交换树脂上可离解的离子与流动相中具有相同电荷的溶质离子之间进行的可逆交换和分析物溶质对交换剂亲和力的差别而被分离。适用于亲水性阴、阳离子的分离。

离子色谱仪

（2）开机前准备

开机前检查实验室电源、温度和湿度等环境条件，工作电源电压为220V，频率为50～60Hz，环境温度要求（22±2）℃，相对湿度要求（60±5）%。离子色谱仪应安装在坚固平稳的地方，运行时应保持水平位置，仪器不能正对着空调出风口，室内应无腐蚀性气体。在离子色谱仪周围不得放置其他杂物，保持设备周围的整洁和干净。检查仪器及相应附件是否完好，特别是管道和管路是否正确连接和锁紧。实验开始前，检查电源火线、零线、地线连接是否正确，电线是否有破损，确认无误后才能给装置通电。淋洗液瓶中滤头要注意始终处于液面以下，防止将溶液吸干。

（3）仪器使用

配制淋洗液的所有试剂必须为优级纯度试剂，配好的淋洗液用0.45 μm水系滤膜过滤后，再超声20min。

不要在未开泵的情况下开启淋洗液发生器和抑制器电流。启动泵前观察从淋洗液瓶到泵之间的管路中是否有气泡，如果有则应将其排除。排除方法如下：先将与泵相连的塑料流路接头拧下来，用洗耳球吸满去离子水，从与泵段相连的流路管中注入，将流路管中的气泡排除干净。然后再将淋洗液瓶（一般为去离子水瓶）抬高，再将流路接头与泵连接好。启动泵，打开泵内排气阀旋钮，用去离子水或淋洗液清洗整个流路，可以采用大流量清洗（一般可将流量设置为2.0mL/min）以缩短清洗时间，将泵内气泡排除干净，一般观察为流出液比较均匀，再将泵排气阀拧紧。（注意：此项操作时的整个流路是与色谱柱断开的。）

在通淋洗液接色谱柱时需要先将流量调整为色谱柱使用流量条件，再启动泵开关。接色谱柱时注意先将接头在色谱柱前端抵上2~5s，将色谱柱前端气泡排除后再将接头拧紧。待色谱柱下端流出溶液后，再将色谱柱下端接头拧上。（注意：接头不能拧得太紧，防止将管路卡得太紧而造成系统压力增大，拧的程度以不漏液为宜。）实验完毕，在关闭泵以前将电流关闭。

常规样品溶液进样前，需用0.45μm水系滤膜过滤，以免堵塞色谱柱和抑制器。含有机物/金属离子浓度较高的复杂样品，进样前需用专门的前处理柱去除样品中的有机物或金属离子。手动进样时阀的扳动要注意，不能太快，以免损伤阀体；也不能太慢，以免造成样品流失。在进样过程中，要严格按清洗程序操作，以减小前次样品残留对本次检测的影响。

若出现超压报警或管路出现漏液，应首先关闭抑制器电流；禁止在没有流速的情况下开抑制器电流，否则抑制器易被烧坏。仪器使用完毕关闭电源，盖上仪器防尘罩。在记录本上记录使用情况。

（4）仪器维护与保养

自动进样器和淋洗液瓶的水要每周更换一次，以防止水中长菌污染系统；更换完自动进样器的水后要排净注射器的气泡。阴离子淋洗液发生器最佳使用期为2年，长期不用建议将罐上的透气孔堵上。

色谱柱使用完后，用正常的淋洗液条件冲洗系统1h后，用淋洗液保存，不能用纯水冲洗和保存。淋洗液冲洗条件如下。阴离子色谱柱：30mmol/L氢氧化钠；阳离子色谱柱：5mmol/L甲烷磺酸；氨基酸柱：水/250mmol/L氢氧化钠/醋酸钠36/24/40；糖PA10柱：18mmol/L氢氧化钠；糖PA200柱：水/250mmol/L氢氧化钠/醋酸钠40/40/20。若色谱柱长时间不用应卸下并用堵头堵死。

电导检测器使用完后如果要更换其他检测器或一段时间不用（一周以上），需将抑制器卸下，用注射器分别从淋洗液出口和再生液入口注入5mL去离子水，并用堵头堵上密封保存。下次使用前在两个流路分别注入5mL水后活化20min后使用；电化学检测器使用完后，要用纯水彻底冲洗安培池，将盐洗净，然后封死进口。如果长时间不用，要用水冲洗安培池，并将参比电极卸下来浸泡到3mol/L氯化钾中。同时将金电极卸下，用水冲洗金电极表面后放入干净的塑料袋中。下次操作时再将参比电极的表面用水洗干净再安装上，以防止由表面的盐造成密封不严漏液。电化学检测器的操作都要使用一次性手套（手套上不能带粉）。

若仪器使用频率不高，每星期至少开机1~2次，开泵运行30min，管路和电导池用超纯水冲洗，防止盐结晶造成流路堵塞。

7.2.4 原子吸收光谱仪

（1）基本原理

原子吸收光谱（atomic absorption spectrum，AAS）分析的波长区域在

原子吸收光谱仪

近紫外区。其分析原理是将光源辐射出的待测元素特征光谱通过样品蒸气中待测元素的基态原子所吸收，由发射光谱被减弱的程度，进而求得样品中待测元素的含量。

（2）开机前准备

实验开始前，检查电源火线、零线、地线连接是否正确，电线是否有破损，检查各插头是否接触良好，调好狭缝位置，将仪器面板的所有旋钮回零再通电。开机应先开低压，后开高压，关机则相反。

（3）仪器使用

实验中的进样液体必须经过超声除气，同时保证溶液已经过滤，不然溶解在溶液中的气体可能会影响仪器的响应值，如果含有杂质，会堵塞进样口，损坏仪器。

空心阴极灯需要一定预热时间。灯电流由低到高慢慢升到规定值，防止突然升高，造成阴极溅射。有些低熔点元素（如 Sn、Pb 等）灯，使用时防止震动，工作后轻轻取下，阴极向上放置，待冷却后再移动装盒。装卸灯要轻拿轻放，窗口如有污物或指印，用擦镜纸轻轻擦拭。闲置不用的空心阴极灯，定期在额定电流下点燃 30min。仪器运行时，禁止直视元素灯的发射窗口及让眼睛暴露在光路上，调灯及调燃烧头位置时戴上防紫外线的墨镜。更换燃烧头前，一定要确定燃烧头已充分冷却，防止烫伤。

喷雾器的毛细管由铂-铱合金制成，不要喷雾高浓度的含氟样液。工作中防止毛细管折弯，如有堵塞，可用细金属丝清除，小心不要损伤毛细管口或内壁。

单色器中的光学元件严禁用手触摸和擅自调节。可用少量气体吹去其表面灰尘，不准用擦镜纸擦拭。防止光栅受潮发霉，要经常更换暗盒内的干燥剂。光电倍增管室需检修时，一定要在关掉负高压的情况下，才能揭开屏蔽罩，防止强光直接照射，引起光电倍增管产生不可逆的"疲劳"效应。

气瓶间内严禁明火，并且经常检漏，若接头漏气，则需重新连接，以确保气路及接头不漏气。经常检查乙炔管道是否有老化裂缝，及时更换新的乙炔管道。气瓶、管道及接头均应置于阳光直射不到的阴凉处。燃气与助燃气气瓶的减压阀与总阀的开关手法及顺序为：点火时先通助燃气，调节好合适的助燃气压力和流量后，通燃气，并调节压力及流量；关闭熄火时先关燃气，待火焰完全熄灭后才可以关闭助燃气。空气-乙炔焰分析时，从开始点火到熄火结束，工作现场必须至少留有一名熟练的工作人员监视火焰状态，绝不要让火焰无人看管。氧化亚氮-乙炔焰测定的整个过程，工作现场必须至少留有两名熟练的工作人员监视火焰及仪器状态，绝不要让火焰无人看管。

使用石墨炉时，样品注入的位置要保持一致，减少误差。工作时，冷却水的压力与惰性气流的流速应稳定。一定要在通有惰性气体的条件下接通电源，否则会烧毁石墨管。石墨炉运行期间温度为 2000～2500℃，禁止在石墨炉运行期间及未完全冷却之前触摸石墨炉、开启石墨炉更换石墨管。石墨炉运行期间发射的强紫外线可能对眼睛等部位造成伤害，禁止直视运行期间红热的石墨炉，应远离运行中的石墨炉，观察时必须戴上墨镜等防护用品。运行中的石墨炉的磁场强度为 9000 高斯（0.9T），为交变磁场，会对戴心脏起搏器及有金属肢节的人有致命伤害。需严格控制进入实验室的人员，禁止戴心脏起搏器及有金属肢节的人进入原子吸收分析实验室，一般工作人员在石墨炉运行期间，为了安全和健康起见，应至少离开石墨炉 1m 远，以免身上的手表、手机等带金属部件的物品被强磁场磁化及损坏。

原子吸收分析的样品预处理以及测试期间的火焰及石墨炉会产生有毒有害的重金属及酸雾，应经常检查通风系统，确保有效排出有毒有害气体。避免有毒有害气体及液体溅至脸部及身体。一旦发生，立即按相关安全操作规程清洗伤处。

日常分析完毕，应在不灭火的情况下喷雾蒸馏水，对喷雾器、雾化室和燃烧器进行清洗。喷过高浓度酸、碱后，要用水彻底冲洗雾化室，防止腐蚀。吸喷有机溶液后，先喷有机溶剂和丙酮各 5min，再喷 1%硝酸和蒸馏水各 5min。燃烧器如有盐类结晶，火焰呈锯齿形，可用滤纸或硬纸片轻轻刮去，必要时卸下燃烧器，用 1∶1 乙醇-丙酮清洗，用毛刷蘸水刷干净。如有熔珠，可用金相砂纸轻轻打磨，严禁用酸浸泡。用水彻底冲洗排废系统，如果用过有机溶剂，则要倒干净废液罐中的废液，并用自来水冲洗废液罐。清除灯窗和样品盘上的液滴或溅上的样液水渍，并用棉球擦干净，将测试过的样品瓶等清理好，拿出仪器室，擦净实验台。关闭通风设施，放干净空压机贮气罐内的冷凝水，避免贮气罐内壁锈蚀。使用石墨炉系统时，要注意检查自动进样针的位置是否准确，原子化温度一般不要超过 2650℃及尽可能驱尽试液中的强酸和强氧化剂，确保石墨管的寿命。检查所有电源插座是否已切断，水源、气源是否关好。测试使用完毕在记录本上记录使用情况。

（4）仪器维护与保养

每月应检查撞击球是否有缺损和位置是否正常，必要时进行调整；检查毛细管是否有阻塞，若有应按说明书的要求疏通，注意疏通时只能用软细金属丝；检查燃烧器混合室内是否有沉积物，若有要用清洗液或超声波清洗；检查贮气罐有无变化，有变化时检查泄漏，检查阀控制；每次钢瓶换气后或重新连接气路，都应按要求检漏；若需要更换石墨管，应当用清洁液（20mL 氨水+20mL 丙酮+100mL 去离子水）清洗石墨锥的内表面和石墨炉炉腔，除去碳化物的沉积，新的石墨管安放好后，应空烧，热处理重复 3～4 次；保持整个仪器室的卫生除尘。每年请厂家维修工程师进行一次维护性检查。

7.2.5 热重分析仪

（1）基本原理

热重分析仪（thermogravimetric analyzer，TG 或 TGA）是指在程序控制温度下测量待测样品的质量与温度变化关系的一种热分析技术，用来研究材料的热稳定性和组分。TGA 在研发和质量控制方面都是比较常用的检测手段。热重分析在实际的材料分析中经常与其他分析方法联用，进行综合热分析，全面准确分析材料。

热重分析仪

（2）开机前准备

实验开始前，检查电源火线、零线、地线连接是否正确，电线是否有破损，确认无误后才能给仪器通电。开机操作前务必对气路管道、冷却水管道进行检查。确认气路管道、冷却水管道连接正常。仪器内部构造为精密光学天平，故实验中应避免震动，保持实验台平稳，严禁擅自挪动仪器位置，测试环境中不能有明显的空气流动、噪声或震荡。将电炉放置在具有一定支撑力的平整平台上，调节水平器气泡于中心圆圈之内，保证电炉放置水平。取下电炉保护罩盖，调节炉管螺栓，保证炉管稳固置于炉膛中央。将符合实验要求的两个坩埚分别放置在托盘上，左边托盘放置试样坩埚，右边托盘放置参比物坩埚。用橡胶管将电炉的冷却入水接口与自来水相连接，通电开机前，必须先开通冷却水。

（3）仪器使用

当发现仪器热耦移动或者温度不准确时首先要进行温度校准，校准时不能带陶瓷坩埚校准。测试温度低于800℃，气体流量可选择60mL/min；温度高于800℃，气体流量可选择100mL/min。测试温度较高时，需要对配套使用的坩埚进行空白实验，并将空白实验曲线作为基线调入，再放入样品进行测试。测试时还需注意操作板上的室内温度，温度波动不可超过±0.5℃。测试温度超过500℃时，注意将铝质坩埚更换成陶瓷坩埚，因为陶瓷坩埚更加耐受高温，能够保证物质在测试时不受容器的影响。

进行分析检测前，需熟悉待测样品的状况，确定样品在高、低温下无强氧化性、还原性，无腐蚀性气体释放。若样品中包含挥发物，如单质砷、硫等，严禁进行实验。待测样品要放在坩埚中间部位，不得与坩埚发生反应。如果提供分析的样品是强酸强碱物质，需要按照规定的比例稀释后方可测试。样品为液体时，液面不能超过坩埚的一半；固体粉末状样品不能超过坩埚的三分之一。测试的样品量一般不超过10mg，当温度达到800℃以上时，样品量一般为5~7mg。坩埚挂在挂钩上时不允许取样和放样，取下坩埚后方可操作。注意不能用手挂铂金盘，以避免损伤铂金吊钩。

实验完毕降温时，温度降低到200℃以下可以加快降温速度，但当温度在200℃以上时不允许快速降温，因为高温下氧化速度快，对仪器有损害。坩埚和挂钩每次使用完毕后都要用酒精棉擦洗。测试温度比较高时，坩埚使用后最好用酒精灯烧，以保证不污染下次实验的样品。测试使用完毕在记录本上记录使用情况。

（4）仪器维护与保养

仪器经常使用的情况下，可每个月进行一次重量校准。不经常使用时，在每次使用前校准即可。禁止非工作人员擅自进入工作区，严禁非工作人员操作设备。禁止随意乱接乱拉电线。设备清洁或打扫卫生时，防止水溅到电源。现场地面干净整齐，不得乱放物品。离开实验室前，切记关闭水、电总开关。

7.2.6 荧光分光光度计

（1）基本原理

物质荧光的产生是由于在通常状况下处于基态的物质分子吸收激发光后变为激发态，这些处于激发态的分子是不稳定的，在返回基态的过程中将一部分的能量又以光的形式放出，从而产生荧光。不同物质由于分子结构的不同，其激发态能级的分布具有各自不同的特征，这种特征反映在荧光上表现为各种物质都有其特征荧光激发和发射光谱。因此可以用荧光激发和发射光谱的不同来定性地进行物质的鉴定。在溶液中，当荧光物质的浓度较低时，其荧光强度（F）与该物质的浓度（c）通常有良好的正比关系，即 $F = Kc$（K 为比例系数），利用这种关系可以进行荧光物质的定量分析。

荧光分光光度计（fluorescence spectrophotometer）是用于扫描液相荧光标记物所发出的

荧光分光光度计

荧光光谱的一种仪器。能提供包括激发光谱、发射光谱，以及荧光强度、量子产率、荧光寿命、荧光偏振等许多物理参数，从各个角度反映了分子的成键和结构情况。通过对这些参数的测定，不但可以做一般的定量分析，而且还可以推断分子在各种环境下的构象变化，从而阐明分子结构与功能之间的关系。

（2）开机前准备

开机前检查实验室电源、温度和湿度等环境条件，工作电源电压为220V，频率为50~60Hz，实验室温度保持在15~30℃之间，相对湿度低于75%。实验开始前，检查电源火线、零线、地线连接是否正确，电线是否有破损，确认无误后才能给装置通电。确认样品室内无样品后，关上样品室盖。在切换光源、修改设置或放样品之前必须把狭缝设置到最小（0.01nm），避免损坏光电倍增管。打开设备电源开关，氙灯自动点亮，需预热20min。为延长使用寿命，氙灯不要频繁开关。

（3）仪器使用

测量样品瞬态性质之前，需要先对样品稳态性质进行表征，了解样品激发光谱和发射光谱及最佳激发波长和发射波长。严禁用稳态/瞬态荧光光谱仪测量未知样品紫外可见区的稳态光谱。测量前将样品处理为粉末状，装入样品槽，为防止样品脱落，可加盖载玻片。将样品槽装入样品室，关闭样品室盖，避免入射光露出样品室。测样时注意避光，拉上窗帘。狭缝范围0.01~18nm，当测试强度大于 10^6 时，可适当调小狭缝宽度，调整宽度时注意不要超出范围。样品室窗门应轻开轻关，避免仪器震动受损。样品检测完毕后，立即取出样品室内样品，清理样品槽与样品室。样品需要进行专门的回收处理，不得随意倒入水池中，避免污染环境，造成对自己和他人健康的危害。测试使用完毕在记录本上记录使用情况。

（4）仪器维护与保养

保持仪器室清洁和整齐，不得在仪器室内进行样品化学处理。离开实验室前，须注意关灯，关空调，最终切断电源总开关。

7.2.7 拉曼光谱仪

（1）基本原理

拉曼光谱是利用物质受到激发后发生的散射现象来研究其结构和成分。当激光束通过样品时，光子会与样品中的分子发生相互作用，并发生能量、动量和振动状态的转移，导致光子的频率和波长发生变化。这种散射光谱被称为拉曼光谱。

拉曼光谱仪

拉曼光谱仪（Raman spectrometer）的激光源产生强大而稳定的激光束，聚焦在样品上。样品的散射光经过光谱仪分析，然后由检测器接收并转换为电信号，最终呈现为拉曼光谱图。拉曼光谱广泛应用于化学、生物和材料科学等领域。它可以用来研究材料的结构和成分，检测材料中的杂质和缺陷，甚至可以用于活细胞和生物组织的研究。

（2）开机前准备

环境温度要求 15～30℃，相对湿度低于 65%，避免各类磁场的干扰。操作前要按照实验室安全规定佩戴个人防护用品，如实验服、手套等。仪器使用前启动水冷器，并将水温设置到 22℃。打开冷却水球阀。检查激光源和光谱仪是否正常。拉曼光源发射功率要求大于 70mW（新的激光源功率大于 200mW）。除了保证光纤连接器端面洁净以外，现场共焦拉曼探针（confocal Raman probe）检测信号光功率要满足要求（>30mW）。检查遥控头上的各个按键是否在正常位置，旋钮是否在最小处。确定无误后开启激光，激光指示灯会延迟亮起，此刻已经产生激光束，不要直接目视激光输出端口和拉曼探头的顶端。经过延时后，激光器电流将跳升至起始电流（10A 左右）。激光器启动 10min 后，将电流缓慢加至工作电流（工作电流根据实际情况而定）。30min 预热后，激光器功率输出趋于稳定。检查拉曼系统分光光度计性能，打开软件窗口，检查谱图是否正常，有无报警。光闸应有滴答声，如无，则光谱仪没工作。检查样品池是否清洁无杂质，以及样品池中是否有剩余样品或污渍。

（3）仪器使用

在操作前，应根据样品特点选择合适的样品池和处理方式。严格制作、选择和处理样品，避免样品中的水分和空气中的杂质对实验结果的影响。用样品棒或无尘纸将其中一面涂上待测的纯液体样品，在样品池中加入一定量的样品溶液，并尽快关闭样品池盖子铺好气垫。使用透射式样品池时将样品涂抹在两块无色透明的基片上，将基片夹入透射池的台底并加盖。使用快速旋转样品池时，将样品涂抹在玻璃基片上，将样品基片粘在样品池的可旋转台上，调整好样品位置，加盖。（操作时，可以先将模拟物品进行试验，确保样品池运转正常，再进行正式实验。）将样品池放入光谱仪托盘内，并尽量避免在实验过程中移动样品池。关掉房间的灯或者使样品处于黑暗环境中。

根据实际情况和前期初始调整值，调整激光器的功率和光谱仪的激光线宽，进一步调整样品探测器或光谱仪的参数。尽量在较长时间范围内记录光谱数据，以获取较准确的扫描光谱图。测量时，调整样品台底高度，探测器的尖端与样品池的间距为 2mm，或者将探测器的前端正确插入装样装置的探测孔。将样品置于激光焦点位置，调整激光条形尖角，保持激光焦点大小适中。避免将激光对准人眼，以保证实验人员的人身安全。改变输出波长时，首先应调整激光头后端上的旋钮，使现用波长激光的输出功率最大。找到所需谱线后，再微调至输出功率最佳。

若要将棱镜更换成全反镜，首先应适当加大激光器的电流并拧动旋钮将谱线调到 488nm，然后微调旋钮至激光输出达到最佳。再逆时针拧动棱镜镜架，并退下棱镜。将全反镜镶入腔孔。在将全反镜镶入腔孔时，注意避免镜面碰到腔孔的边缘，以免造成全反镜的损坏。然后顺时针拧动全反镜架使之卡入到位。此时应有激光出现。微调旋钮使激光输出达到最佳。

采用质量较好的计算机软件记录光谱数据。实验数据的记录应提前处理，删除干扰信号和离散数据，计算出平均光谱生成样品光谱数据。每次操作结束后要对数据进行备份。实验结束后，将激光器的电流由工作电流降至起始电流，关闭激光器，切断电源。激光器关机 10min 或确认激光器已充分冷却后，关断水冷器电源并关闭冷却水球阀。将样品池清洁干净并彻底干燥，放回原位。测试使用完毕在记录本上记录使用情况。

（4）仪器维护与保养

仪器在使用过程中激光源若停止工作，应检查环境温度是否过高，调低空调温度。若激光强度过低，检查光纤头是否有脏污，若有脏污可用镜头纸或医药酒精擦拭，并检查分光光度仪入口光束是否校正（擦拭光纤时注意要在激光源关掉时进行）。仪器运行过程打开样品室的盖子时保护装置会自动切断光源，因此每次开盖后都要进行信号检查，保证激光器信号能到达样品才可以进行测试。

激光器关机尤其在切断冷却水后，一般不要重新开机。若遇特殊情况必须开机时，在确认前次断水时激光器是在得到充分冷却后才断水的，可以开机。开机步骤与正常开机相同。激光器若长时间不用，也应定期将激光器开启，并适当加大电流运行一段时间，以免激光器长时间放置，激光管气压增高造成损坏。激光器在正常运行中遇到突然断电或冷却水管道发生爆裂等情况，造成冷却水突然断水时，应立即关断激光器冷却水进水球阀，短时间内不要重新启动（避免短时间内供水恢复后，冷水再次进入激光器，造成激光管损坏）。然后按正常关机步骤关闭激光器。24h 后方可重新开机。

对仪器需要进行定期清洁除尘，注意避免细小沙尘进入设备内部，导致性能下降或其他故障。可以用压缩空气将拉曼光谱仪表面附着的大颗粒灰尘吹掉，然后再用材质柔软细腻的干净布对仪器进行全面擦拭，去除粘连在设备表面的液体、粉末等物质。清洁激光器镜片时一定要注意，绝对不可以用棉布或具有腐蚀性的溶液进行清理，因为棉布容易刮花镜头而腐蚀性溶液也会使镜头受损。可以用稀释过的肥皂水将洁净的电脑清洁布打湿后进行擦拭。

7.2.8　高效液相色谱仪

（1）基本原理

高效液相色谱仪

高效液相色谱法（high performance liquid chromatography，HPLC）又称"高压液相色谱""高速液相色谱""高分离度液相色谱""近代柱色谱"等。高效液相色谱是色谱法的一个重要分支，以液体为流动相，采用高压输液系统，将具有不同极性的单一溶剂或不同比例的混合溶剂、缓冲液等流动相泵入装有固定相的色谱柱，在柱内各成分被分离后，进入检测器进行检测，从而实现对试样的分析。

（2）开机前准备

高效液相色谱仪正常运行一般要求环境温度在 20～30℃之间，日温度变化 2～3℃，波动不能太大，否则在开机分析时会影响色谱分离。夏季一定要控制室温不要超过 30℃，温度太高会使流路系统产生气泡，影响检测器的正常工作（如荧光检测器）。室内相对湿度应控制在 60%以下。高效液相色谱仪需要专业技术人员负责管理和使用。

使用液相色谱仪分析过程中，由于流动相中含有挥发性有机溶剂（甲醇、乙腈等）会产生有害气体，对仪器中的光学元件带来腐蚀，应注意仪器室的通风，以排除室内有害气体，保持空气清新。通风主要有两种方式：一种是自然通风，定时打开门窗，让内外空气对流；另一种是采用排风系统等强制通风，及时将有害气体排出室外。

为减少噪声的干扰，仪器应远离瞬时供电的大功率电器设备，如大型电动设备（超低温冰箱、电烤箱等）、电梯等。为保证 HPLC 输液泵的精度，必须保证稳定的输入电压，色谱室应设有和仪器负荷相当的稳压电源。室内墙上应安装有接地电阻符合要求的地线，接地电阻必须满足说明书的要求。

在进行液相色谱实验之前，操作人员应穿戴适当的个人防护设备，如实验服、手套、护目镜和口罩等。

（3）仪器使用

流动相应选用色谱纯试剂、高纯水或双蒸水，酸碱液及缓冲液需经过滤后使用，过滤时注意区分水系膜和油系膜的使用范围。水相流动相需经常更换（一般不超过 2 天），防止长菌变质。溶剂瓶中的砂芯过滤头容易破碎，在更换流动相时注意保护，当发现过滤头变脏或长菌时，不可用超声洗涤，可用 5%稀硝酸溶液浸泡后再洗涤。

实验所用流动相必须预先脱气，否则容易在系统内逸出气泡，影响泵的工作。气泡还会影响柱的分离效率，影响检测器的灵敏度、基线稳定性，甚至无法检测。对流动相进行 10～20min 超声脱气，不会影响溶剂组成。超声时应注意避免流动相溶剂瓶与超声槽底部或壁接触，以免玻璃瓶破裂，溶剂瓶内液面不要高出超声槽水面太多。

流动相一般贮存于玻璃、聚四氟乙烯或不锈钢容器内，不能贮存在塑料容器中。贮存容器一定要盖严，防止溶剂挥发引起组成变化，也防止氧和二氧化碳溶入流动相。磷酸盐、乙酸盐缓冲液很易长霉，应尽量新鲜配制使用。如确需贮存，可在冰箱内冷藏，并在短期内使用完毕。

采用过滤或离心方法处理样品，确保样品中不含固体颗粒。用流动相或比流动相弱（若为反相柱，则极性比流动相大；若为正相柱，则极性比流动相小）的溶剂制备样品溶液，尽量用流动相制备样品液。使用手动进样器进样时，在进样前和进样后都需用洗针液洗净进样针筒，洗针液一般选择与样品液一致的溶剂，进样前必须用样品液清洗进样针筒 3 遍以上，并排除针筒中的气泡。采用自动进样器时，若样品瓶中样品较少，进样针无法到达液面，可采用调低进样针进样高度的办法，注意设置时不要使进样针碰到瓶底。微量样品分析应使用微量样品瓶。

色谱柱使用前仔细阅读附带的说明书，注意适用范围，如 pH 值范围、流动相类型等。使用符合要求的流动相，使用保护柱。如所用流动相为含盐流动相，反相色谱柱在使用后，先用水或低浓度甲醇水（如 5%甲醇水溶液）冲洗，再用甲醇冲洗。色谱柱在不使用时，应用甲醇冲洗，取下后紧密封闭两端保存。不要高压冲洗色谱柱，不要在高温下长时间使用硅胶键合相色谱柱，使用过程中注意轻拿轻放。连接色谱柱与管线时，应注意拧紧螺丝的力度，过度用力可导致连接螺丝断裂。柱接头处易发生漏液，可能情况为接头中间的管子未和接口处贴紧。不同厂家的管线及色谱柱头结构有差异，最好不要混用，必要时可使用聚醚醚酮（PEEK）管及活动接头。

实验开始先以所用流动相冲洗系统一定时间（如所用流动相为含盐流动相，必须先用水冲洗 20min 以上再换上含盐流动相），正式进样分析前 30min 左右打开检测器，开启氘灯或钨灯，以延长灯的使用寿命。注意各流动相所剩溶液的体积，及时加液。

实验结束后，一般先用水或低浓度甲醇水溶液冲洗整个管路 30min 以上，再用甲醇冲洗。冲洗结束后关闭检测器、柱温箱与高压输液泵，关闭电脑，切断电源。测试使用完毕在记录本上记录使用情况，发现异常和故障，一定要及时登记，为以后的维修提供参考依据。

使用过程中要经常观察仪器工作状态，如输液泵是否工作正常、流路中是否有漏液现象、压力是否过高等。及时正确处理各种突发事件。严格按使用说明进行操作。所有化学品和废液都必须在实验室内妥善回收和处置。注意遵守实验室内的化学品管理制度和相关政策。在发生紧急情况时，操作者应该停止所有的液相色谱仪操作，并在专业指导下采取相应的措施。如果需要进行灭火操作，应使用符合消防要求的灭火设备。

（4）仪器维护与保养

保持仪器室内清洁除尘，防止仪器通电后会吸附周围的灰尘，对分析带来干扰。溶液滤头至少每 3 个月清洗一次。不锈钢滤头应先浸在异丙醇或甲醇中超声 10min，再用超纯水冲洗干净。若为玻璃滤头，应放在 35%HNO$_3$ 中浸泡 20min 后用超纯水冲洗干净。

仪器不用时，用平衡溶液定期冲洗系统，一是为赶走流路中的气泡，二是用新鲜流动相置换柱中的旧液，防止柱内填料因长期静止不流动形成的沉淀物堵塞色谱柱。及时更换已老化、损坏的仪器部件，确保仪器始终处于正常运转状态。

7.2.9　气相色谱仪

气相色谱仪

（1）基本原理

气相色谱仪（gas chromatograph，GC），是指用气体作为流动相的色谱分析仪器。其原理主要是利用物质的沸点、极性及吸附性质的差异实现混合物的分离。待分析样品在气化室气化后被惰性气体（即载气，亦称流动相）带入色谱柱内，柱内含有液体或固体固定相，样品中各组分都倾向于在流动相和固定相之间形成分配或吸附平衡。随着载气的流动，样品组分在运动中进行反复多次的分配或吸附/解吸，在载气中分配浓度大的组分先流出色谱柱，而在固定相中分配浓度大的组分后流出。组分流出色谱柱后进入检测器被测定，常用的检测器有电子捕获检测器（ECD）、氢火焰离子化检测器（FID）、火焰光度检测器（FPD）及热导检测器（TCD）等。

（2）开机前准备

气相色谱仪由专人负责管理和操作。实验室及其周围环境不得有振动源，火源，放射源，电火花，强磁场，强电场，易燃、易爆、腐蚀性物质，以免干扰分析或发生事故。尽量减少室内空气中的含尘量，减少落入仪器内部的灰尘，以免影响仪器性能。实验室环境温度应为 20～27℃，相对湿度 10%～80%，仪器要求电压 220V，频率为 50～60Hz，配置稳压电源。要求有良好的接地，接地电阻必须满足说明书的要求。稳压器和电力系统总线应能承载色谱仪或多台色谱仪产生的大量电流，避免高功率用电产生电线负载，引发电火花。实验室要求有良好的排风系统，用以排掉气相色谱仪分流及吹扫出口以及检测器释放的废气。实验台面应能减震，稳定，有 1m 以上的空间位置。实验室内需使用防爆照明，配备灭火器、可燃气体报警器等，并做好防火、防爆等安全措施，以免发生事故。

气相色谱仪所需高压钢瓶应定期检验，有检验合格证方可使用。高压钢瓶应有代表储存气体的标记颜色和文字。每批次的气瓶出入库都应记录，记录包括编号、种类、使用日期等信息。使用前应进行严格检查和试验，对于存在问题或已经超过有效期的气瓶，绝对不能使用。气瓶的连接管路要易于检查、调换、修理，标明种类、流向。一般采用紫铜或不锈钢管路，两端采用螺旋状伸缩节连接仪器或钢瓶。气瓶应固定直立，远离热源，避免暴晒及强烈震动，氢气室内存放量不得超过两瓶。

（3）仪器使用

根据实际实验条件选择载气。选用气体的纯度要求达到或略高于仪器自身对气体纯度的要求。当配有氢火焰离子化检测器（FID）、氮磷检测器（NPD）、火焰光度检测器（FPD）时，需配备高纯氢气、氮气和空气三种气源，纯度大于 99.999%，并推荐使用除水过滤器。当配有电子捕获检测器（ECD）时，需配备高纯氮气，纯度大于 99.999%，并推荐使用除水和脱氧过滤器。当配有热导检测器（TCD）时，需配备高纯氢气或氦气，纯度大于 99.999%（用于安装时样品分析）。使用钢瓶气时，必须安装相应分压表大于 0.5MPa 的减压阀，减压阀出口应配上可接 1/8 英寸（约 3.3mm）外径铜管的接头并且检查气密性。氢气瓶专用压力表为反向螺纹，安装时应避免损坏螺纹。色谱仪气路气密性检查是一项非常重要的工作，若气路有漏，不仅直接导致仪器工作不稳定或灵敏度下降，而且还有发生爆炸的危险，故在操作使用前必须进行这项工作。仔细检查阀门接头和减压阀是否可靠、使用方便，使用后应及时关闭阀门。在使用气瓶过程中，遵循"禁止吸烟、禁止直接与火源接触、注意通风、禁止乱拆乱动"等一系列安全措施。

安装色谱柱时按照说明书要求操作。由于玻璃或熔融毛细管柱易碎，因此在处理、切割或安装毛细管柱时，需要小心处理并戴上安全眼镜以保护眼睛免受飞散颗粒的伤害。样品溶液配制应在专门的实验室配制，配制好的溶液不能长时间放置在气相室，避免出现试剂瓶、溶液瓶导致的有机气体挥发，产生安全隐患。进样时使用微量注射器应避免磨损及来回空抽，因其易碎，所以要妥善保管，为了确保其气密性和准确度，应及时对微量注射器进行溶剂清洗，并注意按时更换。

使用热导检测器（TCD）要注意实验前，先通载气，再开热导电源，实验结束，先关闭热导电源，再关闭载气。检测器通电前，载气一定要平稳通畅流过 TCD；载气中不应含有杂质，尤其是氧气；氢气作载气，气体放空管应排至室外；出现基线大幅度漂移时，应注意检查双柱气体流速是否相同以及是否漏气。

氢火焰离子化检测器（FID）的工作原理是用氢气在空气中燃烧产生的火焰使被测物质离子化，因此必须注意安全。在未接上色谱柱时，不要打开氢气阀门，以免氢气进入柱箱。测定流量时，一定不能让氢气和空气混合，即测氢气时，要关闭空气，反之亦然。无论什么原因导致火焰熄灭时，应立即关闭氢气阀门，直到排除了故障重新点火时，再打开氢气阀门。

火焰光度检测器（FPD）也需要使用氢火焰，因此安全问题与 FID 相同。在更换滤光片或点火时，应先关闭光电倍增管电源。包括 FID、FPD 在内的火焰检测器，都必须在温度升高后再点火；关闭时，也应先熄火再降温。

由于电子捕获检测器（ECD）是放射性检测器，且检测的物质大多有害，所以一定要注意安全。检测产生的废气需要排到室外，并且不能私拆 ECD。老化色谱柱时，注意不要将色谱柱出口端接入 ECD，以免放射源被污染。ECD 使用时需要连接脱氧管，注意保持 ECD 的密封性，以免被氧污染。

FID、FPD、NPD 等检测器的温度设置要高于 100℃，以免检测器积水。一般情况下设置温度可与汽化室温度接近。检测器的使用温度最高不应超过 350℃。关闭加热区域如柱箱、进样口和检测器以及连接的硬件后，需要完全冷却才可以接触。更换色谱柱或维修仪器时，需要关闭氢气。如需要取下检修面板，注意关闭仪器并断开电源以避免可能的电击。测试使用完毕在记录本上记录使用情况，发现异常和故障，一定要及时登记，为以后的维修提供参考依据。

（4）仪器维护与保养

保持仪器室内卫生，对仪器需要进行定期清洁除尘，注意在清洁擦拭仪器过程中不能对仪器表面或其他部件造成腐蚀或二次污染。

气相色谱仪中载气系统主要的维护工作就是检漏。检漏工作应定期进行，周期视实际情况而定。每次换气瓶或减压阀时也需要检漏。对于 50MBq（1.35mCi）或更高的放射源，至少每 6 个月对电子捕获检测器（ECD）执行一次放射性泄漏测试。

进样系统中的隔垫主要起密封进样、清洗进样针的作用，如发现进样口压力下降，隔垫可能已经磨损严重，造成密封性变差，需要更换。

衬管在 GC 中主要起到样品汽化室的作用，不定期更换或使用不当会导致峰形变差、样品分解、出现鬼峰、重现性差等结果。衬管一般主要用纯水、甲醇或无水乙醇等冲洗或超声清洗，严重污染时可用棉签轻轻擦拭，不可用力太大，避免破坏内表面，清洗之后放置到烘箱 70℃烘干后冷却密封存放。可以在衬管里面填充一定量的石英玻璃棉以增加样品的汽化效率，同时还能起到防止隔垫碎屑堵塞色谱柱的作用。

硅烷化是消除载体表面活性最有效的办法之一，可以消除载体表面的硅醇基团，减弱生成氢键作用力，使表面惰化。常用硅烷化方法是二甲基氯硅烷化。先用 1mol/L HCl 清洗玻璃衬管；再用丙酮清洗玻璃衬管和石英棉并吹干；用 5%二甲基氯硅烷（DMCS）/正己烷溶液浸泡玻璃衬管和石英棉 12h；取出玻璃衬管和石英棉用正己烷冲洗，微干后用甲醇浸泡 2h；甲醇干到一定程度后，把它浸泡在正己烷中，取出风干；在烘箱中 250～280℃烘几小时，冷却后保存于干燥器中。

老化可以去除毛细管色谱柱填充物中的残留溶剂和某些挥发性的物质。通常在最高使用温度以上 15～20℃条件下老化色谱柱 2～4h，如果在高温 10min 后背景信号不下降，立即降温并检查色谱柱是否有泄漏。也可采用程序升温进行老化，一般按照慢升快降的原则，初始温度 50℃以 5℃/min 速率升到最高限制温度下 20℃，保温 30min，以 20℃/min 速率下降到50℃，如此循环 2～3 次即可。

7.2.10 液相色谱-质谱联用仪

液相色谱-质谱联用仪

（1）基本原理

液相色谱-质谱联用仪（liquid chromatograph-mass spectrometer，LC-MS），是液相色谱与质谱联用的仪器。它结合了液相色谱仪有效分离热不稳定性及高沸点化合物的分离能力与质谱仪很强的组分鉴定能力。是一种分离分析复杂有机混合物的有效手段。

（2）开机前准备

液相色谱-质谱联用仪使用过程中，要注意环境条件，周围无强烈震荡源及电磁感应装置。

电源要求接地交流电 220V，频率 50～60Hz，最好配备不间断电源设备（UPS）。室温要求 15～28℃，室温尽量维持恒定，避免剧烈波动，应安装空调等控温设备，保证环境温度波动小于3℃，空调的风口不要直吹仪器。相对湿度要求 20%～80%。

使用前需要确认仪器已经正确安装并且经过厂商工程师的检测。质谱仪属于精密贵重仪器，未经专门培训人员不得擅自开启使用，更不得随意"调校"氮气和氦气压力或更改仪器参数等。检查液氮罐和氦气钢瓶是否有一定压力，以便为测试样品提供符合流速和压力要求的氮气（喷雾气体和干燥气体）和氦气（碰撞气体）。准备好离子源。离子源是将样品转化为离子的元件，并将其引入仪器。因此离子源应与样品溶液兼容，以避免在离子源中发生重新结晶或反应。离子源的温度和压力必须在正确的操作范围内，以确保产生充足的质谱信号。氮气和氦气作为碰撞介质加速离子和目标离子之间的碰撞，有助于改善质谱信号和鉴定目标化合物。通过控制离子之间的碰撞，可以增加对目标化合物的鉴定能力。调整碰撞介质可以大大影响分析结果，因此必须正确设置。样品溶液必须澄清透明，不含有固体微粒，不得将粗制物直接用于测定，以免污染毛细管。准备好标准品。准备标准品时应遵循标准制备程序，以确保实验的精确性以及准确的质谱分析结果。

（3）仪器使用

质谱仪使用前首先开气，再开机械泵，再启动质谱仪，真空度达到正常水平开启分子涡轮泵，真空度正常才可以进行调谐校正，一般至少需要抽 12h 才能达到。每次开机后都需要校正后才能使用质谱仪。

与液相色谱联用时，流动相需要先用膜过滤，需要区别有机膜和水膜，样品也同样需要过滤或者用大于 10000r/min 的转速离心去掉固体杂质。流动相不能用难挥发的酸或盐，如磷酸盐和硼酸盐，液相常用的三氟乙酸（TFA）会抑制离子对电离，也不建议使用。表面活性剂在质谱中响应很高，尤其是电喷雾离子源（ESI），所以所有管和器具的清洗不能用洗洁精，用来改善分离和色谱峰形的离子对试剂也应慎用，与质谱联用时建议使用的是甲酸、乙酸、甲酸铵、乙酸铵和氨水等。

根据选用的离子源调整液相方法，ESI 一般采用 0.3～0.6mL/min，常规 HPLC 分析柱的规格是 5 μm、4.6mm×250mm，一般流速都是 1mL/min，可以采用柱后分流的方式来调整进入质谱的流量。同时，要根据进入质谱的流量和样品性质调整雾化气温度和雾化气的流量。启动离子源、自动检测器和质量分析器，用仪器的控制面板调整参数，包括质谱分析模式、离子获取时间、离子化气体流速等。样品测试结束后，需要清洗进样管路，清洗后停泵，待离子源温度降低后再选择待机状态。测试使用完毕在记录本上记录使用情况，发现异常和故障，一定要及时登记，为以后的维修提供参考依据。

（4）仪器维护与保养

保持仪器室清洁，仪器排风扇上的灰尘要及时清理，以免灰尘过多堵塞出气孔，使得仪器内部温度过高，有导致涡轮分子泵停止工作的风险。避免在过于潮湿的环境中使用仪器。

仪器不要频繁开关。一般质谱仪都配有不间断电源设备（UPS），如果只是暂时停电，可不关机。若停电时间超过 UPS 供电时间，则应关闭质谱仪。若没有配置 UPS，则应立即关闭质谱仪电源，以免突然来电对质谱仪造成不必要的冲击。质谱仪关闭电源后，至少应等待 20min 再重新开机。需要搬动仪器之前也要关机 30min 后再搬动，如距离较远，需将前级泵固定螺栓拧上。

机械泵的泵油须定期更换，更换泵油时需要将泵油全部倒出，再更换新的泵油，不同品牌的泵油不能混用。更换不同公司的油时必须用新油先冲洗一次。

仪器日常维护要做到每次开机进行聚丙二醇（PPG）质量校正；每天用50%甲醇清洗离子源流路20min，检查气体压力和液氮量；每周用无尘纸和50%甲醇水清洗离子源腔体、气帘板（curtain plate）、取样锥孔（orifice），检查机械泵油；每三个月更换机械泵油，对仪器除尘；过滤网堵塞时更换过滤网；灵敏度下降时用无尘纸和甲醇清洗前级接口（interface Q0），发现堵塞时，更换PEEK管和喷雾针，需要时倾倒废液收集瓶。

7.2.11 气质联用仪

（1）基本原理

气质联用仪（gas chromatograph-mass spectrometer，GC-MS）是指将气相色谱仪和质谱仪联合起来使用的仪器。质谱法可以进行有效的定性分析，而色谱法特别适合进行有机化合物的定量分析，气质联用仪将这两种方法结合起来联用，是复杂有机化合物高效的定性、定量分析工具。

气质联用仪

（2）开机前准备

气质联用仪需要专人负责管理和操作。使用过程中，要注意环境条件，周围无强烈震荡源及电磁感应装置。电源要求接地交流电220V，频率50～60Hz，最好配备UPS。室温要求15～28℃，相对湿度要求20%～80%。使用中要特别注意温度和湿度的控制。为了方便仪器散热和维修，仪器后侧、左右侧和顶部应留有足够的空间。要求使用高纯氦气，纯度为99.999%，注意及时换气，专用钢瓶灌装。需要安装高容量脱氧管和载气净化器或只用复合型载气净化管，除去载气中的残留烃类化合物、氧、水等杂质。

应使用高品质低流失及耐高温的隔垫，进样口螺帽不要拧得太紧，太紧橡胶易失去弹性，根据实际情况及时更换隔垫。进样衬管应保证足够干净，使用硅烷化处理过的石英棉。进样针根据需要清洗，样品瓶和瓶垫建议一次性使用，溶剂瓶也需要经常清洗。

样品确定的情况下，需考虑气相色谱柱固定液的类型、长度、口径和膜厚。色谱柱的安装按照色谱柱和仪器的说明书进行，严禁无载气烘烤色谱柱，柱接头的螺帽不能拧得太紧。色谱柱的设置温度要尽量低于最高限制温度，不要使难于挥发的成分进入柱内。

对仪器进行真空检漏。根据前极压力和离子规压力，以及空气/水的背景图谱，判断空气是否泄漏。检查管线各个节点、钢瓶接头、载气管接头、隔垫螺母、柱螺母等位置、色谱柱的接头处等位置。

（3）仪器使用

打开载气钢瓶控制阀，设置分压阀压力，打开气相、质谱开关，自检完成后开机，抽真空。自动调谐、标准调谐等为常用调谐，可校正响应丰度曲线、四级杆条件等，使仪器达到最佳工作状态。优化气相参数包括毛细管柱、载气流量、进样口温度、进样量、进样方式、程序升温等，优化质谱参数包括离子源温度、电离模式、灯丝电流、采集模式等，建立检测方法。依据所建立的气相质谱方法，进行样品测定。分析结束将温度降低后，选择待机状态，关闭载气。采用外标法或内标法进行定性定量计算。

在使用过程中要注意进样口的温度不要设置太高，以免造成进样垫流失。及时更换进样垫。高沸点组分使用热针进样。进样前和进样后使用不同的溶剂瓶洗针，减少交叉污染。使用铝箔或聚四氟乙烯材料的样品瓶垫。传输线温度应比程序升温的最高温度要高一些，避免色谱峰拖尾。程序升温过程中要避免进样的污染物在色谱柱中蓄积，毛细管柱穿过石墨垫后一定要切割整齐。减少进入质谱的样品量，尽可能使用分流进样模式。随时注意系统真空度，检查传输管接头是否漏气。尽可能提高离子源温度，以减少离子源污染。降低灯丝电流来减少产生的离子总数。尽量降低电子倍增管电压，延长使用寿命。测试使用完毕在记录本上记录使用情况，发现异常和故障，一定要及时登记，为以后的维修提供参考依据。

（4）仪器维护与保养

保持实验室清洁，定期对仪器外表面特别是凹角部位做深度清洁，使用洁净柔软的抹布轻轻擦拭。清理防尘网，用水和稀释的消毒液清洗过滤网上的物质。气相部分的日常保养维护主要包括更换载气、隔垫、橡胶O型环、分流板以及密封圈；老化、更换色谱柱及柱接头螺帽；更换和清洗衬管。质谱部分日常保养维护包括检查离子源，进行离子源操作时需要戴清洁的手套，取下的部件应避免污染，放在专用洁净布上，一般污染用丙酮擦拭，用无纺布打磨并用甲醇超声或按照设备厂家提供的技术方法进行操作。清理喷雾腔，一般污染用丙酮擦拭，用无纺布打磨并用甲醇超声或按照设备厂家提供的技术方法进行操作。检查机械泵，注意机械泵的油面液位，油的颜色应为无色或淡黄色，如果变暗就意味着泵油质量下降，需要更换，一般3~6个月更换一次，不同品牌油不能混用。机械泵抽气入口的滤网也需要清洗，一般情况下，在更换机械泵油时可用水清洗，用干燥气体吹干。每次换油时要注意清除滤芯吸收的泵油，用无尘纸擦拭滤芯表面的滤油并紧裹滤芯海绵中的油，重新放回滤芯，如有必要更换新的滤芯，最好半年更换一次。清理自动进样器，用水洗再用50%甲醇溶液清洗或按照设备厂家提供的技术方法进行操作。其他维护包括检查洗液瓶放置，废液瓶倾倒，检查自动进样器和转盘等。

维护周期为每月清洁仪器一次；每季度清理防尘网一次；每月检查离子源一次；每季度清理喷雾腔一次；每半年检查机械泵一次；每年清理自动进样器一次。

7.2.12　电感耦合等离子体质谱仪

（1）基本原理

电感耦合等离子体质谱仪（inductively coupled plasma-mass spectrometer，ICP-MS）工作原理是根据被测元素通过一定形式进入高频等离子体中，在高温下电离成离子，产生的离子经过离子光学透镜聚焦后进入四极杆质谱分析器按照荷质比分离，既可以按照荷质比进行半定量分析，也可以按照特定荷质比的离子数目进行定量分析。主要用于痕量及超痕量多元素分析以及同位素比值分析。

电感耦合等离子体质谱仪

（2）开机前准备

电感耦合等离子体质谱仪需要专人负责管理和操作。要求环境温度15~30℃，室温温度变化每小时不超过±1℃，相对湿度应在20%～80%。温度变化太大，光学元件受温度变化的影响就会产生谱线漂移，造成测定数据不稳定；环境湿度过大，光学元件特别是光栅容易受潮损坏或性能降低。电子系统尤其是印刷电路板及高压电源上的元件容易受潮烧坏。湿度对仪器高频发生器的影响也十分重要，环境湿度过大，可能会造成等离子体不容易点亮，甚至可能导致高压电源及高压电路放电击毁元件，以至损坏高频发生器。推荐室温（20±2）℃，相对湿度35%～50%。仪器需配备30A或者32A的220V单相空气开关，独立接地，接地电阻小于4Ω，地零电压小于0.5V，距离ICP-MS不超过2.5m。配备10kVA的稳压电源及不间断电源设备（UPS）。仪器需配备排风系统，排风量要求5～7m³/min（风速4.7～6.6m/s）。

氩气作为载气，纯度要求大于99.999%，减压阀输出级压力可以选择1.6MPa或者2.5MPa，出口直径为1/4英寸。如果需要使用反应气则需要配制氢气和氦气，减压阀输出级压力为0.1MPa，出口直径为1/8英寸。减压阀必须采用不锈钢材质。循环冷却水要求为去离子水，pH值应在6.5～8.5之间，水中金属离子含量应小于1mg/L。

（3）仪器使用

根据样品需要，查阅相关文献采用合适的方法消解、处理样品，确定样品是否适合使用ICP-MS。仪器安全正确使用要求样品溶液中溶解的总固体量（TDS）小于0.4%，即4000mg/L。溶液中有机物的含量不能太高，否则会引起严重的基体效应和有机物燃烧后的碳粒沉积并堵塞锥口，导致灵敏度和稳定性下降。溶液中待测元素的浓度不能太高，元素的计数（即信号值）一般小于5000000cps，否则要进行稀释。一般要求固体样品中元素含量≤0.01%，液体样品≤$1×10^{-6}$（最好≤$100×10^{-9}$）。溶液中应保持一定的酸度，以防止金属元素水解后产生沉淀。一般以一定浓度（1%～5%）的硝酸为介质。溶液中尽量不含高沸点的硫酸和磷酸介质，以免损坏锥口，避免硫、磷带来的多原子离子干扰。溶液中不得含有氢氟酸，否则会损坏石英玻璃材料的雾化器和矩管以及锥口，若使用氢氟酸则必须通过加热等手段将氢氟酸赶尽。ICP-MS样品必须溶解彻底，不得有混浊，须经0.45μm或0.22μm微孔滤膜过滤或离心后取上清液进行测试。一般样品不推荐用玻璃容量瓶定容，样品污染的可能性很大。采用普通滤纸过滤也可能污染样品。对一般样品建议用抽滤或离心，推荐采用一次性塑料样品瓶称重稀释样品而不用容量瓶定容。

仪器使用前打开机械泵，抽真空，检查真空度，真空压力达到要求，打开排风和循环水。安装好蠕动泵管，打开电脑软件仪器控制程序，打开氩气阀门，调节氩气压力为0.6MPa，检查气密性。点击软件程序中的运行命令，等离子体点亮后，开启仪器自动调谐。自动调谐结束后，根据程序提示操作，开始分析测试。分析结束后，继续用2%硝酸清洗整个管路10min，熄灭等离子体，关闭载气、排风和循环水，松开蠕动泵管。仪器显示为待机状态，关闭所有软件。

测定前必须做好氩气、标准样品、空白背景溶液等分析必备品的各项准备工作，切忌在同一段时间里频繁开启仪器，容易造成仪器的损坏。仪器运行期间注意观察氩气压力，及时切换氩气钢瓶，避免等离子体造成不必要的熄灭。氩气管路接在雾化器上时，要注意不要让管子弯曲太厉害，避免载气流量不稳造成脉动，影响测定。仪器运行期间应注意蠕动泵管是否堵塞，观察进样管和排废管内的气泡，判断溶液进出是否正常。仪器运行期间注意观察内标元素的信号，如信号明显降低，而雾化器压力有显著变化（增大），应考虑雾化器堵塞的可能性；如雾化器压力降低，则可能漏气或雾化器损坏。分析完毕后一定要关闭氩气总阀及分压阀以免漏气造成浪费。

注意不要在仪器室稀释样品，离开仪器室及时带走样品及其他个人物品。每日分析完毕，测试完的样品不能随意处理，须将废液放入实验室指定的废液桶中，保持实验室整洁。仪器使用完毕在记录本上记录使用情况，发现异常和故障，一定要及时登记，为以后的维修提供参考依据。

（4）仪器维护与保养

保持实验室清洁，定期对仪器外表，特别是凹处部位做深度除尘。仪器灵敏度降低需清洗雾化室、雾化器、炬管、采样锥和截取锥。佩戴无粉手套拆卸，玻璃制品可在 5%硝酸中浸泡过夜，禁止超声清洗。塑料、金属零件可超声清洗。如果样品比较脏，可一周清洗一次。蠕动泵管、雾化室、雾化器、炬管视使用情况必要时进行更换。采样锥和截取锥表面变形，可能引起采样过程中等离子体气流的散射和导致高水平干扰离子的生成。锥表面应尽可能保持干净和平滑。锥一般是由金属镍精密加工而成，锥孔尤其是截取锥孔非常尖，极易碰损，卸取、清洗和安装都必须格外小心。视使用情况必要时进行更换。

定期检查机械泵的油位及颜色，半年更换一次泵油。冷却水泵的循环水也应定期检查与更换，一般半年一次。每次使用前检查废液桶高度，定期处理废液。

7.2.13 扫描电子显微镜

（1）基本原理

扫描电子显微镜（scanning electron microscope，SEM）的工作原理是

扫描电子显微镜

依据电子与物质的相互作用。当一束高能的入射电子轰击物质表面时，被激发的区域将产生二次电子、俄歇电子、特征 X 射线、连续谱 X 射线、背散射电子、透射电子，以及在可见、紫外、红外光区域产生的电磁辐射。同时，也可产生电子-空穴对、晶格振动（声子）、电子振荡（等离子体）。原则上讲，利用电子和物质的相互作用，可以获取被测样品本身的各种物理、化学性质的信息，如形貌、组成、晶体结构、电子结构和内部电场或磁场等。

（2）开机前准备

扫描电镜及其附属设备中有高压电、低温、高温、高压气流等危险因素，必须专人负责管理和操作。要求远离电火花电弧、变电设备、高频设备等强磁设备，远离电梯等振动源。环境温度 15～30℃，室温温度变化每小时不超过±2℃，相对湿度小于 80%。要求独立供电，交流电压 220V，误差小于 10%，频率 50Hz，配备 30A 或者 32A 的单相空气开关，单独地线，不可连接其他设备，接地电阻小于 100Ω。配备 10kVA 的稳压电源及不间断电源设备（UPS）。仪器周围至少保留 0.8m 维修空间。

（3）仪器使用

扫描电镜为精密仪器，在观察样品前一定要重视样品制备。如果样品存在问题或制样不当，不仅无法得到理想的效果，还会对电镜造成损伤，影响仪器测试性能，甚至造成设备故

障。待测样品要求干燥无水、无易挥发溶剂。样品观察面需要清洁、无污染物。样品在制备、拿取和保存过程中都需要佩戴干净无粉手套，使用的剪刀、镊子等制样工具也要保持干净。样品要具有良好的导电导热性能。扫描电镜聚焦成像时，电子束直接照射样品表面，如果样品材料不导电会产生荷电效应（也称充电效应）。负电荷电子局部积累，抑制入射电子和出射信号，引起图像变形和位移，无法进行聚焦。要求样品在电子束下热稳定性良好，并且不会被电子束分解。观察磁性样品时需要格外小心，利用压缩气体严格吹扫。较强磁性样品必须进行消磁处理。

微细和超细粉体（粒度<10μm）样品，取少量样品直接放在烧杯中，用无水乙醇作溶剂，超声分散，用干净滴管吸取少量液滴滴于铜托上，并用红外灯照射干燥；粗颗粒样品，取少量粘在铜托的导电胶带上，用无尘纸轻压，使样品颗粒牢牢粘住，并清除粘在铜托侧面上的粉样；块状样品，高度应在15mm以下，要用无水乙醇浸泡，清洗干净，放在超声波水槽中处理，以除去油脂、灰尘、脏物和水分。粉体样品易污染样品室和镜筒，制样时使用量尽量少，样品托上样品层厚度要非常薄。

严格按开机顺序操作，开机抽真空5min内，系统真空应达到要求。如果系统真空不能达到要求，应检查样品室门是否关好、样品室密封圈垫圈及密封平面是否干净或其他连接处是否有漏气现象。若有灰尘或粉体样颗粒，用无尘纸擦拭干净，并涂少量真空密封油脂。如果不能解决应及时报告，并与厂商联系。在没有进入高真空之前，不能接通探测器高压，电子枪及灯丝加热电源。

开启冷却循环水电源，水温应在15~20℃。水位应浸没金属线圈。开启扫描电镜预热1h，等待系统稳定，保证扫描电镜使用时各个零件能正常工作。在扫描电镜样品台上放置样品，根据需要调整样品的位置和方向。使用夹具固定样品，并确保样品表面与夹具接触良好以保持稳定。根据样品的特点和观察需要选择加速电压、发射电流、工作距离和接收探头。使用低倍的倍率和图像调整工具对样品进行定位和调整方向。根据需求选择所需的像素大小和扫描范围，较小的图像需要更高的像素密度以保持分辨率。根据需求选择适当的倍率，较高的倍率可以提高分辨率，但也可能导致图像失真。在计算机上显示成像结果。使用工具栏上的选项来调整图像的明暗度、对比度等参数。使用对焦工具对图像进行对焦，以获得最佳图像清晰度。一般情况下先用较低倍率查看取向、位置，再调高倍率。如果调整对焦困难，可以从高倍率到低倍率逐渐调整。可以使用扫描电镜的其他功能来观察图像，例如放大和缩小、旋转图像等。视需要保存成像结果以便后续分析。关机顺序为切断灯丝高压；将扫描电镜放大倍数调至最小，等待灯丝冷却5min后，放大气；关闭软件程序，关闭计算机；关闭服务器电源；关闭房间内总电源。

观察样品时要注意样品高度，样品的高度要小于卡尺的长度，样品观察面不能碰触到物镜下方的背散射电子探测器。更换样品时，也一定要先切断灯丝高压，待灯丝冷却5min以后再放气。开关样品室门动作要轻，不要使镜筒产生过大的震动。佩戴手套取放样品架，不能将手伸到样品室内，以防止碰伤各种探测器。更换样品后及时关门，样品室放气的时间不宜过长，一般不得超过20min。样品室内如果脏了，用无尘纸（布）擦拭，注意不要碰触探测器。仪器工作时，尤其在进行高倍数（>10000×时）照相时，禁止手扶或靠压在电镜系统上。仪器观察过程中，若暂时停止观察，应立即切断灯丝高压。若突然发生断电事故，应立即切断计算机电源开关再切断服务器电源开关，最后切断总电源开关。仪器使用完毕在记录本上记录使用情况，发现异常和故障，一定要及时登记，为以后的维修提供参考依据。

（4）仪器维护与保养

保持实验室的清洁，擦拭仪器时，要切断整个仪器的电源，用柔软的湿布擦，切忌用溶剂擦拭。为了尽可能延长闪烁体的寿命，应尽量提高冷却循环水的制冷效果和样品室的真空度，减少油气反流带来的污染。平时应尽量减少使用高的加速电压来观察和采集图像，以降低高能背散射电子对它的轰击。样品室内的探头不能用气球吹，尤其是二次电子的闪烁体。更换灯丝时，揭开电子枪，取下灯丝后，马上将电子枪还原并盖好，以防止脏物进入镜筒。系统从安装起就应一直保持真空，所以在长期不用或放假时，要求每隔五天抽真空一次。每季度检查一次涡轮分子泵油的颜色和液位，及时更换或补充专用真空油。检查冷水机的水管连接是否安全、牢靠，冷水机的流量、温度和压力是否合适。每个月检查冷却水箱的水位，发现水位下降应及时补充。

7.2.14 透射电子显微镜

透射电子显微镜

（1）基本原理

透射电子显微镜（transmission electron microscope，TEM）原理是把经加速和聚集的电子束投射到非常薄的样品上，电子与样品中的原子碰撞而改变方向，从而产生立体角散射。散射角的大小与样品的密度、厚度相关，因此可以形成明暗不同的影像，影像将在放大、聚焦后在成像器件（如荧光屏、胶片以及感光耦合组件）上显示出来。由于透射电镜具有原位观察、分辨显像等功能，适宜观察光学显微镜观察不到的细微结构。透射电镜可用于观测微粒的尺寸、形态、粒径大小、分布状况、粒径分布范围等，并可以采用统计平均方法计算粒径。

（2）开机前准备

透射电子显微镜需要专人负责管理和操作。室温应控制在20～25℃之间，温度要保持相对稳定，每小时的变化量应小于2℃。相对湿度最好控制在40%～70%之间。电子显微镜对振动和外来杂散磁场的干扰要求比较严格，要减少外来振动的干扰，实验室应尽量远离电梯间和大型设备，远离电站和配电间以及大功率的用电设备。当安装电镜的场所干扰磁场大于厂家所规定的要求时，电镜实验室应配备消磁器。要求独立供电，交流电压220V，误差小于10%，频率50Hz，配备30A或者32A的单相空气开关，单独地线，不可连接其他设备，接地电阻小于100 Ω。配备10kVA的稳压电源及不间断电源设备（UPS）。仪器周围至少保留0.8m维修空间。

（3）仪器使用

透射电镜要求样品一般应为厚度小于100nm的固体。在电镜电磁场作用下不会被吸出，可以附于极靴上，在高真空中能保持稳定。样品不能含有水分或其他易挥发物，含有水分或其他易挥发物的试样应先烘干。样品不能具有磁性和挥发性。样品通常放置在直径为3mm的200目载网上。

样品粉末需要经研磨后放置于去离子水或无水乙醇溶液里，将需要观察的样品溶液用超声波分散成悬浮液。样品悬液的浓度要适中，浓度太低在透射电镜下很难找到样品，浓度太高样品堆积影响观察。用滴管取几滴悬浮液滴在覆盖有支持膜的电镜载网上，待其干燥（或用滤纸吸干）后，即成为电镜观察用的样品。注意洗去样品中的表面活性剂，避免因碳污染影响观察。放入透射电镜前，铜网务必充分干燥，选择合适的支持膜。

接通透射电镜总电源，打开冷却水，接通抽真空开关，真空系统自动抽真空。一般经 15～20min 后，真空度即可达到要求，待高真空指示灯亮后，透射电镜即可开始使用。接通透射电镜镜筒内的电源，给电子枪和透镜供电，由低至高速级给电子枪加高压，直至所需值。通常在透射电镜电子枪加高压而关断灯丝电源的条件下置换样品。取出样品时，首先打开过渡室和样品空间的空气锁紧阀门，向外拉样品杆，然后将过渡室放气，拉出样品杆，从样品座中取出样品。换上所需观察的样品，必须将样品铜网牢固地夹持在样品杆的样品座中，然后将样品杆插入过渡室，抽过渡室低真空并使其达到真空度要求，打开过渡室和样品空间的空气锁紧阀，将样品杆推进样品室。顺时针方向转动透射电镜灯丝电流钮，慢慢加大灯丝电流，注意电子束流表的指示和荧光屏亮度，当灯丝电流加大到一定值时，束流表的指示和荧光屏亮度不再增大，即达到灯丝电流饱和值。当束流调到所需值后，推进样品杆，用样品平移传动装置把样品座调到观察位置，即可进行图像观察。首先在透射电镜低倍下观察，选择感兴趣的视场，并将其移到荧屏中央，然后调节透射电镜中间镜电流确定放大倍数，调节透射电镜物镜电流使荧光屏上的图像聚焦至最清晰。当荧光屏上的图像聚焦至最清晰时，便可进行照相记录。视需要保存成像结果以便后续分析。观察完毕，顺序关闭透射电镜灯丝电源、关断高压、镜筒内的电源、关断抽真空开关、约 30min 后关闭总电源和冷却水。仪器使用完毕在记录本上记录使用情况，发现异常和故障，一定要及时登记，为以后的维修提供参考依据。

透射电镜图像的分辨能力不仅取决于透射电镜本身的分辨率，还取决于样品结构的反差。透射电镜所用的光源是电子波，波长在非可见光范围内无颜色反应，所形成的图像是黑白图像，要求图像必须具有一定的反差。由于电子束的穿透能力较弱，样品必须制成超薄切片。透射电镜观察面小，载网直径为 3mm，超薄切片范围为 0.3～0.8mm。电子束的强烈照射，易损伤样品，使样品发生变形、升华等，甚至被击穿破裂，可能使观察结构产生假象。观察时透射电镜镜筒必须保持真空。

（4）仪器维护与保养

透射电镜及其附属设备中有高压电、低温、高压气流以及电离辐射等危险因素，不正确的使用有可能造成仪器损坏或者人身伤亡，因此一定要正确操作仪器。随时掌握透射电镜工作情况，随时注意观察图、光、声、真空、气压、电源的变化情况；检查透射电镜电子枪内的氟利昂是否降低、机械泵里的油是否降低到水平线以下等、环境温度和湿度要达到要求、电压要稳定、气体要清洁干燥、防止细颗粒和粉末等小样品掉入、防止碰撞。定期检查实验室危险因素并及时排除，作好记录。注意室内环境卫生，定期打扫，要求进入室内穿脚套，减少带入灰尘。

为保证仪器真空度，注意检查样品杆的 O 型圈，定期清洁和涂抹真空脂。每月检查一次循环水的水位，水位高度要高于水箱内维持水温的铜管。如果水位过低，则会造成电镜停机。保证每 3 个月换一次循环水，更换过滤水芯。每半年清洗一次循环水的散热器。空压机每 3 周放水一次，如果是梅雨季节，则每周一次，放水至空压机启动即可。每 2 个月检查一次机械泵油面，及时更换或补充专用真空油。仪器不用最好也一直保持真空，每周开启两天，保持良好仪器状态。

7.2.15 X射线衍射仪

（1）基本原理

X射线衍射仪（X-ray diffractometer，XRD）通过对样品进行X射线衍射，分析其衍射图谱，获得样品的成分、样品内部原子或分子的结构或形态等信息，用于确定晶体结构。样品的晶体结构导致入射X射线束衍射

X射线衍射仪

到许多特定方向。通过测量这些衍射光束的角度和强度，可以获得晶体内电子密度的三维图像。根据该电子密度，可以确定晶体中原子的平均位置，以及它们的化学键和各种其他信息。

（2）开机前准备

X射线衍射仪必须由专人保管、专人使用，使用人员必须经过专门培训。电源电压要求200～240V，单相，频率为50Hz或60Hz。环境温度应在15～25℃，相对湿度在20%～80%。仪器室保持无尘，无腐蚀性气体，无强烈震动。实验开始前，检查电源火线、零线、地线连接是否正确，电线是否有破损，确认无误后才能给装置通电。测试过程中，应重点注意设备部件，如高压发生器、电子组件等是否处在运行正常的状态中，以确保安全的测试环境。

（3）仪器使用

使用XRD仪器进行测试时，操作人员应遵守安全操作规程，戴上必要的防护装备（如手套、防护眼镜等）。在操作过程中，应避免接触射线或导致其散发出来。

待测样品应在干燥、无尘、有足够空气流动的地方制备。粉末样品应干燥，粒度一般要求约10～80μm，过200目（约0.08mm）筛，且避免颗粒不均匀。用药勺取适量样品于玻璃样品架中间的槽里，另取一块载玻片，用载玻片轻轻将样品压紧，并将高出样品架表面的多余粉末刮去，如此重复几次使样品表面平整。将样品架边缘的样品刮掉，擦干净即可进行测试。注意玻璃样品架易碎，使用要小心。制样时用力要均匀，不可力度过大，以免形成粉粒定向排列。样品一定要刮平，且与样品架表面高度一致，否则引起测量角度和对应值出现偏差。

开机前检查XRD仪器是否正常，冷却水循环水机是否漏水。开启电源、冷却水循环水机，再打开XRD系统电源，预热10～15min。打开X射线光源。每天第一次开机老化X射线管。调整样品台位置。确保样品自转轴垂直于X射线束，并且样品不与检测器相遮挡。将样品转动至合适位置，选取初试角度为10°，再根据测试要求和样品性质确定有效测试角度。确定采集角度范围，开始测试样品。为了保证测试结果的准确性，根据测试目的和样品性质确定测试曲线数量、采集时间和探测器屏模式等测试参数。测试中，注意避免因发生事故而导致测试样品被污染或破坏。测试完所有样品后将样品架先冲洗干净，然后置于超声清洗器中再次清洗干净，放在桌面上，并将桌面和地面垃圾清理干净。测试使用完毕在记录本上记录使用情况。

仪器玻璃门每次都要小心开关，轻推轻拉，避免猛力碰撞。注意关门后再开机，否则高压自动关闭，需复位系统高压发生器。升电压和电流时，注意先升电压，后升电流，不能升太快，关机时相反，先降电流后降电压。关闭高压后一定要等待5～10min后方可关闭主机电源，否则损害设备。不要随意改动设置条件，每次实验尽可能采用相同参数，否则无法比较。测量过

程中，切勿随意打开防护罩门。操作人员谨防 X 射线直射人体。由于仪器在工作过程使用变压器提供高压电源，仪器工作过程中严禁触碰操作面板上的按钮以外的任何按钮和配件，特别是线路。仪器在工作过程中禁止任何人员进入仪器背面区域，防止 X 射线对人体造成伤害。

（4）仪器维护与保养

保持实验室的清洁。定期清洁仪器内部以免灰尘聚集在某些重要部件的表面上，影响仪器的正常工作。当超过 1h 不用仪器时，将 X 射线管设定至待机状态；当超过两星期不用仪器时，将 X 射线管高压关闭；当超过 3 个月不用仪器时，将 X 射线管拆下。对新的 X 射线管、超过 100h 未曾使用和曾经从仪器上拆下的 X 射线管，必须进行正常老化。对超过 24h 但小于 100h 未曾使用的 X 射线管进行自动快速老化。每隔 2~3 个月定期更换循环水，温度设定 25℃（防止水的冷凝），定期更换滤芯。一般每年更换一个。

 章节习题

1. 简述通风柜安全使用的注意事项。
2. 对离心机的样品平衡有哪些要求？
3. 怎样正确清除原子吸收光谱仪燃烧器上的结晶？
4. 高效液相色谱仪实验结束后，有哪些处理工作？
5. 气相色谱仪所需钢瓶使用有哪些安全注意事项？
6. 扫描电镜和透射电镜的日常维护保养工作有哪些？
7. 简述在恒压过滤实验过程中应注意的主要事项。
8. 离心泵性能实验需要记录哪些数据？
9. 为什么在流化床干燥实验操作中要先开鼓风机送气，而后再通电加热？

参考文献

[1] 北京大学化学与分子工程学院实验室安全技术教学组. 化学实验室安全知识教程 [M]. 北京：北京大学出版社，2012.

[2] 叶宪曾，张新祥. 仪器分析教程 [M]. 北京：北京大学出版社，2007.

[3] 杨万ութ. 聚合物材料表征与测试 [M]. 北京：中国轻工业出版社，2008.

[4] 鲁登福，朱启军，龚跃法. 化学实验室安全与操作规范 [M]. 武汉：华中科技大学出版社，2021.

[5] 杨强，袁明康. 原子吸收光谱分析实验室危险源辨识、危险评价和事故控制措施："2002 全国爆炸与安全技术学术交流会"论文集 [C]. 中国兵工学会，2002：286-290.

[6] 方婷，苏秀. 高效液相色谱仪的使用和维护 [J]. 中国化工贸易，2017，9（11）：168.

[7] 张金利，郭翠梨，胡瑞杰，等. 化工原理实验 [M]. 天津：天津大学出版社，2016.

[8] 杨祖荣. 化工原理实验 [M]. 2 版. 北京：化学工业出版社，2022.

[9] 夏清，贾绍义. 化工原理（上册）[M]. 天津：天津大学出版社，2012.

[10] 夏清，贾绍义. 化工原理（下册）[M]. 天津：天津大学出版社，2012.

[11] 乐清华. 化学工程与工艺专业实验 [M]. 北京：化学工业出版社，2017.

[12] 李忠铭. 化学工程与工艺专业实验 [M]. 武汉：华中科技大学出版社，2013.

第8章

压力容器

压力容器

8.1 压力容器简介

压力容器一般指在工业生产中用于完成反应、传质、传热、分离和储存等生产工艺过程，并能承受一定压力的密闭容器，是化工、炼油、轻工、交通、食品、制药业、冶金、纺织、城建、海洋工程等传统部门所必需的关键设备，其中在化学工业与石油化学工业中应用最多。

8.1.1 压力容器的分类

从压力容器的使用特点和安全管理方面考虑，常把压力容器分为两大类，即固定式压力容器和移动式压力容器。

（1）固定式压力容器

固定式压力容器是指有固定的安装和使用地点，工艺条件和操作人员也比较固定。容器一般不是单独装设，而是使用管道与其他设备相连。固定式压力容器还可以按照设计压力、作用原理、介质特性等进行分类。

1）按设计压力

根据我国《固定式压力容器安全技术监察规程》规定，压力容器按设计压力分为：低压容器（代号 L）$0.1MPa \leqslant p < 1.6MPa$；中压容器（代号 M）$1.6MPa \leqslant p < 10.0MPa$；高压容器（代号 H）$10.0MPa \leqslant p < 100.0MPa$；超高压容器（代号 U）$p \geqslant 100.0MPa$。

2）按作用原理

按压力容器在生产工艺过程中的作用原理，具体划分如下。

反应压力容器（代号 R）：主要是用于完成介质的物理、化学反应的压力容器，如各种反应器、反应釜、聚合釜、合成塔、变换炉、煤气发生炉等。

换热压力容器（代号 E）：主要是用于完成介质的热量交换的压力容器，如各种热交换器、冷却器、冷凝器、蒸发器等。

分离压力容器（代号 S）：主要是用于完成介质的流体压力平衡缓冲和气体净化分离的

压力容器，如各种分离器、过滤器、集油器、洗涤器、吸收塔、铜洗塔、干燥塔、汽提塔、分汽缸、除氧器等。

储存压力容器（代号 C，其中球罐代号 B）：主要是用于储存或盛装气体、液体、液化气体等介质的压力容器，如各种型式的储罐。

值得注意的是，在一种压力容器中，如同时具备两个以上的工艺作用原理时，应当按工艺过程中的主要作用来划分。

3）按介质特性

在介质特性方面，为了在压力容器设计、制造、检验、使用中对安全要求不同的压力容器有区别地进行安全技术管理和监督检查，《固定式压力容器安全技术监察规程》将压力容器分为Ⅰ类、Ⅱ类、Ⅲ类。其分类方法是：首先根据介质特性，确定介质组别，选择类别划分图，再根据设计压力和容积值在不同介质分组图上标出坐标点，确定压力容器类别。

根据介质分组，《固定式压力容器安全技术监察规程》将压力容器的工作介质分为两组。第一组介质，即毒性程度为极度、高度危害的化学介质，易爆介质和液化气体；第二组介质，即除第一组介质以外的介质。介质危害性是指压力容器在生产过程中因事故致使介质与人体大量接触，发生爆炸，或者因经常泄漏引起职业性慢性危害的严重程度，用介质毒性危害程度和爆炸危险程度表示。

① 毒性介质：化学介质依据其与人接触的毒性危害指标划分为极度危害介质（Ⅰ级）、高度危害介质（Ⅱ级）、中度危害介质（Ⅲ级）、轻度危害介质（Ⅳ级）。《固定式压力容器安全技术监察规程》综合考虑急性毒性、最高允许浓度和职业性慢性危害等因素，极度危害介质最高允许浓度小于 $0.1mg/m^3$；高度危害介质最高允许浓度 $0.1\sim1.0mg/m^3$；中度危害介质最高允许浓度 $1.0\sim10.0mg/m^3$；轻度危害介质最高允许浓度大于或等于 $10.0mg/m^3$。《压力容器中化学介质毒性危害和爆炸危险程度分类标准》（HG/T 20660—2017）将化学介质定级采用毒物危害指数（THI）数值与国家产业政策相结合的方法，极度危害、高度危害、中度危害、轻度危害介质 THI 值范围分别为 ≥65、$\geq50\sim<65$、$\geq35\sim<50$、<35。

② 易爆介质：化学介质依据其在空气环境发生燃烧和爆炸的可能性指标划分为易爆介质（爆炸危险介质）、可燃介质、不燃介质。易爆介质指气体或液体的蒸气、薄雾与空气混合形成的爆炸混合物，并且其爆炸下限小于 10%，或者爆炸下限和爆炸上限的差值大于或等于 20%的介质。其中爆炸极限指一种可燃气体或蒸气与空气或氧气形成的混合物遇火源能发生爆炸的浓度范围。爆炸限域分下限和上限，能使火焰蔓延的最低浓度，称作该气体的爆炸下限；能使火焰蔓延的最高浓度，称作该气体的爆炸上限。常见不同危害程度的化学介质见表 8-1。

表 8-1　常见不同危害程度的化学介质

序号	介质分组		化学介质名称
1	毒性介质	极度危害（Ⅰ级）	苯、苯并［α］芘、汞（水银）、光气、环氧乙烷、二甲基亚硝胺、甲醛、硫酸、氯乙烯、三氯乙烯等
		高度危害（Ⅱ级）	苯胺、苯酚、臭氧、二硫化碳、二氧化碳、二氧化氮、氟、硫化氢、氯、氯化苄、氰、氰化氢、三氯甲烷、三氧化硫等
		中度危害（Ⅲ级）	氨、吡啶、（邻、间、对）二甲苯、甲苯、甲酸、糠醛、喹啉、吗啡、萘、四氯化碳、硝基苯、硝酸、乙炔、乙酸等
2	爆炸介质		苯、甲苯、苯酚、苯甲醛、苯甲醚、吡啶、丙酸、丙酮、丙烷、丁腈、二甲苯（邻、间、对）、二甲醚、二硫化碳、呋喃、氢、甲醇、甲醛、甲酸、甲烷、喹啉、联苯、一氧化碳、乙炔等

③ 介质毒性危害程度和爆炸危险程度：化学介质的毒性危害和爆炸危险程度系指压力容器在工作过程中因事故泄漏致使介质与人体接触造成伤害，或者因事故泄漏导致发生爆炸危险的严重程度。化学介质毒性危害程度也包括职业性接触毒物可能导致的健康损害和不良健康影响。

压力容器介质的毒性危害程度和爆炸危险程度按照《压力容器中化学介质毒性危害和爆炸危险程度分类标准》确定，该行业标准没有规定的，由压力容器设计单位参照《职业性接触毒物危害程度分级》（GBZ/T 230—2010）的原则，决定介质组别。

工作介质特性确定后，对第一组介质，压力容器的分类见图 8-1；对第二组介质，压力容器的分类见图 8-2。

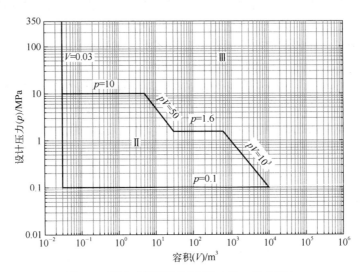

图 8-1　压力容器类别划分图（第一组介质）

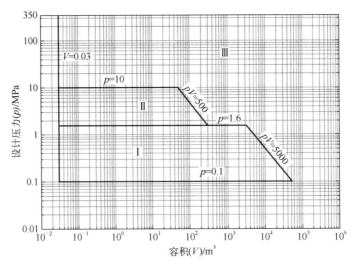

图 8-2　压力容器类别划分图（第二组介质）

（2）移动式压力容器

移动式压力容器的主要作用是储装和运输有压力的气体或液化气体。容器在气体制造厂充装气体，然后运送到使用单位使用。这类容器没有固定的使用地点，一般也没有专职的使用操作人员，使用环境经常更换，不确定因素较多，管理比较复杂，因而也比较容易发生事故。移动式压力容器是指铁路罐车、汽车罐车、罐式集装箱中用于充装介质的罐体类压力容器或长管拖车、管束式集装箱用于充装介质的气瓶类压力容器。

移动式压力容器应同时具备下列条件：

① 具有装卸介质功能，并且参与铁路、公路或者水路运输；

② 罐体工作压力大于或者等于 0.1MPa，气瓶公称工作压力大于或者等于 0.2MPa；

③ 罐体容积大于或者等于 450L，气瓶容积大于或者等于 1000L；

④ 充装介质为气体以及最高工作温度高于或者等于其标准沸点的液体。

按照运输时介质的物理状态不同，气体可以分为压缩气体、高（低）压液化气体、冷冻液化气体等。

① 压缩气体，是指在-50℃下加压时完全是气态的气体，包括临界温度低于或者等于-50℃的气体。

② 高（低）压液化气体，是指在-50℃下加压时部分是液态的气体，包括临界温度在-50～65℃的高压液化气体和临界温度高于 65℃的低压液化气体。

③ 冷冻液化气体，是指在运输过程中由于温度低而部分呈液态的气体（临界温度一般低于或等于-50℃）。

8.1.2　压力容器安全附件

压力容器的安全装置是指为了使压力容器能够安全运行而装设在设备上的一种附属机构，又常称为安全附件。压力容器主要安全附件包括：安全阀、爆破片、压力表、液位计等。这些安全附件的灵敏可靠是压力容器安全工作的重要保证。

压力容器的安全装置，按使用性能或用途可以分为以下四大类型：

① 联锁装置——为了防止人为操作失误而设置的控制机构，如紧急切断装置、联锁开关、联动阀等；

② 警报装置——容器在运行过程中出现不安全因素而使容器处于危险状态时能自动给出声响或其他明显报警信号的仪器，如压力报警器、温度监测仪、液位报警器等；

③ 计量装置——能自动显示容器运行中与安全有关的工艺参数的器具，如压力表、温度计、液位计等；

④ 超压泄放装置——容器或系统内介质压力超过额定压力时，能自动地泄放部分或全部介质，以防止容器压力持续升高而威胁到容器正常使用的自动装置，如安全阀、爆破片等。

在压力容器的安全装置中，最常用且最关键的是超压泄放装置。超压泄放装置按工作原理和结构形式可以分为阀型、断裂型、熔化型和组合型等。

① 阀型泄压装置就是常用的安全阀。它是通过阀的自动开启排出气体来降低容器内的过高压力。其特点是仅仅排出容器内高于规定部分的压力，当容器内压力降至正常操作压力时，即自动关闭。这样可避免容器因出现超压就得把全部气体排出而造成物料浪费或中断生产，因此被广泛采用。其缺点是：密封性较差，即使是合格的安全阀，在正常工作压力下也难免有轻微的泄漏；由于弹簧的惯性作用，阀有开启滞后现象，因而泄压反应较慢；用于一些不洁净的气体时，阀口有被堵塞或阀瓣有被黏住的可能。同时，安全阀对压力容器的介质有选

择性，它适用于比较洁净的气体（如空气、水蒸气等），不宜用于有毒性的介质，更不适用于有可能发生剧烈化学反应而使容器内压力急剧升高的介质。

② 断裂型泄压装置常用的是爆破片和爆破帽。前者用于中、低压容器，后者用于高压和超高压容器。它是通过装置元件（爆破片、爆破帽）的破裂排出容器内的气体的。特点是密封性能好、泄压反应较快，气体内所含的污物对它的影响较小等。但是由于它在完成泄压后不能继续使用，而且容器也得停止运行，更换新的，所以一般只被用于不宜装设阀型泄压装置的容器上。断裂型泄压装置宜于介质有剧毒的容器和器内因化学反应使压力急剧升高的容器，不宜用于液化气体储罐。

③ 熔化型泄压装置就是常用的易熔塞。它是利用装置内的低熔点合金在较高温度下熔化，打开通路，使容器内的气体从原来填充有易熔合金的孔中排出而泄放压力的。主要用于防止容器由温度升高而发生的超压，一般多用于液化气体钢瓶。

④ 组合型泄压装置是一种同时具有阀型和断裂型或者是阀型和熔化型的泄压装置。常见的有弹簧安全阀和爆破片的组合型。它同时具有阀型和断裂型的优点，既能防止阀型安全泄压装置的泄漏，又可以在排放过高的压力以后使容器继续运行。

（1）安全阀

压力容器主要安全附件之一安全阀结构比较简单，主要由阀座、阀瓣和加载机构三部分组成。阀座和座体有的是一个整体，有的是组装在一起，与容器连通。阀瓣通常带有阀杆，紧扣在阀座上。阀瓣上面是加载机构，用来调节载荷的大小。当容器内的压力在规定的工作压力范围之内时，容器内介质作用于阀瓣上的力小于加载机构施加在它上面的力，两者之差构成阀瓣与阀座之间的密封力，使阀瓣紧压着阀座，容器内的气体无法排出；当容器内的压力超过规定的工作压力并达到安全阀的开启压力时，介质作用于阀瓣上的力大于加载机构施加在它上面的力，于是阀瓣离开阀座，安全阀开启，容器内的气体通过阀座排出。

安全阀是通过作用在阀瓣上的两个力的不平衡作用，来使它关闭或开启，以达到自动控制压力容器超压的目的。安全阀可以分以下几类，按加载机构分类有重锤杠杆式安全阀、弹簧式安全阀、脉冲式安全阀；按安全阀的开启高度分类有全启式安全阀、微启式安全阀；按介质的排放方式分类有开放式安全阀、半封闭式安全阀、全封闭式安全阀。

（2）爆破片

压力容器主要安全附件之一爆破片也叫防爆膜（片、板），属于断裂型安全泄压装置。当压力容器内的压力超过正常工作压力，达到爆破片的标定爆破压力时，爆破片自行爆破，压力容器的气体通过爆破片向外排出，从而避免了压力容器本体发生重大恶性事故。爆破片适用于易于结晶、聚合或带有较多的黏性物质，即容易堵塞安全阀出口或将安全阀的阀芯黏合，或由物料的反应剧烈，操作稍有不当就会引起超压的情况。上述各种情况，安全阀常常不能及时泄压，危及生产。

以下情况不宜选择安全阀，须选择爆破片：工作介质为不洁净气体的压力容器；由于物料的化学反应可能使压力迅速上升的压力容器；工作介质为剧毒气体的压力容器；介质为强腐蚀介质的压力容器。

爆破片的类型一般是根据爆破片材料、外观形状、受力形式与破坏动作的不同来分类。按材料分类可分为金属爆破片和非金属爆破片；按成品外观形状分类有正拱形、反拱形和平板形；按受力形式分类有爆破形、致破形和脱落形。爆破片的结构形式很多，按受破坏的作用原理和结构形式，可分为四大类：受拉伸破坏的爆破片、受剪切破坏的爆破片、受弯曲破坏的爆破片、受失稳破坏的爆破片。

（3）压力表

压力表是一种测量压力大小的仪表，可用来测量容器的实际压力值。操作人员可以根据压力表指示的压力对容器进行操作，将压力控制在允许的范围内。压力表一般可分为液柱式、弹性元件式、活塞式和电量式四大类，其中弹性元件使用最多。根据弹性元件结构特点，此类测量仪表又可以分为单圈弹簧管式、螺旋形（多圈）弹簧管式、薄膜式（包括波纹平膜式和薄膜式）、波纹筒式和远距离传送式等多种形式。目前石油化工装置中广泛采用单圈弹簧管式压力表。

（4）液位计

计量罐、中间罐、盛装液化气体的储存容器，包括大型球形储罐、卧式储罐、槽（罐）车和气液相反应容器都必须装设液位计。液位计是根据连通管原理制成的，结构比较简单。常用的有玻璃管式液位计、玻璃板式液位计、浮球液位计、旋转管式液位计、滑管式液位计等。

① 玻璃管式液位计的结构简单，由上阀体、下阀体、玻璃管和放水阀等构件组成。玻璃管式液位计安装维修方便，通常应用在工作压力为 0.6MPa 和介质为非易燃易爆或无毒的容器中。

② 玻璃板式液位计主要由上阀体、下阀体、框盒、平板玻璃等构件组成。玻璃板式液位计具有读数直观、结构简单、价格便宜的优点。由于板式液位计比管式液位计耐高压、安全可靠性好，所以凡是介质为易燃、剧毒、有毒、压力和温度较高的压力容器，采用板式液位计比较安全。固定式压力容器常用的液位计有玻璃管式液位计和玻璃板式液位计两种。

③ 浮球液位计的工作原理是当容器内液位升降时，以浮球为感受元件，带动连杆结构通过一对齿轮使相互隔绝的一组门形磁钢转动，并带动指针，使得刻度盘上指示出容器内的充装量。浮球液位计多安装在各类液化气体槽车和油品槽车上。

④ 滑管式液位计主要由套管、带刻度的滑管、阀门和护罩等组成，一般用于液化石油气槽车、铁路槽车和地下储罐。测量液位时，将带有刻度的滑管拔出，当有液态液化石油气流出时，即知液位高度。

⑤ 旋转管式液位计主要由旋转管、刻度盘、指针、阀芯等组成，一般用于液化石油气槽车和活动罐上。

（5）温度计

关于压力容器的温度计，压力容器测温通常有两种形式，一种是测量容器内工作介质的温度，使工作介质的温度控制在规定的范围内，以满足生产工艺的需要；另一种是对需要控制壁温的压力容器进行壁温测量，防止壁温超过金属材料的允许温度。

压力容器上常用的测温仪表有玻璃温度计、压力式温度计、热电偶温度计、热电阻温度计、辐射式温度计等。有时温度计与超温报警器连在一起，当温度发生异常时，即自动发出警报信号。

1）玻璃温度计

玻璃温度计是根据水银、乙醇、甲苯等液体具有热胀冷缩的物理性质制成的，在工业锅炉中使用最多的是水银玻璃温度计。

2）压力式温度计

压力式温度计是根据温包里的气体或液体因受热而改变压力的性质制成的，压力式温度计一般分为指示式和记录式两种，前者可直接从表盘上读出当时的温度数值；后者有自动记录装置，可记录出不同时间的温度数值。

压力式温度计适用于远距离测量非腐蚀性气体或液体的温度，被测介质压力不超过6.0MPa，温度不超过400℃。它的优点是温度指示部分可以离开测点，使用方便；缺点是精度较低，金属软管容易损坏，且不易修复。

3）热电偶温度计

热电偶温度计是目前工业生产中普遍使用的一种测温元件，热电偶温度计的优点是灵敏度高、测量范围广（–200～2000℃），便于远距离测量和自动记录等。缺点是需要补偿导线，安装费用较贵。

4）热电阻温度计

热电阻温度计是利用金属、半导体的电阻值随温度变化而变化的特性来测量温度，目前由纯金属制造的热电阻主要有铂热电阻、铜热电阻和镍热电阻，热电阻温度计的优点是精度较高，便于远距离测量和自动记录，测温范围为–200～650℃，缺点是维护工作量较热电偶温度计大，在振动场合易损坏。

5）辐射式温度计

辐射式温度计是利用物质的热辐射特性来测量温度的，常用于测量火焰、钢液等不能直接测量的高温场合。

（6）视镜

关于视镜，在设备筒体和封头上装视镜，主要为观察设备内部情况，也可作为料面的指示镜。视镜的结构类型很多，它已标准化，其尺寸有公称直径（DN）50～150mm 五种，常用的有两种基本结构形式：凸缘视镜和带颈视镜。凸缘视镜是由凸缘组成，结构简单，不易结料，视察范围大。带颈视镜适宜视镜需要斜架或设备直径较小的场合。

8.1.3 压力容器与特种设备

关于压力容器的界限，目前各国都有规定，尽管其规定可能有所不同，但是基本原则是一致的：指的是那些比较容易出事故，且事故的危害性较大的容器设备。一般来说，压力容器发生事故的可能性和危害程度与所盛装的工作介质、工作压力和容积有关。

工作介质指的是容器所盛装的或在容器中参与反应的物质。压力容器爆破时所释放的能量大小首先与其工作介质的物性、状态有关。从物质的物性、状态考虑，压力容器的工作介质应该包括压缩气体、水蒸气、液化气体和工作温度高于其标准沸点的饱和液体。除此之外，还应考虑容器的工作压力和容积。工作压力和容积范围的划分，一般都是人为地加以规定，而不像工作介质那样有一个明显的界限，对这种范围，一般都规定了一个下限值。目前，根据《固定式压力容器安全技术监察规程》（TSG 21—2016）的规定，纳入我国监察范围的固定式压力容器应是同时具备下列三个条件的容器：

① 工作压力大于或者等于 0.1MPa［工作压力是指压力容器在正常工作情况下，其顶部

可能达到的最高压力（表压力）]。

②　容积大于或者等于 0.03m³，并且内直径（非圆形截面指截面内边界最大几何尺寸）大于或者等于 150mm。

③　盛装介质为气体、液化气体以及介质最高工作温度高于或者等于其标准沸点的液体。

特种设备是指涉及生命安全、危险性较大的锅炉、压力容器（含气瓶）、压力管道、电梯、起重机械、客运索道、大型游乐设施和场（厂）内专用机动车辆这八大类设备。根据国家质检总局 2014 年 11 月公布的新修订的《特种设备目录》，满足以下任一条件的压力容器属于特种设备：指盛装气体或者液体，承载一定压力的密闭设备，其范围规定为最高工作压力大于或者等于 0.1MPa（表压）的气体、液化气体和最高工作温度高于或者等于标准沸点的液体、容积大于或者等于 30L 且内直径（非圆形截面指面内边界最大几何尺寸）大于或者等于 150mm 的固定式容器和移动式容器；盛装公称工作压力大于或者等于 0.2MPa（表压），且压力与容积的乘积大于或者等于 1.0MPa•L 的气体、液化气体和标准沸点等于或者低于 60℃液体的气瓶；氧舱。

8.1.4　压力容器事故原因分析

压力容器作为一种特殊设备，由国家设置专门机构进行安全监督，其主要原因是它的事故发生率要比一般机械设备高得多，且事故的危害往往又特别严重。

压力容器事故发生率高有技术方面和管理方面的原因。

（1）技术方面的原因

①　工作条件恶劣。压力容器一般在较高的压力下工作，有时还处于高温或低温下工作，有的压力容器还盛装有毒、易燃、易爆或腐蚀性介质，工况环境比较恶劣。

②　局部应力复杂。压力容器的结构虽然简单，但受力情况复杂，特别是在容器开孔处及其他结构不连续处，常会因过高的局部应力和反复的加载、卸载而造成疲劳破裂。

③　容易造成超压。压力容器在运行中容易产生超压。自身不产生压力的压力容器，当输入气量大于输出气量、输送管道被异物堵塞、阀门操作失误时造成超压；自身产生压力的容器，常因装料过量、反应器中产物发生异常化学反应、操作失误时造成超压。

④　容器本身常隐藏有严重缺陷。焊接或锻制的容器，常会在制造时留下微小裂纹等严重缺陷，这些缺陷若在运行中不断扩大，或在适当的条件（如使用温度、工作介质等）下都会使容器突然破裂。

（2）管理方面的原因

①　压力容器管理、操作不符合要求。企业不配备或缺乏懂得压力容器专业知识和了解国家对压力容器的有关法规、标准的技术管理人员，压力容器操作人员未经必要的专业培训和考核，无证上岗，极易造成操作事故。

②　压力容器管理处于"四无状态"。即一无安全操作规程，二无压力容器技术档案，三无压力容器持证上岗人员和相关管理人员，四无定期检验管理，使压力容器和安全附件处于盲目使用、盲目管理的失控状态。

③　擅自改变使用条件，擅自修理改造。经营者无视压力容器安全，为了适应某种工艺需

要而随意改变压力容器的用途和使用条件，甚至带"病"操作，违规超负荷生产等造成严重后果。

④ 地方政府应急管理部门和相关行政执法部门管理不到位。应急管理部门和相关行政执法部门的工作未能适应经济的快速发展，特别是新兴产业发展以及规模小、分布广的民营和私营企业的急增，使压力容器的安全监察管理存在盲区和管理不到位的现象，助长了压力容器的违法使用和违规管理。

8.1.5　压力容器规范标准

为了确保压力容器在设计寿命内安全运行，世界各工业国家都制定了一系列压力容器规范标准，给出材料、设计、制造、检验等各方面的基本要求。压力容器的设计必须满足这些要求，否则就要承担相应的后果。

（1）压力容器部分国家标准

① 《承压设备带压密封剂技术条件》（GB/T 26556—2011）

② 《承压设备带压密封夹具设计规范》（GB/T 26468—2011）

③ 《承压设备带压密封技术规范》（GB/T 26467—2011）

④ 《承压设备用钢板和钢带　第 6 部分：调质高强度钢》（GB/T 713.6—2023）

⑤ 《氟塑料衬里压力容器　通用技术条件》（GB/T 26501—2011）

⑥ 《化工压力容器用磁浮子液位计》（GB/T 25153—2010）

⑦ 《压力容器封头》（GB/T 25198—2023）

⑧ 《承压设备用钢板和钢带　第 4 部分：规定低温性能的镍合金钢》（GB/T 713.4—2023）

⑨ 《压力容器用视镜玻璃》（GB/T 23259—2009）

⑩ 《承压设备用钢板和钢带　第 3 部分：规定低温性能的低合金钢》（GB/T 713.3—2023）

⑪ 《承压设备用钢板和钢带　第 2 部分：规定温度性能的非合金钢和合金钢》（GB/T 713.2—2023）

⑫ 《石墨制压力容器》（GB/T 21432—2021）

⑬ 《不锈钢压力容器晶间腐蚀敏感性检验》（GB/T 21433—2008）

⑭ 《不锈钢热轧钢板和钢带》（GB/T 4237—2015）

⑮ 《蓄能压力容器》（GB/T 20663—2017）

⑯ 《管线钢和压力容器钢抗氢致开裂评定方法》（GB/T 8650—2015）

⑰ 《纤维缠绕压力容器制备和内压试验方法》（GB/T 6058—2005）

⑱ 《危险货物中小型压力容器检验安全规范》（GB 19521.14—2004）

⑲ 《在用含缺陷压力容器安全评定》（GB/T 19624—2019）

⑳ 《压力容器公称直径》（GB/T 9019—2015）

㉑ 《固定式真空绝热深冷压力容器　第 2 部分：材料》（GB/T 18442.2—2019）

㉒ 《金属压力容器声发射检测及结果评价方法》（GB/T 18182—2012）

㉓ 《钢制管法兰　第 1 部分：PN 系列》（GB/T 9124.1—2019）和《钢制管法兰　第 2 部分：Class 系列》（GB/T 9124.2—2019）

㉔ 《输送流体用无缝钢管》（GB/T 8163—2018）

㉕ 《热交换器》（GB/T 151—2014）

㉖ 《压力容器》系列标准（GB/T 150.1—2024～GB/T 150.4—2024）

㉗ 《钢制球形储罐》（GB/T 12337—2014）

㉘ 《压力容器波形膨胀节》（GB/T 16749—2018）

㉙ 《承压设备介质危害分类导则》（GB/T 42594—2023）

㉚ 《移动式压力容器修理导则》（GB/T 42605—2023）

（2）气瓶主要国家标准

① 《气瓶用易熔合金塞装置》（GB/T 8337—2011）

② 《乙炔气瓶》（GB/T 11638—2020）

③ 《钢质焊接气瓶》（GB/T 5100—2020）

④ 《车用压缩天然气瓶阀》（GB/T 17926—2022）

⑤ 《焊接绝热气瓶》（GB/T 24159—2022）

⑥ 《气瓶阀通用技术要求》（GB/T 15382—2021）

⑦ 《液化气体气瓶充装规定》（GB/T 14193—2009）

⑧ 《溶解乙炔气瓶充装规定》（GB/T 13591—2009）

⑨ 《溶解乙炔气瓶定期检验与评定》（GB/T 13076—2009）

⑩ 《车用高压储氢气瓶组合阀门》（GB/T 42536—2023）

⑪ 《气瓶用无缝钢管》（GB/T 18248—2021）

⑫ 《无缝气瓶用钢坯》（GB/T 13447—2008）

⑬ 《焊接气瓶用钢板和钢带》（GB/T 6653—2017）

⑭ 《压缩气体气瓶充装规定》（GB/T 14194—2017）

⑮ 《液化石油气瓶阀》（GB 7512—2023）

⑯ 《铝合金无缝气瓶定期检验与评定》（GB/T 13077—2004）

⑰ 《铝合金无缝气瓶》（GB/T 11640—2021）

⑱ 《气瓶充装站安全技术条件》（GB/T 27550—2011）

⑲ 《钢质焊接气瓶定期检验与评定》（GB/T 13075—2016）

⑳ 《钢质无缝气瓶定期检验与评定》（GB/T 13004—2016）

㉑ 《气瓶检验机构技术条件》（GB/T 12135—2016）

㉒ 《气瓶颜色标志》（GB/T 7144—2016）

㉓ 《气瓶水压试验方法》（GB/T 9251—2022）

㉔ 《气瓶用爆破片安全装置》（GB/T 16918—2017）

㉕ 《气瓶警示标签》（GB/T 16804—2011）

㉖ 《气瓶型号命名方法》（GB/T 15384—2011）

㉗ 《钢质无缝气瓶》系列标准（GB/T 5099.1—2017、GB/T 5099.3—2017、GB/T 5099.4—2017）

㉘ 《气瓶术语》（GB/T 13005—2011）

㉙ 《瓶装气体分类》（GB/T 16163—2012）

㉚ 《气瓶充装站安全技术条件》（GB/T 27550—2011）

㉛ 《汽车用压缩天然气金属内胆纤维环缠绕气瓶定期检验与评定》（GB/T 24162—2022）

㉜ 《气瓶安全泄压装置》（GB/T 33215—2016）

㉝ 《气瓶搬运、装卸、储存和使用安全规定》（GB/T 34525—2017）

㉞ 《检验检测实验室技术要求验收规范》（GB/T 37140—2018）

（3）其他规程、规范

① 《固定式压力容器安全技术监察规程》（TSG 21—2016）

② 《移动式压力容器安全技术监察规程》（TSG R0005—2011）

③ 《气瓶安全技术规程》（TSG 23—2021）

④ 《工业企业可燃气体和有毒气体报警系统安全检测技术规范》（DB36/T 759—2019）

此外，各行业也有相应的行业标准。安全技术法规和容器标准同时实施，构成了中国压力容器产品完整的国家质量标准和安全管理法规体系。

8.2 高压容器

8.2.1 液氮罐

液氮罐是一种专门用于存储和运输液态氮（−196℃）的设备。它采用高强度不锈钢制造，具有优异的耐腐蚀性和密封性能。

（1）液氮罐的分类

按照用途分类可分为：液氮贮存罐、液氮贮运罐、自增压液氮罐。

① 液氮贮存罐（储存型）：液氮保存时间长，适用于静置室内长时间保存活性生物材料，不宜在工作状态下作远距离运输使用。液氮贮存罐（储存型）一般配有若干圆形提桶，可以用来放置标本、细胞等做低温保藏。液氮贮存罐（储存型）广泛应用于科研、工业、医疗等领域。

② 液氮贮运罐（运输型）：为了满足运输的条件，作了专门的防震设计，在内胆加设支撑，耐运输和震动，适用于室内静置和长途运输两用。但作运输使用时也应避免剧烈的碰撞和震动。

③ 自增压液氮罐：产品结构上设置有液氮汽化自增压管道，利用容器外的热量，使少许液氮汽化产生压力，将液氮输出。不能存储除液氮以外的其他任何东西，可用于运输。

另外，根据其他不同的定义标准还包括其他一些类型的液氮罐，具体内容如下。

① 玻璃内胆液氮罐：玻璃内胆液氮罐也叫玻璃杜瓦，是储藏液态气体、低温研究和晶体元件保护的一种较理想容器和工具。

② 加气输液型液氮罐：加气输液型液氮罐实际上和自增压液氮罐相似，自增压液氮罐是通过内部液氮汽化产生压力排出液氮。

③ 自排液液氮罐：自排液液氮罐实际上也是个自增压液氮罐，在罐口上装置了一个液氮泵，在液氮泵上装有手捏式橡胶球。原理是利用捏橡胶球的时候将少许的液氮吸入汽化室，

产生汽化增大体积产生压力，最后将液氮罐里的液氮排出。

按照容积分类，可以分为以下几类。

① 贮存式液氮容器容积从大到小：2L、3L、5L、6L、10L、15L、20L、30L、35L。

② 运输贮存两用式液氮生物容器容积从小到大：10L、15L、30L、35L、50L、100L。

③ 自增压式液氮容器容积一般分为：50L、100L、175L、200L、300L、500L。

（2）液氮罐的搬运

运输人员必须接受过液氮运输的一系列培训，具备相关的专业知识和技能，知晓应急处理程序。搬运过程中，运输人员需配备适当的个人防护设备，如防寒服和手套等。运输装置必须符合相关法规和标准要求，具有稳定的运输性能。在运输途中必须使用固定装置，可以用尼龙绳或其他物体进行固定，并在液氮罐两侧和底部采用海绵或者软垫保护。在液氮运输前，运输装置必须进行安全检查。液氮罐的搬运移动需保持垂直，禁止放倒液氮罐横向滚动。体积较大的液氮罐装卸车时，应选用手推车或使用专用吊篮等，避免磕碰或坠落。体积较小的便携式液氮罐可拉着设备把手直接搬运。运输过程中，应保持液氮的低温状态，避免因外部温度升高导致液氮的蒸发。应严格控制装置压力，避免压力过高造成风险。应避免液氮与其他物质的接触，例如有毒或易燃物品，并远离明火和热源。箱体要保持良好的通风，避免造成人员缺氧或窒息。液氮运输应配备标识符号，包括液氮存放容器的名称、容量、性质、温度等信息。准备应急处理措施，以应对液氮可能泄漏或其他危险情况。

（3）液氮罐的装卸

在液氮罐进行装卸前，必须检查液氮容器是否封闭严密，阀门是否正常关闭，确保容器安全可靠、无泄漏和容器状态正常。在卸载时，要先将安全阀开启，确保压力稳定，并在适当的时间内完成卸载，避免超时操作产生安全隐患。液氮装卸过程中，要保持通风良好，避免在密闭空间进行装卸。装卸工作现场，必须要加强人员控制，禁止非工作人员进入装卸区。装卸时，装卸人员需要佩戴手套、防护眼镜等相应的安全防护用品，避免人身伤害。液氮属于易燃易爆品，不得与可燃物质接触。液氮容器应该处于直立状态，且保持容器的平稳状态和稳定。在托盘、箱或车厢中，必须建立压力控制系统，保持液氮的压力稳定在安全范围内。同时，装载前应检查气压表和安全阀，确保其完好无损。在装卸过程中，必须随时监测压力，并设置安全阀保障人身和设备安全。安全阀的设置压力一般要略高于设定工作压力。在装卸过程中，必须按照安全要求进行操作，选用专业的液氮装卸工具。在装车时，应平稳倾斜，并确保液氮容器内部压力达到设定范围。在卸车时，也要保持平稳，避免发生侧倾或碰撞，导致液氮泄漏和事故发生。

（4）液氮罐的存放

放置液氮罐的场所应宽敞、干燥、通风良好，避免阳光直射和高温，并远离火源、高温设备和其他易燃物品。场所地面应平整、防滑，避免液氮罐倾倒或滚动造成意外伤害。将液氮罐水平放置，确保罐体受力均匀，不能倾斜、横放、颠倒、堆压、相互撞击或与其他物件碰撞，要做到轻拿轻放，避免变形和破裂，以免影响正常使用和造成安全隐患。放置液氮罐时，安全距离取决于多种因素，包括液氮罐的容积、存放位置、周围环境以及相关安全规定。应确保罐体与周围物体之间的间距合适，避免相互碰撞和摩擦。液氮储罐与建筑物的安全距离应根据储罐的容积大小设定。例如，容积小于 10L 的液氮储罐与建筑物之间的距离不得小于 3m；容积在 10L 到 30L 之间的液氮储罐与建筑物之间的距离不得小于 5m。

（5）液氮贮存罐的安全使用及注意事项

① 人员培训。操作人员必须接受过液氮使用的一系列培训，具备相关的专业知识和技能，知晓应急处理程序。使用过程中，操作人员需配备适当的个人防护设备，如防寒服和手套等。

② 使用前的检查。液氮罐在充填液氮之前，首先要检查外壳有无凹陷，真空排气口是否完好。若被碰坏，真空度则会降低，严重时进气不能保温，这样罐上部会结霜，液氮损耗大，应停止使用。检查罐的内部，若有异物，必须取出，以防内胆被腐蚀。

③ 液氮的补充。使用液氮罐长期贮存物品时，要注意及时补充液氮。对于新液氮罐或处于干燥状态的液氮罐充装切勿过快，应先少量注入，使内胆逐渐冷却，液氮沸腾现象减弱后再加快充注速度，否则液氮会沸腾向外飞溅，引起冻伤；以防降温太快损坏内胆，减少使用年限。充填液氮时不要将液氮倒在真空排气口上，以免造成真空度下降。盖塞是用绝热材料制造的，既能防止液氮蒸发，也能起到固定提筒的作用，所以开关时要尽量减少磨损，以延长使用寿命。液氮不宜充装过满，切勿使液面高到与玻璃钢颈管接触，液氮液面以不低于冷藏物品为宜。

④ 使用中检查。检查液氮贮存量时，可使用称重法或手电筒照射法，用一木尺插入液氮罐容器底部中心，约 10～15s 后取出，其结霜长度即为液面高度；切勿用空心管检查，以防液氮从管内喷出伤人；液面最低不能低于冷藏物体最高面，要保证液氮将冷藏物淹没。当液氮蒸损至冷藏物将要露出液面时，应及时补充液氮。使用过程中注意观测或用手触摸液氮罐外壳，若发现外表挂霜，应停止使用。若颈管内壁附霜结冰时不宜用小刀去刮，以防颈管内壁受到破坏，造成真空不良，而是应将液氮取出，让其自然融化。容器首次充装液氮以及长期停用后重新充装液氮时，因内胆是常温，需严格遵循预冷和逐步充装原则，避免因温差骤变导致内胆材料收缩不均或产生裂纹。

⑤ 使用安全附件。使用液氮罐时，必须配备安全阀、压力表、输液管道等安全附件，以确保使用过程的安全性。安全阀应定期检查和维护，保证其正常工作和密封性能。压力表应选用精度适中、量程合适的型号，并定期进行校准和维护。输液管道应选用耐低温、耐腐蚀的材料，并确保连接牢固、密封性好。

⑥ 定期检查和维护。定期检查液氮罐的外观，包括罐体是否有变形、裂纹、腐蚀等问题。定期检查安全附件是否正常工作，如有故障应及时维修或更换。定期进行压力测试和泄漏检测，确保液氮罐的正常工作和密封性能。对于长期存储的液氮罐，应定期进行排空和清洗，以防止残留物对罐体和安全附件的影响。一般液氮罐使用一年后，要清洗消毒一次。液氮罐内的液氮挥发完后，所剩遗漏物质融化成液态物质附在内胆上，会对铝合金内胆造成腐蚀，若形成空洞，液氮罐就会报废。因此，液氮罐内液氮耗尽后，对罐进行刷洗是十分必要的。清洗时要先用中性洗涤剂洗刷，再用不高于 40℃ 的温水冲洗干净，将水排净，用鼓风机吹干，待内胆充分干燥后，才可再充装液氮。具体的刷洗办法：首先把液氮罐内提筒取出，液氮移出，放置 2～3 天，待罐内温度上升到 0℃ 左右，再倒入 30℃ 左右的温水，用布擦洗。若发现个别融化物质黏在内胆底上，一定要细心洗刷干净。再用清水冲洗数次，之后倒置液氮罐，放在室内安全不宜翻倒处，自然风干，或如前所述用鼓风机风干。注意在整个刷洗过程中，动作要轻慢，倒入水的温度不可超过 40℃。

⑦ 液氮的应急处置及急救措施。应急处理：一旦液氮罐发生泄漏，迅速撤离泄漏污染区人员至上风处，并设置隔离区域，严格限制出入。应急处理人员处置事故时，应佩戴自给正压式呼吸器，穿防寒服。不要直接接触泄漏物。尽可能切断泄漏源。用排风机将漏出气体送至空旷处。防止气体在低凹处积聚，遇热源爆炸。液氮使用过程中液氮容器有开裂和爆炸的危险。危险发生后若引起火灾，在保证人员安全的情况下用雾状水喷淋冷却容器，同时加速液氮蒸发，不可使用水枪射击液氮。液氮罐要妥善处理，修复、检验后再使用。急救措施：皮肤接触，如意外接触液氮导致皮肤冻伤，应立即将受伤部位放在温水（不超过40℃）中加以浸泡或温湿毛巾热敷，并及时就医。切勿用太热的水或其他化学品进行处理。眼部接触，加入液氮溅入眼睛，应立即用大量清水冲洗，持续冲洗至10～15min或直到医生到来。吸入液氮，如液氮进入喉部，应尽快通过口腔和鼻孔进行呼吸，以帮助身体消除内部吸入的液氮。中毒，如果使用液氮时出现感觉不适、头晕、呕吐等症状，应立即停止使用，让操作人员进行观察和处理，必要时及时就医。

（6）部分液氮罐标准（含国家、地方及行业）

① 《大口径液氮容器》（GB/T 14174—2012）

② 《自增压式液氮容器》（GB/T 16774—2012）

③ 《固定式真空绝热深冷压力容器》系列标准（GB/T 18442.1—2019～GB/T 18442.6—2019、GB/T 18442.7—2017）

④ 《建筑设计防火规范》（GB 50016—2014）

⑤ 《氮气和液氮安全应用准则》（GJB 2253A—2008）

⑥ 《实验室液氮使用安全技术规范》（DB 4112/T 308—2022）

⑦ 《液氮灌注接头》（NFL 44-560—1978）

⑧ 《液氮生物容器》（GB/T 5458—2012）

⑨ 《大口径液氮容器》（GB/T 14174—2012）

⑩ 《自增压式液氮容器》（GB/T 16774—2012）

⑪ 《真空绝热深冷设备性能试验方法　第2部分：真空度测量》（GB/T 18443.2—2010）

⑫ 《液氮冷冻外科治疗设备》（YY/T 0677—2008）

8.2.2　高压灭菌锅

高压灭菌锅属于压力容器的一种。

（1）高压灭菌锅的分类

① 以灭菌方式分类。水浴式杀菌，杀菌时锅内物质全部被热水浸泡，通过压力和水泵促进循环，这种方式热分布比较均匀。蒸汽式杀菌，以蒸汽为加热介质，直接进行升温。通过机械装置来保持蒸汽与空气混合，使其在杀菌釜内循环，由于在杀菌过程中锅内存在空气会出现冷点，所以这种方式热分布不均匀。喷淋式杀菌分为顶淋式、侧喷式、全喷式。这种方式是采用喷嘴和喷淋管将热水喷射出雾状波浪形至食品表面，温度均匀无死角，水通过换热器进行加热和冷却，升温和冷却速度迅速，能高效、全面地对产品进行杀菌。

② 以高压灭菌锅体材质分类。全钢A型：灭菌锅全部采用不锈钢制作。全钢B型：灭

菌锅的锅体与夹套采用不锈钢制作，架体采用碳钢制作。半钢型：锅体采用不锈钢，夹套、架体采用碳钢制作。碳钢型：产品全部采用碳钢制作。

③ 以控制方式分类。手动控制型，所有阀门和水泵均由人工手动控制，包括加水、升温、保温、降温等工序。电气自动控制型，压力由两个电接点压力表控制，一个控制排压，一个控制补压；温度由传感器和温控仪控制（精度为±1℃），降温过程手动操作。电脑半自动控制型，采用可编程逻辑控制器（PLC）和文本显示器将采集的压力传感器信号和温度信号进行处理，可以储存杀菌工艺，控制精度高，温控可达±1℃，降温过程由人工手动操作。电脑全自动控制型，杀菌全程由 PLC 和触摸屏控制，可以储存杀菌工艺，操作工只需按启动按钮即可，杀菌完毕后自动报警，温控精度可达±0.5℃。电脑远程控制型，通过电脑远程控制自动进出料装卸、杀菌等，达到数字化、机械化，真正实现车间无人化操作，节省人力，大大提高生产效率。

④ 以罐体结构分类。以罐体结构分类，高压灭菌锅可分为单罐灭菌锅、双层灭菌锅、双锅并联式灭菌锅、三锅并联式灭菌锅、卧式灭菌锅、电气两用灭菌锅、旋转式灭菌锅。

（2）高压灭菌锅的安全使用及注意事项

① 人员培训。高压灭菌锅属于国家特种设备，需由取得特种设备资格证人员或者经过培训并合格的人员进行操作，操作人员需熟悉和掌握高压灭菌锅的性能和原理，按照说明书使用。

② 升压前的检查与准备。确保高压锅的安全阀、放气阀螺丝和旋钮是完好的，安全阀在校验期内，且铅封完好。确保温度计、压力表是完好的，并在校验期内。确保排气管通畅、锅内水位达到水位指示线。确保灭菌锅内没有杂物。确保加入的水为蒸馏水，以防结垢。

③ 灭菌过程。加水：将内层灭菌桶取出，再向外层锅内加入适量的水，以水面与三脚架相平为宜。装料：将装料桶放回锅内，装入待灭菌的物品。装有培养基的容器放置时要防止液体溢出，瓶塞不要紧贴桶壁，以防冷凝水沾湿棉塞。加盖：将容器盖正对准桶口位置，顺时针旋紧手轮，使容器盖与灭菌桶口平面完全密合，并使连锁装置与齿轮凹处吻合。排气：开始加热到102℃，由温控仪控制的电磁阀自动放气，排出灭菌锅内冷空气。保压：锅内压力缓慢升高，当压力表指针达到所需压力刻度时，系统开始计时并维持压力至所需时间。降压：当达到所需灭菌时间后，关闭电源，高压锅会缓慢降压释放蒸汽。若压力降低过快，会引起激烈的减压沸腾，使容器中的液体四溢。待蒸汽排完以及高压灭菌锅内温度降低到安全温度后，方可打开锅盖。高压灭菌锅使用完毕后需进行消毒，并确保灭菌锅完好无损以备用。

④ 注意事项。灭菌前一定要检查水位，高压灭菌锅内的水位在要求且安全的水位线处。在检查确认符合要求后才能使用高压灭菌锅。注意灭菌前排气需充分。为节省时间，可提前20～30min 预热灭菌锅。取放物品时注意不要被蒸汽烫伤（可戴上隔热手套）。灭菌锅定期排污。打开紧锁部件时，千万不要太用力；在有任何泄漏的情况下都不要继续使用设备，且要正确地操作所有部件。在灭菌结束后，当压力表未到零前，不得开启容器盖，否则易造成高温蒸汽灼伤。

（3）高压灭菌锅的维护与保养

当设备在使用中出现任何异常时，要及时记录。应记录年检及定期检查的结果，应每4～6星期进行一次定期检查并做好记录。定期检查灭菌柜门关闭是否严密，如不严应更换密封垫。定期检查蒸汽压力表是否正常，做到每年校验一次；安全阀至少一年检测一次，每月进行试漏试验；灭菌锅每年向特种设备监管部门申请定期检查，每三年进行全面检查。

（4）高压灭菌锅的应急处理及安全措施

若电源故障，则需检查电源线、保险丝等是否正常，排除故障。如仍未解决问题，需联系维修人员进行修复。若设备出现损坏，需立即停用灭菌锅，对高压灭菌锅进行检修或更换有关设备。

压力异常时的应急处理措施：若压力过高，需立即停用高压灭菌锅，通风降温。同时注意，高压灭菌锅不得开启，以免引起爆炸或其他危险情况。若压力过低，可检查安全阀门和压力表是否正常。如已排除异常情况或已修复问题，则可重新启用灭菌锅。若未解决问题，则需联系维修人员进行检修或更换有关设备。

温度异常时的应急处理措施：若温度过高，需立即停用高压灭菌锅，并检查是否使用了超时、损坏、过期的灭菌器械；若温度过低，可检查温度计是否正常。如已排除异常情况或已修复问题，则可重新启用灭菌锅。若未解决问题，则需联系维修人员进行检修或更换有关设备。

（5）部分标准（含国家、地方及行业）

① 《大型压力蒸汽灭菌器技术要求》（GB 8599—2023）
② 《压力容器　第 2 部分：材料》（GB/T 150.2—2024）
③ 《压力蒸汽灭菌器　生物安全性能要求》（YY 1277—2023）
④ 《大型蒸汽灭菌器技术要求　自动控制型》（GB 8599—2008）
⑤ 《立式蒸汽灭菌器》（YY/T 1007—2018）
⑥ 《大型蒸汽灭菌器　手动控制型》（YY 0731—2009）
⑦ 《小型压力蒸汽灭菌器》（YY/T 0646—2022）
⑧ 《手提式蒸汽灭菌器》（YY 0504—2016）
⑨ 《小型压力蒸汽灭菌器灭菌效果监测方法和评价要求》（GB/T 30690—2014）
⑩ 《蒸汽灭菌器　生物安全性能要求》（YY 1277—2016）

8.2.3　反应釜

（1）反应釜的分类

① 按结构分类。立式反应釜：釜体竖直摆放，适用于高黏度、高温度、高压力、高含固量等反应条件。水平反应釜：釜体水平摆放，适用于低黏度、低温度、低压力、低含固量等反应条件。夹套式反应釜：在反应釜壁和外壳之间设置夹套，用于加热或冷却。球形反应釜：釜体呈球形，适用于高压、高温、高黏度、高含固量等特殊反应。

② 按材质分类。玻璃反应釜：高硼硅玻璃制造，适用于弱酸、弱碱、不含有机物的反应。不锈钢反应釜：不锈钢制造，适用于酸碱中等强度的反应。钛合金反应釜：钛合金制造，适用于强酸、强碱、高温高压等特殊反应条件。

③ 按搅拌方式分类。桨式搅拌反应釜：适用于流体黏度较低的反应。锚式搅拌反应釜：

适用于高黏度、高含固量的反应。螺旋式搅拌反应釜：适用于高黏度、高含固量、易结晶的反应。

此外，还有一些特殊的反应釜类型，如水热合成反应釜，主要用于在高压高温下进行水热反应，以及圆筒形反应釜、平底反应釜、批量反应釜和连续反应釜等，它们根据结构和应用场景的不同而有所区分。

（2）反应釜的安全使用及注意事项

① 反应釜应由专人管理。使用前需经负责人同意然后写申请表，并详细阅读使用说明书。要严格按照高压反应釜安全使用规程使用，实验时需两人以上在场，均需做好预案和防护，不得单人实验。

② 查明主体容器试验压力、使用压力及最高使用温度等条件，在高压反应釜容许的条件范围内使用。其中压力计使用的压力，最好在其标明压力的二分之一以内使用，并经常把压力计与标准压力计进行比较，加以校正。要避免压力计混用。

③ 在反应釜中做不同介质的反应，应首先查清介质对主体材料有无腐蚀。反应液中禁用盐酸、硫酸、硝酸等强酸。对瞬间反应剧烈、产生大量气体或高温易燃易爆的化学反应，以及超高压、超高温或介质中含氯离子、氟离子等对不锈钢产生腐蚀严重的反应须特殊定制反应釜。

④ 投入釜中反应的原料不应超过容器有效容积的 2/3。温度计要准确地插到反应溶液中。

⑤ 反应釜工作过程中，打开换气扇，保证通风良好。

⑥ 盖上法兰盖时，要将位于对角线上的螺栓，相同力量下对称依次拧紧。

⑦ 注意保护进气管、排气管及压力表与釜盖连接的支管开关，开关高压反应釜时注意两密封面不要作相对转动。反应内部及衬垫要保持清洁。

⑧ 反应开始后密切观察反应中各参数（压力、温度、转速）的变化，预防超温超压。全程记录跟踪反应釜内温度和压力。一旦发现异常，应马上应急处理。

⑨ 在高温高压情况下，严禁带压拆卸，严禁扭动螺母或敲击高压反应釜。

（3）反应釜的维护与保养

高压反应釜的维护及管理，需制定周期性的维护计划，定期检查反应釜的各个部件，包括夹套、蛇管、密封液系统以及安全阀及其他的安全装置等，要使用经过定期检查符合规定要求的器械，确保没有泄漏、堵塞或其他异常情况。定期检查电器仪表，如安全阀、压力表、温度表等，确保其正常工作。严格遵守操作规程，避免超温或超压操作，同时控制好配料比，防止剧烈反应。定期检查并更换润滑油，确保密封良好，避免因密封不良导致的泄漏。如果反应釜使用导热油，需定期更换，并注意管道是否堵塞，需要时进行清洗或更换。定期用温水清洗反应釜内外壁，保持外表清洁和内胆光亮。经常擦洗锅体，保持干净。对于特定的反应釜，如小型高温循环器，需储备常用配件如管道、导热油、接触器、密封件等，以便及时更换。遵循所有安全指南和操作规程，确保人员和设备安全。

对于特定类型的反应釜，应严格按照产品说明书进行操作和维护。

（4）反应釜的应急处理及安全措施

若反应釜发生故障时，紧急切断电源，或立即按下紧急按钮，使反应釜停止工作。如温度过高，可以通过冷却盘管接冷却水降温处理；如压力过高，可以进行降温或从排气阀放空（氢气放空时一定要通过管道排到室外）。安排相关人员有序疏散，遵循"从安全区域到相对安全区域"原则，确保人员安全。根据事故情况，确定危险区域，并组织专业人员进行封控，防止危害扩大。及时清理、控制和排放有害物质，减少对环境的危害。组织救援人员对受伤人员进行急救和救治，及时转送医院进行治疗。

（5）部分相关标准（含国家、地方及行业）

① 《甜蜜素生产设备（反应釜）技术要求》（T/QGCML 1590—2023）
② 《实验室仪器及设备安全规范反　应釜》（GB/T 32708—2016）
③ 《实验室反应釜用控制器》（GB/T 29254—2012）
④ 《实验室用磁力驱动反应釜》（GB/T 30098—2013）
⑤ 《磁力驱动反应釜》（HG/T 3648—2011）
⑥ 《氟塑料衬里反应釜》（HG/T 3915—2006）
⑦ 《氯乙烯聚合反应釜技术条件》（HG 2367—2006）
⑧ 《反应染料行业绿色工厂评价要求》（HG/T 6197—2023）
⑨ 《加氢反应釜用自吸式搅拌机》（T/ZJDJ 003—2022）
⑩ 《便于清理的化学试剂反应釜》（T/QGCML 3090—2024）
⑪ 《乙烯-四氟乙烯共聚物（ETFE）塑料衬里反应釜》（T/ZZB 1766—2020）

8.2.4　气瓶

根据国家市场监督管理总局颁布的《气瓶安全技术规程》（TSG 23—2021），实验室气瓶一般适用范围如下：正常环境温度为（−40～60℃）下使用、公称容积为 0.4～3000L、公称工作压力为 0.2～70MPa（表压，下同）且压力与容积的乘积大于或者等于 1.0MPa·L，盛装压缩气体、高（低）压液化气体、低温液化气体、溶解气体、吸附气体、混合气体、标准沸点等于或者低于 60℃的液体的无缝气瓶、焊接气瓶、焊接绝热气瓶、缠绕气瓶、内部装有填料的气瓶，以及气瓶集束装置。

（1）气瓶的物理特性

1）瓶装气体按介质特性划分

① 压缩气体：在−50℃时加压后完全是气态的气体，包括临界温度（T_c）低于或者等于−50℃的气体，也称永久气体。如空气、氧气、甲烷、天然气等。

② 高（低）压液化气体：在温度高于−50℃时加压后部分是液态的气体，包括临界温度（T_c）在−50～65℃的高压液化气体和临界温度（T_c）高于 65℃的低压液化气体，如氨气、氯气、硫化氢、二氧化硫等。

③ 低温液化气体：经过深冷低温处理而部分呈液态的气体，临界温度（T_c）一般低于或者等于−50℃，也称为深冷液化气体或者冷冻液化气体，如液氢、液氮、液氧等。

④ 溶解气体：在一定的压力、温度条件下溶解于溶剂中的气体，如溶解乙炔等。

⑤ 吸附气体：在一定的压力、温度条件下吸附于吸附剂中的气体，如变压吸附法，它是利用沸石等吸附剂对空气中各组分的不同吸附能力，在一定的压力和温度条件下进行吸附和

解吸，从而分离出氧气。

⑥ 混合气体：含有两种或两种以上有效物理组分，或者虽属非有效组分但其含量超过规定限量的气体，常见的混合气体类型包括二氧化碳-氩混合气体、氢-氩混合气体、氮-氩混合气体等。

2）气瓶按照容积、压力划分

① 气瓶按照公称容积分类为小容积、中容积、大容积气瓶：小容积气瓶是指公称容积小于或者等于 12L 的气瓶。中容积气瓶是指公称容积大于 12L 且小于或者等于 150L 的气瓶。大容积气瓶是指公称容积大于 150L 的气瓶。气瓶按照公称工作压力分为高压气瓶、低压气瓶，高压气瓶是指公称工作压力大于或者等于 10MPa 的气瓶，反之为低压气瓶。

② 盛装不同介质的气体气瓶公称工作压力要求如下：盛装压缩气体气瓶的公称工作压力，是指在基准温度（20℃）下，瓶内气体达到完全均匀状态时的限定（充）压力。盛装液化气体气瓶的公称工作压力，是指温度为 60℃时瓶内气体压力的上限值。盛装溶解气体气瓶的公称工作压力，是指瓶内气体达到化学、热量及扩散平衡条件下的静置压力（15℃时）。焊接绝热气瓶的公称工作压力，是指在气瓶正常工作状态下，内胆顶部气相空间可能达到的最高压力。盛装标准沸点等于或者低于 60℃的液体及混合气体气瓶的公称工作压力，按照相应标准规定。

盛装常用气体气瓶的公称工作压力见表 8-2。

表 8-2 盛装常用气体气瓶的公称工作压力

气体类别	公称工作压力/MPa	常用气体
压缩气体 $T_c \leqslant -50℃$	35	空气、氢、氮、氩、氦、氖等
	30	空气、氢、氮、氩、氦、氖、甲烷、天然气等
	20	空气、氧、氢、氮、氩、氦、氖、甲烷、天然气等
	15	空气、氧、氢、氮、氩、氦、氖、甲烷、一氧化碳、一氧化氮、氮、氘（重氢）、氟、二氟化氧等
高压液化气体 $-50℃ < T_c \leqslant 65℃$	20	二氧化碳（碳酸气）、乙烷、乙烯
	15	二氧化碳（碳酸气）、一氧化二氮（笑气、氧化亚氮）、乙烷、乙烯、硅烷（四氢化硅）、磷烷（磷化氢）、乙硼烷（二硼烷）等
	12.5	氙、一氧化二氮（笑气、氧化亚氮）、六氟化硫、氯化氢（无水氢氯酸）、乙烷、乙烯、三氟甲烷（R23）、六氟乙烷（R116）、1,1-二氟乙烯（偏二氟乙烯、R1132a）、氟乙烯（乙烯基氟、R1141）、三氟化氮等
低压液化气体及混合气体 $T_c > 65℃$	5	溴化氢（无水氢溴酸）、硫化氢、碳酰二氯（光气）、硫酰氟等
	4	二氟甲烷（R32）、五氟乙烷（R125）、溴三氟甲烷（R13B1）、R410A 等
	3	氨、氯二氟甲烷（R22）、1,1,1-氟烷（R143a）、R407C、R404A、R507A 等
	2.5	丙烯
	2.2	丙烷
	2.1	液化石油气
	2	氯、二氧化硫、二氧化氮（四氧化二氮）、氟化氢（无水氢氟酸）、环丙烷、六氟丙烯（R1216）、偏二氟乙烷（R152a）、氯三氟乙烯（R1113）、氯甲烷（甲基氯）、溴甲烷（甲基溴）、1,1,1,2-四氟乙烷（R134a）、七氟丙烷（R227e）、2,3,3,3-四氟丙烯（R1234yf）、R406A、R401A 等

气体类别	公称工作压力/MPa	常用气体
低压液化气体及混合气体 $T_c > 65℃$	1.6	二甲醚
	1	正丁烷（丁烷）、异丁烷、异丁烯、1-丁烯、1,3-丁二烯（联丁烯）、二氯氟甲烷（R21）、氯二氟乙烷（R142b）、溴氯二氟甲烷（R12B1）、氯乙烷（乙基氯）、氯乙烯、溴乙烯（乙烯基溴）、甲胺、二甲胺、三甲胺、乙胺（氨基乙烷）、甲基乙烯基醚（乙烯基甲醚）、环氧乙烷（氧化乙烯）、（顺）2-丁烯、（反）2-丁烯、八氟环丁烷（RC318）、三氯化硼（氯化硼）、甲硫醇（硫氢甲烷）、氯三氟乙烷（R133a）等
低温液化气体 $T_c \leqslant -50℃$	—	液化空气、液氩、液氦、液氖、液氮、液氧、液氢、液化天然气

（2）气瓶搬运和装卸

各种搬运、装卸气瓶的机械、工具，应有可靠的安全系数。对于搬运、装卸易燃易爆气瓶的机械、工具，还应具有防爆、消除静电或避免产生火花的措施。

1）气瓶搬运

① 近距离搬运气瓶，凹形底气瓶及带圆形底座气瓶可采用徒手倾斜滚动的方式搬运，方型底座气瓶应使用稳妥、省力的专用小车搬运。距离较远或路面不平时，应使用特制机械、工具搬运，并用铁链等妥善加以固定。不应用肩扛、背驮、怀抱、臂挟、托举或二人抬运的方式搬运。

② 不同性质的气瓶同时搬运时，其配装应按 JT/T 617—2018 系列标准规定的危险货物配装表的要求执行。

③ 不应使用翻斗车或铲车搬运气瓶，叉车搬运时应将气瓶装入集装格或集装篮内。

④ 气瓶搬运中如需吊装时，不应使用电磁起重设备。用机械起重设备吊运散装气瓶时，应将气瓶装入集装格或集装篮中，并妥善加以固定。不应使用链绳、钢丝绳捆绑或钩吊瓶帽等方式吊运气瓶。

⑤ 在搬运途中发现气瓶漏气、燃烧等险情时，搬运人员应针对险情原因，进行紧急有效的处理。

⑥ 气瓶搬运到目的地后，放置气瓶的地面应平整，放置时气瓶应稳妥可靠，防止倾倒或滚动。

2）气瓶装卸

① 装卸气瓶应轻装轻卸，避免气瓶相互碰撞或与其他坚硬的物体碰撞，不应用抛、滚、滑、摔、碰等方式装卸气瓶。用人工将气瓶向高处举放或需把气瓶从高处放落地面时，应两人同时操作，并要求提升与降落的动作协调一致，轻举轻放，不应在举放时抛、扔或在放落时滑、摔。

② 装卸、搬运缠绕气瓶时，应有保护措施，防止气瓶复合层磨损、划伤，还应避免气瓶受潮。

③ 装卸气瓶时应配备好瓶帽，注意保护气瓶阀门，防止撞坏。卸车时，要在气瓶落地点铺上铅垫或橡胶垫；应逐个卸车，不应多个气瓶连续溜放。装卸作业时，不应将阀门对准人身，气瓶应直立转动，不准脱手滚瓶或传接，气瓶直立放置时应稳妥牢靠。装卸有毒气体时，

应预先采取相应的防毒措施。

④ 装卸氧气及氧化性气瓶时，工作服、手套和装卸工具、机具上不应沾有油脂。由于纯氧具有极强的氧化性，油脂中的不饱和脂肪酸在纯氧中会迅速氧化，放出大量热量，油脂在纯氧中的氧化过程比在空气中更快，油脂与高压纯氧接触后发生剧烈的自燃氧化放热反应，油脂氧化时释放的热量使氧气瓶内的温度迅速升高，压力随之增加，当压力超过氧气瓶的承压极限时，就会发生爆炸。如果氧气瓶口沾有油脂，开启氧气瓶阀时，高速气流与瓶口摩擦产生的热量也会加速氧化反应，导致温度急剧上升，甚至引发燃烧或爆炸。

（3）气瓶存放

1）气瓶入库前的检查与处理

气瓶入库前，应由专人负责，逐只进行检查。检查内容至少应包括：气瓶应由具有"特种设备制造许可证"的单位生产；进口气瓶应经特种设备安全监督管理部门认可；入库的气体应与气瓶制造钢印标志中充装的气体名称或化学分子式相一致；根据 GB/T 16804—2011 规定制作的警示标签上印有的瓶装气体的名称及化学分子式应与气瓶钢印标志一致；应认真仔细检查瓶阀出气口的螺纹与所装气体所规定的螺纹型式应相符，防错装接头各零件应灵活好用；气瓶外表面的颜色标志应符合 GB/T 7144—2016 的规定，且清晰易认；气瓶外表面应无裂纹、严重腐蚀、明显变形及其他严重外部损伤缺陷；气瓶应在规定的检验有效使用期内；气瓶的安全附件应齐全，应在规定的检验有效期内并符合安全要求；氧气或其他强氧化性气体的气瓶，其瓶体、瓶阀不应沾染油脂或其他可燃物。

对于检查不符合要求的气瓶应与合格气瓶隔离存放，并作出明显标记，以防止相互混淆。

2）气瓶入库储存

气瓶的储存应有专人负责管理；入库的空瓶、实瓶和不合格瓶应分别存放，并有明显的区域和标志；储存不同性质的气瓶，其配装应按 JT/T 617—2018 系列标准规定的要求执行；气瓶入库后，应将气瓶加以固定，防止气瓶倾倒。对于限期储存的气体按 GB/T 26571—2011 规范要求存放并标明存放期限；气瓶在存放期间，应定时测试库内的温度和湿度，并作记录。库房最高允许温度和湿度视瓶装气体性质而定，必要时可设温控报警装置；气瓶在库房内应摆放整齐，数量、号位的标志要明显。要留有可供气瓶短距离搬运的通道；有毒、可燃气体的库房和氧气及惰性气体的库房，应设置相应气体的危险性浓度检测报警装置；发现气瓶漏气，首先应根据气体性质做好相应的人体保护，在保证安全的前提下，关紧瓶阀，如果瓶阀失控或漏气不在瓶阀上，应采取应急处理措施；应定期对库房内外的用电设备、安全防护设施进行检查；应建立并执行气瓶出入库制度，并做到瓶库账目清楚、数量准确、按时盘点、账物相符，做到先入先出；气瓶出入库时，库房管理员应认真填写气瓶出入库登记表，内容包括气体名称、气瓶编号、出入库日期、使用单位、作业人等。

（4）气瓶安全附件及检验

1）气瓶安全附件

① 气瓶的瓶阀是气瓶的主要附件，是控制气瓶内气体进出的装置，因此要求瓶阀体积小、强度高、气密性好、经久耐用和安全可靠。气瓶装配何种材质的瓶阀与瓶内气体性质有关，一般瓶阀的材料是用黄铜或碳素钢制造。氧气瓶多用黄铜制造的瓶阀，主要是因为黄铜耐氧化、导热性好，燃烧时不发生火花。液氯容易与铜产生化学反应，因此液氯瓶的瓶阀要选用

钢制瓶阀。因为铜可能会与乙炔形成爆炸性的乙炔铜，所以乙炔瓶要选用钢制瓶阀。瓶阀主要由阀体、阀杆、阀瓣、密封件、压紧螺母、手轮以及易熔合金塞等组成。阀体的侧面有一个带外螺纹或内螺纹的出气口，用以连接充装设备或减压器，阀体的另一侧装有易熔塞。当瓶内温度、压力上升超过规定值时，易熔塞熔化而泄压，以保护气瓶安全。瓶阀的种类较多，目前低压液氯、液氨、乙炔钢瓶等采用密封填料式瓶阀，氧、氮、氩等高压气体钢瓶采用活瓣式瓶阀。

② 气瓶瓶帽和防振圈是气瓶重要的安全附件。

瓶帽是保护瓶阀用的帽罩式安全附件的统称。按其结构型式可分为固定式瓶帽和拆卸式瓶帽。气瓶的瓶帽主要用于保护瓶阀免受损伤。瓶帽一般用钢管、可锻铸铁、铸铁制造。当瓶阀漏气时，为防止瓶帽承受压力。瓶帽上开有排气孔，排气孔位置对称，避免气体由一侧排出时的反作用力使气瓶倾倒。

防振圈用橡胶或塑料制成，厚度一般为 25～30mm，富有弹性，一个气瓶上套两个。当气瓶受到撞击时，能吸收能量，减少振动，同时还有保护瓶体漆层标记的作用。

2）气瓶设计使用年限及定期检验

① 气瓶设计使用年限。制造单位应在设计文件和制造标志上注明气瓶的设计使用年限。如气瓶制造单位在出厂的气瓶上印刻或压铸充装（产权）单位标志并装设可追溯的电子识读标志，充装单位能够确保气瓶始终处于良好的维护保养状态并通过安全评估，钢质无缝气瓶或铝合金气瓶的实际使用年限可以延长至 30 年，燃气气瓶的实际使用年限可以延长至 12 年。气瓶瓶体的设计使用年限应当满足表 8-3 的规定。

表 8-3　常用气瓶的设计使用年限

序号	气瓶品种	设计使用年限/年
1	钢质无缝气瓶	20
2	铝合金无缝气瓶	
3	溶解乙炔气瓶以及吸附式天然气钢瓶	
4	长管拖车、管束式集装箱用大容积钢质无缝气瓶	
5	钢质焊接气瓶	
6	焊接绝热气瓶	
7	汽车用压缩天然气钢瓶、车用液化石油气钢瓶、车用液化二甲醚钢瓶	15
8	金属内胆纤维缠绕气瓶（不含车用氢气瓶）	
9	盛装腐蚀性气体或者在海洋等易腐蚀环境中使用的钢质无缝气瓶、钢质焊接气瓶	12
10	汽车用液化天然气气瓶、车用压缩氢气铝内胆碳纤维全缠绕气瓶	10
11	燃气气瓶	8

② 气瓶定期检验是特种设备检验机构（以下简称检验机构）按照一定的时间周期，对气瓶安全状况所进行的符合性验证活动。气瓶定期检验周期按照表 8-4 执行。气瓶的首次定期检验日期应当从气瓶制造日期计算，车用气瓶例外（从气瓶使用登记日期起计算），但制造日期与使用登记日期的间隔不得超过 1 个定期检验周期。

有下列情况之一的气瓶，应当及时进行定期检验：有严重腐蚀、损伤，或者对其安全可靠性有怀疑的；库房或者停用时间超过 1 个检验周期后投入使用的；发生交通事故，可能影响车用气瓶安全的；气瓶相关标准规定需要提前进行定期检验的其他情况，以及检验人员认为有必要提前检验的。

表 8-4　气瓶定期检验周期

序号	气瓶种类		介质、环境		检验周期/年
1	钢质无缝气瓶、钢质焊接气瓶（不含液化石油气钢瓶、液化二甲醚钢瓶）、铝合金无缝气瓶		腐蚀性气体、海水等腐蚀性环境		2
			氮、六氟化硫、四氟甲烷及惰性气体		5
			纯度大于或者等于 99.999% 的高纯气体（气瓶内表面经防腐蚀处理且内表面粗糙度达到 Ra0.4 以上）	剧毒	5
				其他	8
			混合气体		按混合气体中检验周期最短的气体特性确定（微量组分除外）
			其他气体		3
2	液化石油气钢瓶、液化二甲醚钢瓶	民用	液化石油气、液化二甲醚		4
		车用			5
3	车用压缩天然气瓶		压缩天然气、氢气、空气、氧气		3
	车用氢气气瓶				
	气体储运用纤维缠绕气瓶				
	呼吸器用复合气瓶				
4	低温绝热气瓶（含车用气瓶）		液氧、液氮、液氩、液化二氧化碳、液化氧化亚氮、液化天然气		3
5	溶解乙炔气瓶		溶解乙炔		3

（5）气瓶颜色标志及可燃气体危险性

气瓶颜色标志包括气瓶的外表面颜色和文字、色环的颜色。气瓶颜色是一种安全标志，在我国，无论是哪个厂家生产的气体气瓶，只要是同一种气体，气瓶的外表颜色都是一致的。气瓶本身涂抹颜色一是可以通过特征颜色识别瓶内气体的种类，二是防止锈蚀。即使在气瓶的字样、色环颜色模糊后，也能够根据气瓶的颜色初步判断瓶内的气体。实验室常见气体气瓶的颜色标记见表 8-5。

混合气体按其主要危险特性分为四类可燃性、毒性（含腐蚀性）、氧化性和一般性，一般性即为不燃、不助燃、非氧化、无毒和惰性的泛称。混合气体的危险特性可以为单一，也可以是多种，混合气体气瓶的颜色标记见表 8-6。

可燃气体具有以下的危险性：

① 燃烧性。可燃气体一般遇到明火极易发生燃烧，容易引起大面积的火灾。

② 爆炸性。可燃气体与空气以一定比例混合后，遇明火可发生爆炸。另外，液化可燃气体在容器中因受热等外界因素影响，体积迅速膨胀，也会引起爆炸。

③ 受热自燃性。可燃气体有时不需要接触明火，只要受热达到一定温度就可能发生燃烧。

④ 扩散性。可燃气体一旦泄漏很容易向四周扩散，一旦成灾，往往波及面较大。

⑤ 毒害腐蚀性。可燃气体大部分有毒，人体吸入后能引起中毒。有的气体燃烧时消耗掉空气中的大量氧气，也会导致人因缺氧而窒息。

表 8-5　气瓶颜色标志一览表

序号	充装气体	化学式	体色	字样	字色	色环
1	空气		黑	空气	白	P=20，白色单环 P≥30，白色双环
2	氩	Ar	银灰	氩	深绿	
3	氟	F_2	白	氟	黑	
4	氯	Cl_2	深绿	氯	白	
5	氦	He	银灰	氦	深绿	P=20，白色单环 P≥30，白色双环
6	氪	Kr	银灰	氪	深绿	
7	氖	Ne	银灰	氖	深绿	
8	氙	Xe	银灰	液氙	深绿	P=20，白色单环 P=30，白色双环
9	一氧化氮	NO	白	一氧化氮	黑	
10	氮	N_2	黑	氮	白	P=20，白色单环 P≥30，白色双环
11	氧	O_2	浅蓝	氧	黑	
12	一氧化碳	CO	银灰	一氧化碳	大红	
13	氢	H_2	浅绿	氢	大红	P=20，大红单环 P≥30，大红双环
14	甲烷	CH_4	棕	甲烷	白	P=20，白色单环 P≥30，白色双环
15	天然气	CNG	棕	天然气	白	
16	乙炔	C_2H_2	白	乙炔 不可近火	大红	
17	空气（液体）		黑	液化空气	白	
18	氩（液体）	Ar	银灰	液氩	深绿	
19	氦（液体）	He	银灰	液氦	深绿	
20	氢（液体）	H_2	浅绿	液氢	大红	
21	天然气（液体）	LNG	棕	液化天然气	白	
22	氮（液体）	N_2	黑	液氮	白	
23	氖（液体）	Ne	银灰	液氖	深绿	
24	氧（液体）	O_2	淡（酞）蓝	液氧	黑	
25	氨	NH_3	淡黄	液氨	黑	
26	硫化氢	H_2S	白	液化硫化氢	大红	
27	溴化氢	HBr	银灰	液化溴化氢	黑	
28	氟化氢	HF	银灰	液化氟化氢	黑	
29	二氧化硫	SO_2	银灰	液化二氧化硫	黑	

序号	充装气体	化学式	体色	字样	字色	色环
30	二氧化氮	NO_2	白	液化二氧化氮	黑	
31	七氟丙烷	C_3HF_7	铝白	R-227e	黑	
32	六氟丙烷	C_3F_6	银灰	R-1216	黑	
33	二氧化碳	CO_2	铝白	液化二氧化碳	黑	$P=20$，黑色单环
34	乙烷	C_2H_6	棕	液化乙烷	白	$P=15$，白色单环
35	乙烯	C_2H_4	棕	液化乙烯	淡黄	$P \geqslant 20$，白色双环
36	环氧乙烷	C_2H_4O	银灰	液化环氧乙烷	大红	
37	一氧化二氮	N_2O	银灰	液化笑气	黑	$P=15$，黑色单环
38	六氟化硫	SF_6	银灰	液化六氟化硫	黑	$P=12.5$，黑色单环
39	磷化氢	PH_3	白	液化磷化氢	大红	
40	硅烷	SiH_4	银灰	液化硅烷	大红	

注：1.色环栏内的 P 是气瓶的公称工作压力，单位为兆帕（MPa），车用压缩天然气钢瓶可不涂色环。

2.充装液氧、液氮、液化天然气等不涂敷颜色的气瓶，其体色和字色指瓶体标签的底色和字色。

表 8-6 混合气体气瓶颜色标记一览表

序号	混合气体主要危险特性	头色		体色	字色环色
		上	下		
1	燃烧性	R03 大红		B04 银灰	R03 大红
2	毒性	Y06 淡黄			Y06 淡黄
3	氧化性	PB06 淡（酞）蓝			PB06 淡（酞）蓝
4	不燃性（一般性）	G05 深绿			G05 深绿
5	燃烧性和毒性	R03 大红	Y06 淡黄		R03 大红
6	毒性和氧化性	Y06 淡黄	PB06 淡（酞）蓝		Y06 淡黄

因有了以上的危险性，一旦可燃气体导致火灾的发生，其产生的危害更大。因为气体火灾具有以下特点：

① 容易蔓延扩展。气体比液体和固体物质更容易着火，而且燃烧速度快，特别是有可燃气体泄漏的火场，能迅速蔓延扩展到气体所能充满的有限空间以及所波及的区域，造成大面积火灾。

② 容易发生爆炸。如果未燃烧的可燃气体大量扩散，积累到一定的浓度，就容易爆炸；盛在容器中的可燃气体再受到一定压力或温度升高到一定限度时，也容易爆炸，危及人的生命。

③ 容易复燃。可燃气体在很多情况下是处于高压状态和压缩状态的，扑救从高压喷出的燃烧气体而导致的火灾是十分困难的，因其燃烧值大、温度高，灭火人员很难接近。即使一时能够扑灭火焰，灼热的金属喷口还有可能重新点燃继续喷放的未燃气体。有些时候误以为气源断绝，火焰被扑灭，就停止冷却气罐及其喷放口，过了一段时间可能会复燃起火或爆炸。

（6）气体管道

1）一般要求

实验室根据气体使用情况，可采取集中供气的方式，这就会使用到气体管道。气体管道包括氢气、氧气、氮气、氩气、氦气、甲烷、乙炔、压缩空气等实验气体在实验建筑内的气体储存和气体管道。应根据实验室需求，配置符合实验要求的气源种类和气体系统。集中供气系统要和实验室同步设计，并考虑实验室的发展需求。气体管道材料和阀门的选用，应满足实验工艺对气体纯度、露点的要求和使用特点，并按气体性质经技术经济比较后确定。

2）气体储存

采用瓶装气体供气时，当实验室需求的气体种类大于 3 种，或需储存 3 瓶以上时，宜集中设置气瓶室，采用集中供气系统时，气体通过管道输送到各个用气点。气瓶室不应布置在地下室，宜单独设置或设在无危险的辅助工作区内，并靠外墙布置，还应考虑其对周围环境和人员的影响。实验用压缩空气由自备空气压缩机提供时，压缩机宜集中设置。承装易燃易爆气体的气瓶室内安装的电源插座、照明电器、设备配电等电气系统应满足防爆要求。气瓶室内应将易燃与助燃气体分区储存，中间为防爆墙体隔断；使用的空瓶和实瓶也应分开储存，距离不少于 2m，且应有空瓶与满瓶标识。气瓶室应有换气次数不小于 3 次/h 的通风措施，存放可燃气体时换气次数不应小于 6 次/h。存储易燃易爆气体的气瓶室和使用可燃气体的实验室应设置可燃气体泄漏报警装置和事故排风装置，存储惰性气体的气瓶室宜设置氧含量报警装置。事故通风换气次数不应小于 12 次/h，报警装置与相应的事故排风机联锁。应根据实验需求合理设置气源的切换系统，并设置气瓶低压报警装置，实时监视气瓶使用状况，保证气体的纯度、压力、流量恒定并持续供给。气瓶室设计要规定承装气体范围、气瓶容积和气瓶数量，不允许超装、超类型存放。气瓶及管道的安装应布局合理，安装牢固、便于运行、维护和检修。

3）气体管道设计

气体管道宜集中布置并沿墙明线敷设，且方便安装和检修。引至仪器台的管道应固定在仪器台附近。气路系统设计要满足实验室各种仪器设备对所使用气体的不同需求，在楼层、房间、实验台、仪器使用终端配置相应的气体减压阀和紧急切断阀，连接仪器使用终端的易燃易爆气体管路应设置阻火器。当管道井、管道技术层内敷设有氢气和其他易燃易爆气体管道时，应有换气次数为 1~3 次/h 的通风措施。易燃易爆气体管道严禁穿过生活间、办公室，也不宜穿过不使用该种气体的房间。穿过实验室墙体或楼板的气体管道应敷在预埋套管内，套管内的管段不应有焊缝。管道与套管之间应采用非燃烧材料严密封堵。要根据输送的气体种类和使用要求合理选用管道材料和阀门。可燃气体管道和氧气管道所用的管件和仪表应是适用于该介质的专用产品，不得代用。氢气、氧气管道的末端和最高点宜设放空管。放空管应高出层顶 2m 以上，并应设在防雷保护区内。氢气管道上还应设取样口和吹扫口。放空管、取样口和吹扫口的位置应能满足管道内气体吹扫置换的要求。可燃气体、氧气管道和设备应设置防雷、防静电设施，其设计应满足相应国家标准、行业标准和规定要求。管路系统安装完毕后应按设计文件规定进行强度试验，强度试验应采用气压试验，并应采用严格的安全措施。气体管道应按不同介质的气体种类设置明显标识，同时气体管道上还应标明气体流向。

4）气体管道安全隐患及应急对策

实验室气路安全使用见表 8-7，实验室气体泄漏应急处置见表 8-8。

表 8-7　实验室气路安全使用

序号	设备	图片	易出现的故障	分析及解决方案	备件及工具
1	高压软管		① 高压软管断裂漏气。 ② 高压软管接口漏气	① 多因更换钢瓶操作不当造成高压软管断裂，应严格按照钢瓶更换操作要求来执行。 ② 多出现在高压软管接口连接处或高压软管与钢瓶阀门连接处，需要使用检漏液检测各连接处，查看漏气的位置，使用扳手再次拧紧，再次使用检漏液检查，直至解决；如以上方式无法处理，应及时更换漏气位置的设备	高压软管、钢瓶接头；扳手、检漏液
2	气瓶气源供气装置		① 吹扫排空后，关闭吹扫阀门后，仍有气体排出（少见）。 ② 低压端压力表数值缓慢上升，直至压力表的最高刻度（常见）。 ③ 关闭瓶阀时，高压压力表指示下降，但低压压力表的压力没有变化	① 吹扫阀组漏气。首先必须切换气源，关闭钢瓶上的钢瓶阀门；打开排空阀门，排出剩余气体；拆卸整个面板返厂维修。 ② 减压器内漏，拆卸返厂维修。 ③ 气体高压端有气体泄漏。使用检漏液检查各个连接点，查看漏气的点位，使用扳手再次拧紧，再次使用检漏液检查，直至解决；如以上方式无法处理，应及时更换漏气位置的设备或返厂维修	阀门、减压器；检漏液、扳手、十字螺丝刀
3	管道		管道在正常使用期间，很少出现问题。如出现漏气，多因安装不当造成		
4	实验室使用点		① 阀门关不死。 ② 减压器内漏。 ③ 压力表损坏。指针不能归零，压力表读数与实际压力偏差过大	更换阀门；更换减压器，并返厂维修；更换压力表	阀门、减压器、压力表；检漏液、扳手、十字螺丝刀
5	接头		卡套接头漏气	使用扳手再次拧紧卡套，用检漏液检查漏气情况；如不能解决，需要更换	接头；检漏液、扳手

表 8-8 实验室气体泄漏应急处置

序号	气体类别	危害	泄漏处理	检测与预防方案
1	惰性气体	窒息	紧急切断气体来源并打开排风系统	① 使用气体的空间应始终保持空气流通。 ② 气瓶摆放应使用气瓶柜或独立的气瓶房。 ③ 配置监控系统（监测压力、流量等），能够及时发现漏气情况
2	特殊气体	易燃、易爆、毒性、腐蚀性等	紧急切断气体来源并打开排风系统	① 使用气体的空间应始终保持空气流通。 ② 气瓶摆放应放置独立的气瓶房并使用特殊气体气瓶柜。 ③ 实验的房间配置气体分流阀箱，减少气体泄漏隐患。 ④ 配置监控系统（监测压力、流量、浓度等），能够及时发现漏气情况。 ⑤ 配置紧急切换阀，发现漏气后及时切换气体来源，避免造成更大的危害

8.3 实验室危险性气体报警系统安全检测技术

实验室危险性气体主要包括可燃气体、有毒气体。可燃气体是指甲类、乙类可燃气体或甲类、乙类可燃液体汽化后形成的可燃气体。实验室可燃气体及蒸气常见的有：甲烷、乙炔、硫化氢、氢气及油类等。有毒气体是指通过身体接触可引起急性或慢性有害健康的气体。实验室有毒气体及蒸气常见的有：一氧化碳、硫化氢、氨、二氧化硫、二氧化氮、苯等。对实验室可燃气体、有毒气体进行在线检测与报警，尤为必要。

8.3.1 检（探）测器的选用

可燃气体检（探）测器和有毒气体检（探）测器的选用，应根据检（探）测器的技术性能、被测气体的理化性质和生产环境特点确定。可燃气体或含有毒气体的可燃气体泄漏时，可燃气体浓度可能达到25%爆炸下限，但有毒气体不能达到最高容许浓度时，应设置可燃气体检（探）测器。有毒气体或含有可燃气体的有毒气体泄漏时，有毒气体浓度可能达到最高容许浓度，但可燃气体浓度不能达到25%爆炸下限时，应设置有毒气体检（探）测器。可燃气体与有毒气体同时存在的场所，可燃气体浓度可能达到25%爆炸下限，有毒气体的浓度也可能达到最高容许浓度时，应分别设置可燃气体和有毒气体检（探）测器。同一种气体，既属可燃气体又属有毒气体时，应只设置有毒气体检（探）测器。可燃（有毒）气体场所的检（探）测器，应采用固定式。

常用气体的检（探）测器选用应符合下列规定：

① 烃类可燃气体可选用催化燃烧型或红外气体检（探）测器。当使用场所的空气中含有能使催化燃烧型检测元件中毒的硫、磷、铅、卤素化合物等介质时，应选用抗毒性催化燃烧型检（探）测器；

② 在缺氧或高腐蚀性等场所，宜选用红外气体检（探）测器；

③ 氢气检测可选用催化燃烧型、电化学型、热传导型或半导体型检（探）测器；

④ 检测组分单一的可燃气体，宜选用热传导型检（探）测器；

⑤ 硫化氢、氯气、氨气、一氧化碳气体可选用电化学型或半导体型检（探）测器；

⑥ 氯乙烯气体可选用半导体型或光致电离型检（探）测器；

⑦ 氰化氢气体宜选用电化学型检（探）测器；

⑧ 苯气体可选用半导体型或光致电离型检（探）测器。

8.3.2　检（探）测器的安装

检测密度大于空气的可燃气体的检（探）测器，安装高度距地坪（或楼地板）0.3～0.6m。检测密度大于空气的有毒气体的检（探）测器，应靠近泄漏点，安装高度应距地坪（或楼地板）0.3～0.6m。检测密度小于空气的可燃气体或有毒气体的检（探）测器，安装高度应高出释放源 0.5～2m。

气体密度大于 0.97kg/m³（标准状况下）即认为比空气重；气体密度小于 0.97kg/m³（标准状况下）即认为比空气轻。

检（探）测器应安装在无冲击、无振动、无强电磁干扰、易于检修的场所，安装探头的地点与周边管线或设备之间应留有不小于 0.5m 的净空和出入通道。爆炸性环境内的检（探）测器的安装与接线技术要求应符合制造厂的规定，并应符合 GB 50058—2014 的规定。

可燃气体和有毒气体检（探）测器的检（探）测点，应根据气体的理化性质、释放源的特性、实验室场地布置、地理条件、环境气候、操作巡检路线等条件，选择气体易于积累和便于采样检测之处布置。

8.3.3　安全检测技术的其他相关要求

可燃气体和有毒气体的检测报警系统应采用两级报警。同一检测区域内的有毒气体、可燃气体检（探）测器同时报警时，应遵循下列原则：同一级别的报警中，有毒气体的报警优先；二级报警优先于一级报警。可燃气体、有毒气体检测报警系统宜独立设置。工艺装置和储运设施现场固定安装的可燃气体及有毒气体检测报警系统，宜采用不间断电源设备（UPS）供电。

 章节习题

1. 按生产工艺过程中的作用原理，压力容器可以划分为哪几类？
2. 压力容器的安全附件有哪些？分别起什么作用？
3. 简述压力容器事故发生率高的原因。
4. 按照用途，液氮罐分为哪几种类型？
5. 简述液氮罐使用时的注意事项。
6. 简述高压灭菌锅使用时的注意事项。
7. 反应釜出现紧急情况，应采取什么措施？
8. 气瓶搬运时应注意哪些事项？

参考文献

[1] 朱大滨，安源胜，乔建江. 压力容器安全基础 [M]. 上海：华东理工大学出版社，2014.

［2］王学生，惠虎. 压力容器［M］. 上海：华东理工大学出版社，2018.

［3］马世辉. 压力容器安全技术［M］. 北京：化学工业出版社，2011.

［4］崔勃，安文海，金明远，等. 压力容器安全操作600问［M］. 北京：中国质检出版社，2013.

［5］肖晖，刘贵东. 压力容器安全技术［M］. 郑州：黄河水利出版社，2012.

［6］崔政斌，王明明. 压力容器安全技术［M］. 北京：化学工业出版社，2019.

［7］杨启明，杨晓惠，饶霁阳. 压力容器与管道安全评价［M］. 北京：机械工业出版社，2022.

［8］陈庆，王海波，张天阳. 压力容器技术问答［M］. 北京：化学工业出版社，2015.

［9］喻九阳，徐建民，郑小涛. 压力容器与过程设备［M］. 北京：化学工业出版社，2022.

［10］蔡纪宁，张秋翔. 化工设备机械基础课程设计指导书［M］. 北京：化学工业出版社教材出版中心，2000.

［11］杨申仲，李秀中，杨炜. 特种设备管理与事故应急预案［M］. 2版. 北京：机械工业出版社，2021.

［12］刘颖，王一喆，何连生. 生态环境实验室安全技术与管理：以中国环境科学研究院为例［M］. 北京：中国环境出版集团，2021.

［13］崔政斌，王明明. 气瓶安全技术［M］. 北京：化学工业出版社，2009.

［14］吕保和. 设备安全工程［M］. 北京：中国石化出版社，2014.

［15］祖宁，张宇平，李雪峥，等. 国内外车用压缩天然气钢瓶标准在制造检验方面的对比分析［J］. 化工设备与管道，2023，60（4）：1-5.

［16］杜海平. 浅谈化工装置的安全管理［J］. 化工设备与管道，2023，60（3）：46-49.

［17］王钰滔，吕延鑫，杨万里，等. 国内外输气管道事故研究综述［J］. 化工设备与管道，2022，59（4）：78-84.

［18］耿亚鸽，王家帮. 压力容器定期检验中发现的主要问题及分析［J］. 化工设备与管道，2022，59（2）：1-8.

第9章

化学实验室常见事故与案例分析

9.1 化学实验室安全管理痛点、难点

根据教育部发布《2023 年全国教育事业发展统计公报》显示，截至 2023 年，中国已有高等学校 3074 所，在校学生达 4763.19 万人（含在校研究生 327.05 万人），高等教育专任教师 207.49 万人，普通、职业高等学校共有校舍建筑面积 118895.19 万平方米，生均占地面积 56.82 平方米，生均校舍建筑面积 28.26 平方米，生均教学科研实习仪器设备值为 18607.85 元。《2002 年全国教育事业发展统计公报》显示，2002 年全国仅有高等学校 2003 所，在校学生 1512.62 万人（含在学研究生 50.1 万人），高等学校教职工 147.17 万人。2002～2023 年，高校增加了一千余所，在校生增加了超 3000 多万人，仅在学研究生数量就增加了 200 万人以上。

9.1.1 高校实验室安全管理工作的特点

1）高校实验室体量大

高校是教育、科技、人才的集中交汇点，是基础研究的主力军、重大科技突破的策源地。高校是国家最宝贵的资源，2012 年以来，高校牵头建设了 60%以上的学科类国家重点实验室、30%的国家工程（技术）研究中心。高校战略科学家和领军人才群体稳步壮大，全国超过 40%的两院院士、近 70%的国家杰出青年科学基金获得者都集聚在高校。通过高水平科学研究培养高质量创新人才，支撑了数百万的硕士、博士研究生培养。

2）高校实验探索性强

高校实验室具有危险因素量多面广、人员流动性强、研究内容变化多、科研探索性强等特点。

3）高校实验室管理部门众多

高校实验室安全管理部门及相关文件见表 9-1。

表 9-1　高校实验室安全管理部门及相关文件

序号	管理部门	安全职责范围	文件发放形式
1	发展规划司	消防、危化品安全	教发厅（函）
2	教育部科技司、教育部科技发展中心	科研实验室安全	教技司（函）
3	高教司	教学实验室安全	教高厅（函）
4	教育部办公厅、教育部	实验室安全	教发厅（函） 教科信厅（函） 教高厅（函）
5	国务院安全生产委员会	校园安全 （含实验室安全）	安委办
6	省校园安全生产专业委员会办公室	校园安全 （含实验室安全）	鄂校安办
7	省教育厅办公室	实验室安全	鄂教科办（函） 鄂教高办（函）
8	大学/学院	实验室安全	**高校办

9.1.2　高校实验室安全检查

根据国务院安全生产委员会在 2015 年 8 月下发的《关于全面开展安全生产大检查深化"打非治违"和专项整治工作的通知》（安委明电〔2015〕2 号）要求，由教育部科技司牵头，下发《关于开展高等学校实验室危险品安全自查工作的通知》（教技司〔2015〕265 号），委托教育部科技发展中心，以高校自查结合现场检查的方式，对高校科研实验室安全工作进行专项检查。

1）部分相关文件

2022 年 9 月，教育部办公厅印发《教育部直属高校实验室安全事故事件追责问责办法（试行）》（教科信〔2022〕4 号）。该办法旨在通过明确责任、加强管理和应急准备，切实增强高校实验室安全管理能力和水平，强化责任意识，保障校园安全稳定和师生生命安全。

2023 年 2 月，教育部办公厅印发《高等学校实验室安全规范》（教科信厅函〔2023〕5 号）。该规范强调高校实验室安全工作应坚持"安全第一、预防为主、综合治理"的方针，实现规范化、常态化管理体制，抓紧、抓实、抓细实验室安全工作，坚决防范遏制实验室安全事故发生，切实维护师生生命财产安全、社会稳定，全面筑牢校园安全防线，构建一个科学的、长效的实验室教育体系。重点落实安全责任体系、管理制度、教育培训、安全准入、条件保障，以及危险化学品等危险源的安全管理内容。同时，还应建立安全检查制度、安全教育培训与准入制度、项目风险评估与管控制度、危险源全周期管理制度、安全应急制度、实验室安全事故上报制度等。

2023 年 6 月，由教育部发展规划司主持起草的《高等学校实验室消防安全管理规范》（JY/T 0616—2023）正式实施。该规范规定了高等学校实验室消防安全管理的总体要求、消防安全责任、消防安全制度和管理、消防安全措施、灭火和应急疏散预案编制和演练、火灾事故处置与善后以及奖惩制度。旨在预防高等学校实验室火灾事故发生，吸取事故教训，进一步规范高等学校实验室的消防安全管理，保障学校教学科研正常开展，维护学校安全稳定。

2024 年 3 月教育部印发《高等学校实验室安全分级分类管理办法（试行）》（教科信〔2024〕4 号）。该办法旨在加强高校实验室安全精细化管理，提高高校实验室安全风险防范的针对性和有效性。对高校实验室安全分级分类管理的责任体系、工作原则、管理要求等作出相关规定。明确了高校党政主要负责人是第一责任人，学校实验室安全主管职能部门牵头制定本校实验室安全分级分类管理办法，二级单位党政负责人是本单位实验室安全分级分类管理工作主要领导责任人。根据实验室中存在的危险源及其存量进行风险评价，判定本实验室安全等级。实验室安全等级可分为Ⅰ、Ⅱ、Ⅲ、Ⅳ级（或红、橙、黄、蓝级），分别对应重大风险、高风险、中风险、低风险等级的实验室。

2024 年 4 月，教育部办公厅颁发的《高等学校实验室安全检查项目表（2024 年）》（教科信厅函〔2024〕11 号），属于安全检查表法，是进行安全检查、发现潜在危险、督促各项安全法规、制度、标准实施的一个较为有效的工具。该检查表可以分为综合性指标、通用性安全指标、专业性安全指标 3 个方面。对分布在法律法规、部门规章、标准里的实验室安全强制性要求进行统一明确，便于高校自身对照检查。既有硬件建设方面的检查内容，又有软件管理方面的检查内容；既有学校层面宏观管理的检查内容，又有院系层面具体操作层面的检查内容；既有通用性的安全检查内容，又有专业性的安全检查内容。每个条款都有明确、详细的检查要求，可操作性强，为实验室安全建设与管理工作提供指导。该检查表共 13 条 56 款 153 项 303 目。编制目的是贯彻落实实验室安全检查、完善制度体系，修订原则是秉持"四性"，一致性、严谨性、时效性和实操性，维持 13 条主体框架不变，力争做到表述无歧义，及时同步更新的法规、技术标准，适应近几年高校实验室安全检查中出现的实际情况，适应高校一线实践验证。

2024 年 6 月，教育部办公厅颁发《教育系统重大事故隐患判定指南》（教发厅函〔2024〕20 号）。该指南主要适用于教育系统存在的危害程度较大，可能造成群死群伤或重大财产损失，或引起严重社会影响的重大隐患判定，包括校园消防、校舍安全、食品安全、实验实训、校车校园交通、预防拥挤踩踏、特种设备使用及水电气热运行等重要领域和关键环节。特别是实验实训管理中有关重要危险源、风险管控方案作了明确要求。该指南推动了校园安全隐患排查整治工作规范化、常态化，也为建设高质量平安校园、维护校园安全稳定奠定了坚实的基础。

2）检查结果分析

检查重点包括以下几个方面：

① 学校、二级单位、实验室三级联动的实验室安全管理责任体系建设和运行情况。

② 危险化学品采购、运输、存储、使用、处置等环节的管理制度建设及落实情况。

③ 实验室准入机制和定期安全培训机制的建立，校园安全文化建设和专业安全知识培训宣传情况。

教育部科技司委托科技发展中心作为第三方机构，负责具体实施。具体工作内容包括安全检查工作的程序方案制定、检查指标确定、专家队伍选择、派出观察员等。40 所教育部直属高校实验室安全现场检查结果统计见表 9-2。

表 9-2 高校实验室安全现场检查结果

序号	项目	发现问题总量/个	具体问题类目	问题数量/个	项目内比例/%
1	责任体系	77	学校层面安全责任体系	36	46.8
			院系层面安全责任体系	7	9.1
			经费保障	6	7.8
			队伍建设	15	19.5
			其它	13	16.9

序号	项目	发现问题总量/个	具体问题类目	问题数量/个	项目内比例/%
2	规章制度	30	实验室安全管理制度	30	100.0
3	安全宣传教育	17	安全教育活动	15	88.2
			安全文化	2	11.8
4	安全检查	43	危险源辨识	21	48.8
			安全检查	6	14.0
			安全隐患整改	14	32.6
			安全报告	2	4.7
5	实验场所	116	场所环境	72	62.1
			卫生与日常管理	38	32.8
			场所其它安全	6	5.2
6	安全设施	92	消防设施	22	23.9
			应急喷淋与洗眼装置	42	45.7
			通风系统	25	27.2
			门禁监控	1	1.1
			实验室防爆	2	2.2
7	基础安全	68	用电用水基础安全	39	57.4
			个人防护	26	38.2
			其它	3	4.4
8	化学安全	283	危险化学品采购、验收、发放	4	1.4
			实验室化学试剂存放	89	31.4
			实验操作安全	12	4.2
			管控类化学品管理	23	8.1
			实验气体管理	78	27.6
			化学废弃物处置管理	46	16.3
			危化品仓库与废弃物中转站	14	4.9
			其它化学安全	17	6.0
9	生物安全	21	实验室资质	1	4.8
			场所与设施	4	19.0
			人员管理	1	4.8
			操作与管理	6	28.6
			实验动物安全	6	28.6
			生物实验废物处置	3	14.3
10	辐射安全	6	实验室资质与人员要求	2	33.3
			场所设施与采购运输	2	33.3
			放射性实验安全及废弃物处置	2	33.3

序号	项目	发现问题总量/个	具体问题类目	问题数量/个	项目内比例/%
11	机电等安全	50	仪器设备常规管理	26	52.0
			机械安全	8	16.0
			电气安全	14	28.0
			激光安全	2	4.0
12	特种设备与常规冷热设备	80	起重类设备	3	3.8
			压力容器	16	20.0
			场（厂）内专用机动车辆	1	1.3
			加热及制冷装置管理	60	75.0

从表 9-2 可以看出，该《高等学校实验室安全检查项目表（2019）》共涉及 12 大类问题，化学安全类问题发现 283 项，位居所有大类问题榜首，一些如实验室化学试剂存放、危化品仓库与废弃物中转站建设等问题解决尚需时间。高校实验室安全排在前 5 的大类问题及其占比依次为化学安全（32.1%）、实验场所（13.1%）、安全设施（10.4%）、特种设备与常规冷热设备（9.1%）、责任体系（8.7%），整改基数较大。151 个条款中，问题数量排名前 5 的依次为实验室化学试剂存放（89）、实验气体管理（78）、场所环境（72）、加热及制冷装置管理（60）、化学废弃物处置管理（46）。

9.2 涉化类高校实验室危化品突发事件应急预案

高校突发事件应急预案包括综合应急预案、专项应急预案、现场处置方案及相关附件。本危化品突发事件应急预案以湖北省某高校为研究对象，属于专项应急预案范畴。

9.2.1 应急预案总则

（1）编制目的

为进一步提高高校、师生对危险化学品突发事故的应对能力，最大程度地预防和减少突发事故及其造成的损失，保障师生的生命财产安全，保证正常的教学、科研秩序，防止环境污染、事故进一步升级，促进学校各项事业健康、稳定发展。特制定本预案，确保一旦发生实验室污染事件或安全事故时，能及时、规范、科学、有效地控制事态的发展。

（2）工作原则

1）以人为本，安全第一

高校危化品突发事件应急救援工作要始终把保障广大师生的生命安全和身体健康放在首位，切实加强应急救援人员的安全防护，最大限度地减少危险化学品事故灾难造成的人员伤亡和危害。

2）统一领导，分级管理

在学校的统一领导下，实行分级负责。学校各有关部门、院系、直属单位（以下统称"各有关单位"）按照各自职责和权限，负责突发事件的应急处置工作；各危险化学品涉及单位结合自身实际情况，制定应急预案，切实做好应急处置工作。

3）预防为主，防控结合

贯彻落实"安全第一，预防为主，综合治理"的方针，坚持事故应急与预防相结合，将日常管理工作和应急救援工作结合起来。理清实验室危险因素分析，加强危险源管理，做好突发危险化学品事件的预防、预测、预警和预报工作；积极开展培训教育，组织应急演练，做到常备不懈；加大宣传力度，提高师生员工的安全意识；做好救援物资和技术力量储备工作，做到有备无患。

（3）编制依据

① 《中华人民共和国突发事件应对法》　　　　（主席令〔2007〕第 69 号，2024 年修订）

② 《中华人民共和国安全生产法》　　　　　　（主席令〔2002〕第 70 号，2021 年修正）

③ 《危险化学品安全管理条例》　　　　　　　（国务院令〔2002〕第 344 号，2013 年修订）

④ 《生产经营单位生产安全事故应急预案编制导则》　　　　　　（GB/T 29639—2020）

⑤ 《生产安全事故应急预案管理办法》　　　　　　（应急管理部令〔2019〕第 2 号）

⑥ 《生产安全事故应急条例》　　　　　　　　　（国务院令〔2019〕第 708 号）

⑦ 《突发事件应急预案管理办法》　　　　　　　（国办发〔2024〕5 号）

⑧ 《易制毒化学品管理条例》　　　　　（国务院令〔2005〕第 445 号，2018 年修订）

⑨ 《安全生产培训管理办法》　　　　　　　　（原安监总局令〔2012〕第 44 号）

⑩ 《首批重点监管的危险化学品安全措施和应急处置原则》
（安监总厅管三〔2011〕142 号）

⑪ 《危险化学品安全使用许可证实施办法》　　　（原安监总局令〔2012〕第 57 号）

⑫ 《湖北省危险化学品安全管理办法》　　　（湖北省人民政府令〔2013〕第 364 号）

⑬ 《危险化学品登记管理办法》　　　　　　　（原安监总局令〔2015〕第 53 号）

⑭ 《全国安全生产专项整治三年行动计划》　　　（国务院安委会〔2020〕3 号）

⑮ 《危险化学品目录（2015 版）》　　　　　　（原安监总局〔2015〕第 5 号）

⑯ 《各类监控化学品名录》　　　　　　　　　（工信部令〔2020〕第 52 号）

⑰ 《新化学物质环境管理办法》　　　　　　　（原环保部令〔2010〕第 7 号）

⑱ 《新化学物质环境管理登记办法》　　　　　（生态环境部令〔2020〕第 12 号）

⑲ 《新污染物治理行动方案》　　　　　　　　（国办发〔2022〕15 号）

⑳ 《教育部办公厅关于进一步加强高等学校实验室危险化学品安全管理工作的通知》
（教技厅〔2013〕1 号）

㉑ 《高等学校实验室工作规程》　　　　　　　（教育委员会令〔1992〕第 20 号）

㉒ 《教育部办公厅关于加强高校教学实验室安全工作的通知》
（教高厅〔2017〕2 号）

㉓ 《教育部科技司关于开展 2018 年度高等学校科研实验室安全检查工作的通知》
（教技司〔2018〕254 号）

㉔ 《教育部办公厅关于进一步加强高校教学实验室安全检查工作的通知》

（教高厅〔2019〕1 号）

㉕ 《教育部关于加强高校实验室安全工作的意见》 （教技函〔2019〕36 号）

㉖ 《高等学校实验室安全管理工作视频会议精神》 （国务院安委会 2019）

㉗ 《教育部办公厅关于做好 2019 年度高等学校科研实验室安全工作的通知》

（教技厅函〔2019〕37 号）

㉘ 《教育系统安全专项整治三年行动实施方案》 （教发厅函〔2020〕23 号）

㉙ 《教育部办公厅关于开展加强高校实验室安全专项行动工作的通知》

（教科信厅函〔2021〕38 号）

㉚ 《教育部直属高校实验室安全事故事件追责问责办法（试行）》

（教科信〔2022〕4 号）

㉛ 《高等学校实验室安全规范》 （教科信厅函〔2023〕5 号）

㉜ 《高等学校实验室消防安全管理规范》 （JY/T 0616—2023）

㉝ 《高等学校实验室安全分级分类管理办法（试行）》 （教科信〔2024〕4 号）

㉞ 《教育系统重大事故隐患判定指南》 （教发厅函〔2024〕20 号）

㉟ 《省校安委办关于做好校园安全工作的紧急通知》 （鄂校安办〔2023〕9 号）

（4）适用范围

本预案适用于全校涉化类学院（学部）、医学院及其附属医院、研究院、工程（研究）中心、实验中心及有关科研平台等单位在危险化学品购买、储存、使用和废弃处置全生命周期过程中发生的安全环保突发事件的应对工作。

9.2.2 事故类型和危险程度

危险源情况，根据国家相关规定，结合高校危险化学品的危险源和安全隐患识别、排查，按照分类分级制定应急处置预案内容的原则，确定危险目标。

危险源分析，高校所涉危险化学品包含一定数量的剧毒化学品、易制毒化学品、易制爆化学品、新化学物质等，分散在各教学、科研实验室及危险品存储间内，具有毒害、腐蚀、爆炸、燃烧、助燃等性质，对人体、设施、环境具有一定危害性。

风险分析，危险化学品涉及申领、储存、运输、使用、废弃处置等多个环节，可能发生的安全事件类型主要有火灾、爆炸、中毒、灼伤、窒息、泄漏、环境污染、失窃、丢失等，事件蔓延迅速，危害严重，影响广泛。危险化学品风险分析情况见表 9-3。

表 9-3 高校危险化学品风险分析情况表

项目	危险目标等级		
	1 级	2 级	3 级
地　　点	危险化学品存储间、剧毒化学品储存场所	废弃物中转库	涉及危险化学品使用和存放的实验室
区域性质	储存区	储存区	存放和使用区
触发因素	泄漏、静电、雷电、明火、违规操作		

项目	危险目标等级		
	1 级	2 级	3 级
事件类型	火灾、爆炸、中毒、灼伤、窒息、泄漏、失窃、丢失等		
危害情况说明	人员伤亡、财产损失、环境污染等		

注：危险目标等级从高到低依次为 1 级、2 级、3 级。

事件分级，根据事件的性质、严重程度、可控性、影响范围等因素，从重到轻依次分为特别重大事件（Ⅰ级）、重大事件（Ⅱ级）、较大事件（Ⅲ级）和一般事件（Ⅳ级）四个等级。事件类型及分级依据见表 9-4。

表 9-4　事件类型及分级依据

序号	事件类型	事件分级依据
1	特别重大事件（Ⅰ级）	① 剧毒化学品、易制毒化学品或易制爆化学品丢失或被盗； ② 扩大到校外，对社会环境可能造成影响的危险化学品泄漏事件； ③ 危险化学品引发的不可控的火灾事件； ④ 危险化学品事故引发的致 3 人以上重伤（包括中毒或器官损坏）或有人员死亡，或 500 万元以上直接经济损失； ⑤ 严重破坏生态环境，需要地方政府有关部门和应急机构密切配合，整合社会应急救援力量和资源才能应对的事故或事件
2	重大事件（Ⅱ级）	① 除剧毒化学品、易制毒化学品和易制爆化学品以外的其他危险化学品丢失或被盗； ② 扩大到所在校区其他单位，对社会环境可能造成影响的危险化学品泄漏事件； ③ 危险化学品事故引发的致 3 人以下重伤或有 10 人以上轻伤，或 100 万元以上 500 万元以下直接经济损失； ④ 破坏生态环境可能波及校外，需要校外应急救援力量协助才能应对的事故或事件
3	较大事件（Ⅲ级）	① 危险化学品事故引发的致 10 人以下轻伤，或 10 万元以上 100 万元以下直接经济损失； ② 扩大到所在校区其他单位，校园生态环境遭受到一定程度破坏，需要整合学校各方应急救援力量和资源进行处置的事故或事件
4	一般事件（Ⅳ级）	① 危险化学品引发的初期的或小范围内可控的火灾事件； ② 危险化学品引发的其他各类事件，但未造成人员伤害； ③ 限于事发单位内、无扩大趋势，校园生态环境局部受到影响，但凭借二级单位的应急救援力量和资源就可以处置的事故或事件

9.2.3　组织机构及职责

① 组织机构。危险化学品突发事件应急指挥部、现场指挥、突发事件处置组、安全（保卫）疏散组、宣传联络组、后勤保障组、医疗急救组、善后处理组。

② 人员分工。根据危险化学品突发事件任务分工，人员可分为组长、副组长及成员。根据发生事件级别，指挥机构及职责见表 9-5。

表 9-5　指挥机构及职责

序号	工作组级别	工作内容	主要职责	工作组组成
1	Ⅰ级事件应急处置	学校启动突发公共事件应急响应,由学校成立应急处置工作组("Ⅰ级应急处置组"),统一领导和指挥全校该级事件的应急处置工作	及时前往事发地现场,配合上级部门组织和指挥Ⅰ级突发事件应急处置工作	组长:党委书记、校长 副组长:分管安全工作的党委副书记、副校长 成员:党政办公室、党委宣传部、国有资产与实验室管理处(简称国资处)、保卫处、科学技术发展院、学工处、本科生院、研究生院、后勤保障部、校医院、事发单位等主要负责人
2	Ⅱ级事件应急处置	由学校实验室工作委员会作为应急处置工作组("Ⅱ级应急处置组"),启动Ⅱ级应急响应,开展应急处置工作	及时前往事发地现场指挥并负责Ⅱ级事件的应急处置;配合环保、公安、卫生等部门做好突发Ⅱ级事件的处理工作	组长:分管安全工作的党委副书记、副校长 副组长:党政办公室、国资处、保卫处主要负责人 成员:党委宣传部、科学技术发展院、学工处、本科生院、研究生院、后勤保障部、校医院、事发单位等负责人
3	Ⅲ级事件应急处置	由校实验室工作小组作为应急处置工作组("Ⅲ级应急处置组"),启动Ⅲ级应急响应,开展应急处置工作	及时前往事发地现场指挥并负责Ⅲ级事件的应急处置工作	组长:国资处主要负责人 副组长:保卫处、化学与化工学院主要负责人 成员:党政办公室、党委宣传部、校医院、化学与化工学院、资源与环境工程学院、医学部、后勤保障部、事发单位等负责人
4	Ⅳ级事件应急处置	由涉及危险化学品事件的校内相关单位成立应急处置工作组("Ⅳ级应急处置组"),启动Ⅳ级应急响应,开展应急处置工作	及时赶赴现场,组织开展现场封控、保护和救援行动;负责Ⅳ级事件的应急处置工作	组长:事发单位党政主要负责人 副组长:事发单位分管负责人 成员:实验室(中心)主任、系主任、研究所负责人等

③ 指挥机构及职责,相关单位工作职责见表 9-6。指挥机构下设应急处置专家组,由学校实验室工作委员会化学安全领域专家组成,必要时可召集校内外的相关专家,主要负责突发危险化学品事件应急预测、预警和处置中的咨询工作,向各级应急处置组提供应急处置决策依据和建议等。

表 9-6　相关单位工作职责

序号	单位名称	工作职责
1	党政办公室	发生Ⅰ级事件时,协调各成员单位的抢险救援工作;接受政府部门的指令和调动,落实上级部门和学校领导关于事件抢险救援的指示,及时向学校领导和上级有关部门报告事件和抢险救援进展情况;发生Ⅱ、Ⅲ级事件时,协助做好相关工作。在Ⅲ级(含)以上事件确认后 2～4h 内,酌情向省教育厅、事发地人民政府和教育部门及有关单位报送事件处置情况等

序号	单位名称	工作职责
2	党委宣传部	发生Ⅲ级（含）以上突发事件时，负责做好宣传工作，向外界及时通报事件情况，开展网络舆情监管、预警，进行正确的舆论引导等
3	国资处	负责在Ⅲ级（含）以上事件确认后2h内酌情向环保部门报送事件情况、请求支援，及时向上级转达环保部门的指示；负责组织专家，为现场指挥救援工作提供技术咨询；负责联系有资质的专业单位开展监测、治污、化学废弃物处置等工作；负责或配合政府部门做好事件的调查及应急救援工作的总结并及时向学校报送信息等
4	保卫处	组织应急机动队伍，执行处置突发事件的应急任务；负责布置事件现场的安全警戒、人员疏散、治安巡逻，保持校园内救援通道的畅通；负责在Ⅲ级（含）以上事件确认后2h内酌情向公安部门报送事件情况、请求支援；配合事发单位或消防部门进行现场灭火，搜救伤员，控制易燃、易爆、有毒物质泄漏；负责与公安部门联系，协助公安机关做好突发事件的调查取证工作，参与做好事件应急救援总结工作
5	后勤保障部	同学校有关部门和单位，做好应急所需的水电、交通等保障工作等
6	校医院	负责在事发现场附近的安全区域内设立临时医疗救护点，及时调配医务人员、医疗器械和急救药品；负责实施现场救治及统计伤亡人员情况，及时与医学院附属医院等联系求助，将超出校医院救治能力的病员及时转送至上级医院；负责在Ⅲ级（含）以上事件确认后2h内酌情向卫生部门报送事件信息、请求支援等
7	各危险化学品事发单位	根据本单位涉及的危险化学品的种类及特性，做好应急救援设施和物资准备工作；负责本单位内Ⅳ级事件的应急处置工作，配合做好本单位Ⅰ、Ⅱ、Ⅲ级事件的应急处置工作，并及时向有关部门报送信息等

9.2.4 预防与预警

① 危险源监控。各危险化学品涉及单位对各风险等级危险源和可能引发危险化学品事件的情况进行监控和风险分析，切实做到"早发现、早报告、早处置"。国资处、保卫处加强安全监管和巡查工作。

② 预警行动。各级应急处置组确认可能导致突发事件的情况后，要及时研究确定应对方案，通知有关部门、单位采取相应行动预防事件发生；当需要支援时，请求上级支持并按照本预案规定进行预警等级的发布。预警信息包括预警级别、起始时间、可能影响范围、警示事项、应采取的措施和发布单位等。

9.2.5 应急响应

响应分级是在突发危险化学品事件发生后，各级应急处置工作组应立即启动相应级别的应急预案。各有关单位根据各自职责，迅速采取前期应急处置措施，封锁现场，疏散人员，积极救治受伤人员，控制事态发展。实验室安全事故报告与应急响应流程见图9-1。

响应程序具体如下。

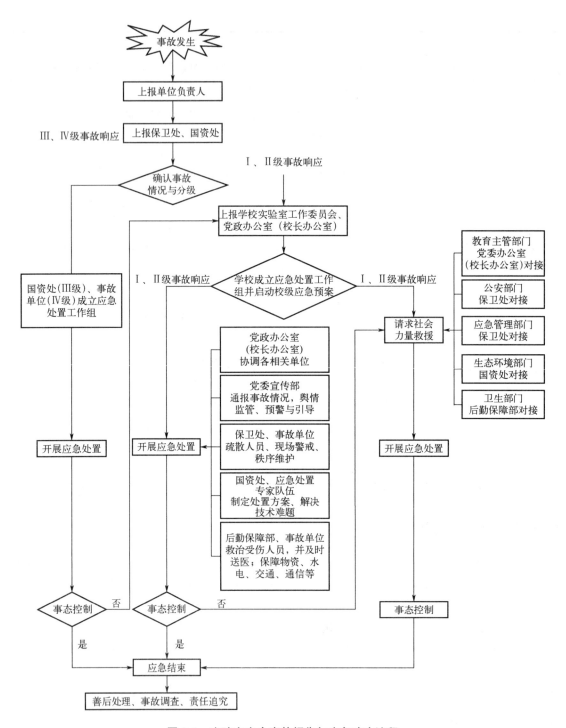

图 9-1　实验室安全事故报告与应急响应流程

（1）应急处置基本任务

① 控制危险源：及时控制造成事件的危险源（灭火、切断毒源等），防止事件继续扩展，确保及时、有效地进行救援。

② 抢救受害人员：及时、有序、有效地实施现场急救与安全转送伤员，以降低伤亡率，减少事件危害。

③ 引导人员撤离：组织撤离时应指导人员采取各种措施进行自身防护，并向上风向迅速撤离出危险区或可能受到危害的区域。撤离过程中应积极组织人员开展自救和互救工作。

④ 做好现场洗消：对现场残留的有毒有害物质和可能对人和环境继续造成危害的物质，应及时组织人员予以清除，减轻危害后果，防止对人的继续危害和对环境的污染。

（2）应急处置方案

突发危险化学品事件、剧毒化学品事件的应急处置方案详见附录3、附录4。各危险化学品涉及单位应根据各自涉及的化学品种类、危害特性等分别负责组织制订和修订详细的现场处置预案，并保障其切实可行。

（3）现场处置要点

① 火灾事件：确定火灾发生位置；确定引起火灾的物质类别（压缩气体、液化气体、易燃液体、易燃物品、自燃物品等）；确定所需的应急救援处置专家类别；明确火灾发生区域的周边环境；确定周围区域的重大危险源分布；确定火灾扑救方法；确定火灾可能导致的后果及对周围区域的影响（含火灾与爆炸伴随发生的可能性）；确定对火灾可能导致后果的主要控制措施（控制火灾蔓延、人员疏散、医疗救护等）；确定需要调动的应急救援力量（公安、消防队伍等）。

② 爆炸事件：确定爆炸地点；确定爆炸类型（物理爆炸、化学爆炸）；确定引起爆炸的物质类别（气体、液体、固体）；确定所需的爆炸应急处置专家类别；明确爆炸地点的周围环境；明确周围区域的重大危险源分布；确定爆炸可能导致的后果（火灾、二次爆炸等）；确定爆炸可能导致的后果及其主要控制措施（再次爆炸控制手段、工程抢险、人员疏散、医疗救护等）；确定需要调动的应急救援力量（公安、消防队伍等）。

③ 中毒事件：明确引起中毒的物质类别（剧毒性、腐蚀性等）；确定所需的中毒应急处置专家类别；明确中毒地点的周围环境；明确是否已有有毒物质进入大气、附近水源等场所；确定气象信息；确定中毒可能导致的后果及其主要控制措施（中和、解毒等措施）；确定需要调动的应急救援力量（卫生部门等）。

④ 易燃、易爆或有毒物质泄漏事件：确定泄漏源的位置；确定发生泄漏的化学品种类（易燃、易爆或有毒物质）；确定所需的泄漏应急处置专家类别；确定泄漏源的周围环境（环境功能区、人口密度等）；确定是否已有泄漏物质进入大气、附近水源、下水道等场所；明确周围区域的重大危险源分布；确定泄漏时间或预计持续时间以及泄漏扩散趋势预测；确定实际或估算的泄漏量；确定气象信息；明确泄漏可能导致的后果及危及周围环境的可能性（泄漏是否可能引起火灾、爆炸、中毒等后果）；确定对泄漏可能导致后果的主要控制措施（堵漏、工程抢险、人员疏散、医疗救护等）；确定需要调动的应急救援力量（消防特勤部队、防化兵部队等）。

⑤ 丢失或被盗事件：确定丢失或被盗的位置；确定丢失或被盗物质的类别、特性（毒性、腐蚀性、放射性、致癌性、爆炸性、易燃性等）；确定丢失或被盗可能导致的后果及其危害性；确定主要的控制措施；确定需要调动的应急救援力量（公安部门等）。

（4）应急人员安全防护

根据不同危险化学品事件的特点以及应急人员的职责，采取不同的防护措施：应急救援指挥人员、医务人员和其他不进入污染区域的应急人员一般配备过滤式防毒面罩、防护服、防毒手套、防毒靴等；工程抢险、消防和侦检等进入污染区域的应急人员应配备密闭型防毒面罩、防酸碱型防护服和空气呼吸器等；同时应做好现场毒物的洗消工作（包括人员、设备、设施和场所等）。

加强师生安全防护，根据不同危险化学品事件特点，组织和指导师生就地取材（如毛巾、湿布、口罩等），采用简易有效的防护措施自我保护。根据实际情况，制定切实可行的疏散程序（包括指挥机构、疏散组织、疏散范围、疏散方式、疏散路线、疏散人员的照顾等）。组织师生撤离危险区域时，应选择安全的撤离路线，避免横穿危险区域。进入安全区域后，应尽快去除受污染的衣物，防止继发性伤害。

应急结束，事件现场得以控制，并消除可能导致次生、衍生事件的隐患后，分级发布应急结束指令。经公安、环保、卫生等相关部门确认许可后，Ⅰ、Ⅱ、Ⅲ、Ⅳ级应急结束指令分别由对应的各级应急处置组发布。

9.2.6　信息报送

一旦预测可能或已经发生危险化学品事件，事发单位应根据本预案，判定事件等级，并及时报告。Ⅰ级、Ⅱ级和Ⅲ级事件需报告国有资产与实验室管理处、保卫处，Ⅰ级事件还需加报党政办公室；出现人员伤害时，需同时报告校医院，请求支援。特别紧急的情况可先越级报告，或根据人员受伤、火警等情况分别拨打120急救电话、119火警电话。

报告内容包括事件发生的时间、地点及事件类型与现场情况，涉及危险化学品的名称、数量及危险特性，涉及人员情况，已采取的控制措施，报告单位名称、个人姓名及联系方式等。

Ⅳ级事件由事发单位处置完成后，向国资处、保卫处报备。

9.2.7　后期处置

当突发事件得到控制时，确定突发事件应急救援工作结束；并通知本单位相关部门、周边社区及人员突发事件危险解除。同时应急处置领导小组立即成立两个专门工作小组：在总指挥领导下，组成突发事件调查小组，调查突发事件发生原因和研究制定防范措施；在总指挥领导下，组成由后勤保障部和发生突发事件单位参加的抢修小组，研究制定抢修方案并立即组织抢修，尽早恢复秩序。

遇到突发事件中发生人员伤亡或者由本单位直接责任造成的其他单位的人员伤亡或财产损失，由应急领导小组负责或者由应急领导小组授权对突发事件中人员伤亡或财产损失进行善后处理。主要包括污染物和废弃物处理、突发事件后果影响消除、恢复秩序、善后工作、处置过程和应急处置能力评估及应急预案的修订等内容。

① 污染物和废弃物处理：污染物和废弃物处理严格按照有关法律法规进行，必要时请环保部门进行处理。

② 突发事件后果影响消除：明确向社会、师生员工、有关单位发布突发事件的经过、原因及在突发事件中采取的各种措施，消除师生员工、社会对学校的影响。必要时召开师生员

工大会或新闻发布会。

③ 恢复秩序、善后工作：在突发事件原因调查准确、采取了得当的措施后，各单位、各部门要投入到秩序恢复中，尽最大努力尽快恢复秩序。在突发事件中受伤、受害人员及造成的他人损失按有关法律法规进行处理。

④ 处置过程和应急处置能力评估：应急指挥部应根据《突发事件应急处置工作总结报告》，对本次应急处置工作进行评估，明确处置工作中的不足，制定改进方案。

⑤ 应急预案的修订：根据处置过程和应急处置能力评估结果，对应急预案进行修订。

9.2.8 保障措施

各危险化学品涉及单位负责配备本单位应急救援人员，并组织培训、演练；校内应急处理联系电话应保证畅通有效；校内各使用、存放、运输危险化学品的单位，应根据所涉及危险化学品的性质、危害等因素，做好经费保障，配备应急救援装备、物资并定期检查，保证可用。物资配备情况详见表9-7。

表9-7 应急救援物资配备表

序号	责任单位	物品名称	数量	备 注
1	保卫处	消防栓、灭火器、沙桶	若干	根据各危险化学品涉及单位的实际情况，配备不同类型的灭火器
2	后勤保障部	抽水泵	若干	
3	国资处及各危化品涉及单位	灭火毯、解毒剂或中和药品、化学品吸收棉、急救用品、防护服、防护面罩、防护眼镜、防毒面具、防护靴、应急灯、便携式可燃气体报警仪、空气呼吸器、其他应急物资	若干	根据所涉危险化学品性质配备

9.2.9 培训与演练

（1）培训

① 将应急培训纳入年度安全教育培训计划。

② 培训的人员包括全校师生员工，重点是应急处置指挥部组成人员、应急处置专业组组成人员、重点岗位人员。

③ 根据《涉化类高校实验室危化品突发事件应急预案》（以下简称《预案》）和突发事件可能发生的对策措施准备培训材料。

④ 培训内容：应急预案相关流程。

⑤ 将应急培训内容纳入新进教职员工上岗培训和新生入学安全教育内容。

⑥ 每年培训一次。每次培训以后，要做好培训的考核与记录。

（2）演练

① 广泛宣传《预案》，使全校师生员工明确演练的目的、意义、要求。

② 根据《预案》，编制《预案》的年度演练计划。

③ 根据各级《预案》，组织各级《预案》的分级演练。

④ 演练的重点是：部门的配合、与外部的协调和师生员工的参与。

⑤ 演练后进行效果评估，不断完善《预案》。

⑥ 在不影响正常秩序的前提下，安排演练计划。

原则上：每年进行一次全校性的综合演练；每半年进行一次局部性的单项演练。单项演练的内容包括应急处置、应急救援、消防灭火、紧急疏散等。演练方式可采用实战、模拟（图上推演）或混合演练（实战与模拟相结合）等方式。演练结束后，将演练中发现的问题及时改进、更新，使预案更加科学合理。

9.2.10 奖惩

对在突发事件应急处置方面有突出贡献的单位和个人，应给予适当的物质和精神奖励。在同等条件下，个人晋升优先考虑。

参加执行本预案的有关人员，必须认真履行职责，严格服从命令、听从指挥、坚守岗位，严禁支持或参与任何不利于事态处理的活动。

突发危险化学品事件处置实行问责制，对迟报、谎报、瞒报和漏报突发危险化学品事件重要情况，或在处置突发危险化学品事件中有其他失职、渎职行为的，根据其性质和造成后果的严重程度，依法依规给予处理，构成犯罪的，移送司法机关依法追究其刑事责任。

9.3 化学实验室常见事故案例原因分析

9.3.1 压力容器爆炸事故

（1）事故基本情况

1）事发时实验室条件

实验室高压反应釜爆炸事故

事发实验室位于某大学化工学院三楼，作为科研实验室，2011 年 11 月启用，房屋面积约 $50m^2$，房间内有实验台 2 个；写字桌 2 个；文件柜 1 个；12 只不同气体钢瓶。刘某教授是该实验室负责人。该试验是测试新瓦斯催化剂的灵敏度等性能。试验过程中，瓦斯（甲烷）在催化剂作用下与氧气反应生成二氧化碳和水，反应过程不断耗氧，实验箱需要加入含有甲烷的气体，正常试验时存有甲烷、氮气、氧气的混合气瓶通过瓶阀、减压阀、稳压阀、流量计、针形阀等计量与控制仪表。

2）项目研究概况

2014 年 11 月 6 日，该大学与某科技公司签订了科研技术转让合同。项目负责人是企业研发经理景某，具体实施由高校刘某教授和企业技术员江某负责，根据合同约定，实验地点在企业。实验从 2014 年 11 月初开始，为加快进度，景某与刘某协商，在未经大学同意或变更合同的情况下，将实验迁至该大学化工学院事故实验室进行。

2015 年 3 月 17 日，景某、江某携带着大功率稳压电源 1 台、绕线机 1 台、甲烷混合气体钢瓶 1 只、减压阀、检测电路等设备以及甲烷检测元件制备的材料到达学校。3 月 18 日，围绕合作企业所提出的不同浓度甲烷混合气体检测元件的灵敏度和稳定性指标进行试验。元件的测试试验由江某主持和操作。

3）事故发生经过

2015年4月3日，在前期测试实验进行了20多天后，江某告知刘某甲烷混合气体已用完，于是，刘某就按照实验要求进行甲烷混合气体配制。在配制甲烷混合气时，所用气瓶中余有0.5MPa（表压）的甲烷。为模拟空气状态，按4∶1比例充入氮气、氧气。配制方法为：先从另一只装有氮气的气瓶向甲烷气瓶导入做稀释气的氮气，甲烷瓶内压力升高约1.2MPa达到1.7MPa，再从装有纯氧的气瓶中导入氧气，瓶内压力升高约0.3MPa达到2.0MPa。经查该气瓶是2005年有关合作单位支援的，当时装有纯甲烷。

2015年4月5日的实验由江某安排，上午，本科生甲到实验室测试元件的灵敏度；下午，江某进行后续的测试。4月5日上午，本科生乙首先到达实验室；本科生甲上午10时30分左右到达实验室；11时40分左右硕士生甲到达实验室。本科生甲使用合作企业带来的甲烷混合气完成元件灵敏度的测试工作后，随后进行整理数据等工作。12时30分左右硕士生乙和江某进入实验室后做甲烷混合气体燃烧实验的准备工作，12时40分左右，甲烷混合气体瓶发生爆炸。

事故造成1名学生死亡；1名企业技术员右腿小腿截肢，左腿严重烧伤；3名学生耳膜穿孔。

4）事故调查情况

此前，该大学出台了《教师科研课题实验室安全管理办法》。规范要求教师根据科研工作实际需要成立科研室的，必须向所在学院提出申请，填写《教师科研课题实验室申请表》，要注明科研室名称、人员、地点、课题名称、课题起止时间和实验设备等事项。经所在学院审核批准后，填写《教师科研课题实验室安全管理备案表》，上报该大学保卫处备案。刘某的事故实验室，未经批准上报备案，从事纳米催化元件的制备方法的实验。

事故发生后，专家组现场勘察，发现实验室中部地上有一只炸开的气瓶残体，呈瓶头朝东南方向摆放，另有5块气瓶残片。在实验室中间靠近试验台位置，瓶底下的地板有20mm左右撞击坑，几乎完整的气瓶瓶底部分坐落其中，对应天花板部位有明显撞击痕迹。现场发现散落的存有氧气、氮气、氢气、含甲烷混合气等11只气瓶，瓶阀处于关闭状态。事故造成实验室西侧墙体裂缝和一处穿孔，室内设施严重损毁，门窗脱落，实验室北侧走廊天花板局部严重损坏等。

爆炸气瓶。现场发现气瓶残片共6块及损毁的减压阀一只，委托专业气瓶检测单位进行了外观、测厚、瓶阀解体等检测。该气瓶为无缝气瓶，出厂日期：1972年6月，该气瓶最后一次检验时间为2001年2月。断口明显呈撕裂状态，为暗灰色纤维状；瓶体内部有燃烧痕迹并有黑色燃烧物质积存，瓶体外部存在过火痕迹；瓶阀呈开启状态（开度不足一周），拆卸瓶阀内件发现铜阀芯明显烧热变色。现场剩余的11只气瓶，一只甲烷气瓶和一只氢气瓶由学校老师提供，使用年限已有2至3年；二氧化碳气瓶从气站购买，也已超过使用年限；其余气瓶都是以往做实验遗留下来的，均已超过检验有效期。

（2）事故原因分析和性质

实验过程及作业场所危险源及有害因素：参考《化学品分类和危险性公示　通则》（GB 13690—2009）、《危险化学品目录》，实验过程及场所涉及危化品为甲烷、氢气、二氧化碳、氮气（压缩），主要气体安全技术说明书见表9-8、9-9、9-10。实验过程可能存在甲烷、氢气燃烧爆炸以及不同种类气体钢瓶的压力容器爆炸等。

表 9-8　甲烷安全技术说明书

标识	中文名：甲烷、沼气		英文名：methane；marsh gas	
	分子式：CH₄	分子量：16.04		CAS 号：74-82-8
	危规号：21007			

理化性质	性状：无色无臭气体			
	溶解性：微溶于水，溶于醇、乙醚			
	熔点（℃）：-182.5	沸点（℃）：-161.5		相对密度（水＝1g/cm³）：0.42（-164℃）
	临界温度（℃）：-82.6	临界压力（MPa）：4.59		相对蒸气密度（空气＝1g/cm³）：0.6
	燃烧热（kJ/mol）：889.5	最小点火能（mJ）：0.28		饱和蒸气压（kPa）：53.32（-168.8℃）

燃烧爆炸危险性	燃烧性：易燃	燃烧分解产物：一氧化碳、二氧化碳
	闪点（℃）：-188	聚合危害：不聚合
	爆炸下限（%）：5.3	稳定性：稳定
	爆炸上限（%）：15	最大爆炸压力（MPa）：0.717
	引燃温度（℃）：538	禁忌物：强氧化剂、氟、氯
	危险特性：易燃，与空气混合能形成爆炸性混合物，遇热源和明火有燃烧爆炸的危险。与五氧化溴、氯气、次氯酸、三氟化氮、液氧、二氟化氧及其他强氧化剂接触剧烈反应	
	消防措施：切断气源。若不能立即切断气源，则不允许熄灭正在燃烧的气体。喷水冷却容器，可能的话将容器从火场移至空旷处。灭火剂：雾状水、泡沫、二氧化碳、干粉	

毒性	接触限值：中国 MAC（mg/m³）未制定标准　　　苏联 MAC（mg/m³）300
	美国 TVL-TWA　ACGIH 窒息性气体　　　美国 TLV-STEL　未制定标准

对人体危害	侵入途径：吸入
	健康危害：甲烷对人基本无毒，但浓度过高时，使空气中氧含量明显降低，使人窒息。当空气中甲烷达25%～30%时，可引起头痛、头晕、乏力、注意力不集中、呼吸和心跳加速、共济失调。若不及时脱离，可致窒息死亡。皮肤接触液化本品，可致冻伤

急救	皮肤冻伤：若有冻伤，就医治疗
	吸入：迅速脱离现场至空气新鲜处，保持呼吸道通畅。如呼吸困难，给输氧。如呼吸停止，立即进行人工呼吸。就医

防护	工程防护：生产过程密闭，全面通风。
	个人防护：一般不需要特殊防护，但建议特殊情况下，佩戴自吸过滤式防毒面具（半面罩）。眼睛防护一般不需要特殊防护，高浓度接触时可戴安全防护眼镜，穿防静电工作服。戴一般作业防护手套。工作现场严禁吸烟。避免长期反复接触，进入罐、限制性空间或其他高浓度区作业，须有人监护

泄漏处理	迅速撤离泄漏污染区人员至上风处，并进行隔离，严格限制出入。切断火源。建议应急处理人员戴自给正压式呼吸器，穿消防防护服。尽可能切断泄漏源。合理通风，加速扩散。喷雾状水稀释、溶解。构筑围堤或挖坑收容产生的大量废水。如有可能，将漏出气用排风机送至空旷地方或装设适当喷头烧掉。也可以将漏气的容器移至空旷处，注意通风。漏气容器要妥善处理，修复、检验后再用

贮运	包装标志：4　　UN编号：1971　　包装分类：Ⅱ
	包装方法：钢质气瓶
	储运条件：易燃压缩气体。储存于阴凉、通风仓间内。仓温不宜超过30℃。远离火种、热源。防止阳光直射。应与氧气、压缩空气、卤素（氟、氯、溴）等分开存放。切忌混储混运。储存间的照明、通风等设施应采用防爆型，开关设在仓外。配备相应品种和数量的消防器材。罐储时要有防火防爆技术措施。露天贮罐夏季要有降温措施。禁止使用易产生火花的机械设备和工具。验收时要注意品名，注意验瓶日期，先进仓的先发用。搬运时轻装轻卸，防止钢瓶及附件破损

表 9-9　氢气安全技术说明书

标识	中文名：氢、氢气		英文名：hydrogen	
	分子式：H₂	分子量：2.01		CAS 号：133-74-0
	危规号：21001			

理化性质	性状：无色无臭气体		
	溶解性：不溶于水，不溶于乙醇、乙醚		
	熔点（℃）：−259.2	沸点（℃）：−252.8	相对密度（水＝1g/cm³）：0.07（−252℃）
	临界温度（℃）：−240	临界压力（MPa）：1.30	相对蒸气密度（空气＝1g/cm³）：0.07
	燃烧热（kJ/mol）：241.0	最小点火能（mJ）：0.019	饱和蒸气压（kPa）：13.33（−257.9℃）

燃烧爆炸危险性	燃烧性：易燃	燃烧分解产物：水
	闪点（℃）：无意义	聚合危害：不聚合
	爆炸下限（%）：4.1	稳定性：稳定
	爆炸上限（%）：74.1	最大爆炸压力（MPa）：0.720
	引燃温度（℃）：400	禁忌物：强氧化剂、卤素
	危险特性：与空气混合能形成爆炸性混合物，遇热或明火即会发生爆炸。气体比空气轻，在室内使用和储存时，漏气上升滞留屋顶不易排出，遇火星会引起爆炸。氢气与氟、氯、溴等卤素会剧烈反应	
	消防措施：切断气源。若不能立即切断气源，则不允许熄灭正在燃烧的气体。喷水冷却容器，可能的话将容器从火场移至空旷处。灭火剂：雾状水、泡沫、二氧化碳、干粉	

毒性	接触限值：中国 MAC（mg/m³）未制定标准　　　苏联 MAC（mg/m³）未制定标准
	美国 TVL-TWA　ACGIH　窒息性气体　　　美国 TLV-STEL　未制定标准

对人体危害	侵入途径：吸入
	健康危害：本品在生理学上是惰性气体，仅在高浓度时，由空气中氧分压降低才引起窒息。在很高的分压下，氢气可呈现出麻痹作用

急救	吸入：迅速脱离现场至空气新鲜处，保持呼吸道通畅。如呼吸困难，给输氧。如呼吸停止，立即进行人工呼吸。就医

防护	工程防护：密闭系统，通风，防爆电器与照明。
	个人防护：一般不需要特殊防护，高浓度接触时可佩戴空气呼吸器。穿防静电工作服。戴一般作业防护手套。
	其他：工作现场严禁吸烟。避免高浓度吸入。进入罐、限制性空间或其他高浓度区作业，须有人监护

泄漏处理	迅速撤离泄漏污染区人员至上风处，并进行隔离，严格限制出入。切断火源。建议应急处理人员戴自给正压式呼吸器，穿消防护服。尽可能切断泄漏源。合理通风，加速扩散。如有可能，将漏出气用排风机送至空旷地方或装设适当喷头烧掉。漏气容器要妥善处理，修复、检验后再用

贮运	包装标志：4　　　　UN编号：1049　　　　包装分类：Ⅱ　　　　包装方法：钢质气瓶
	储运条件：易燃压缩气体。储存于阴凉、通风仓间内。仓内温度不宜超过30℃。远离火种、热源。防止阳光直射。应与氧气、压缩空气、卤素（氟、氯、溴）、氧化剂等分开存放。切忌混储混运。储存间内的照明、通风等设施应采用防爆型，开关设在仓外。配备相应品种和数量的消防器材。禁止使用易产生火花的机械设备和工具。验收时要注意品名，注意验瓶日期，先进仓的先发用。搬运时轻装轻卸，防止钢瓶及附件破损

表 9-10 二氧化碳安全技术说明书

<table>
<tr><td rowspan="3">标识</td><td colspan="3">中文名：二氧化碳、碳酸酐</td><td colspan="2">英文名：carbon dioxide</td></tr>
<tr><td colspan="3">分子式：CO_2</td><td>分子量：44.01</td><td>CAS 号：124-38-9</td></tr>
<tr><td colspan="5">危规号：22019</td></tr>
<tr><td rowspan="6">理化性质</td><td colspan="5">性状：无色无臭气体</td></tr>
<tr><td colspan="5">溶解性：溶于水、烃类等多数有机溶剂</td></tr>
<tr><td colspan="2">熔点（℃）：−56.6（527kPa）</td><td colspan="2">沸点（℃）：−78.5（升华）</td><td>相对密度（水＝1g/cm³）：1.56（−79℃）</td></tr>
<tr><td colspan="2">临界温度（℃）：31</td><td colspan="2">临界压力（MPa）：7.39</td><td>相对蒸气密度（空气＝1g/cm³）：1.53</td></tr>
<tr><td colspan="2">燃烧热（kJ/mol）：无意义</td><td colspan="2">最小点火能（mJ）：/</td><td>饱和蒸气压（kPa）：1013.25（−39℃）</td></tr>
<tr><td rowspan="5">燃烧爆炸危险性</td><td colspan="2">燃烧性：不燃</td><td colspan="3">燃烧分解产物：/</td></tr>
<tr><td colspan="2">闪点（℃）：无意义</td><td colspan="3">聚合危害：不聚合</td></tr>
<tr><td colspan="2">爆炸极限（体积分数%）：无意义</td><td colspan="3">稳定性：稳定</td></tr>
<tr><td colspan="5">危险特性：若遇高热，容器内压增大，有开裂和爆炸的危险</td></tr>
<tr><td colspan="5">消防措施：本品不燃。切断气源。喷水冷却容器，可能的话将容器从火场移至空旷处</td></tr>
<tr><td>毒性</td><td colspan="5">接触限值：空气中浓度>5%；头痛、呼吸困难
空气中浓度>10%；意识丧失、死亡（暴露5分钟内）</td></tr>
<tr><td>对人体危害</td><td colspan="5">侵入途径：吸入。
健康危害：在低浓度时，对呼吸中枢呈兴奋作用，高浓度时则产生抑制甚至麻痹作用。中毒机制中还兼有缺氧的因素。
急性中毒：人进入高浓度二氧化碳环境，在几秒钟内迅速昏迷倒下，反射消失、瞳孔扩大或缩小、大小便失禁、呕吐等，更严重者出现呼吸停止及休克，甚至死亡。固态（干冰）和液态二氧化碳在常压下迅速汽化，能造成−80~−43℃低温，引起皮肤和眼睛严重的冻伤。
慢性影响：经常接触较高浓度的二氧化碳者，可有头晕、头痛、失眠、易兴奋、无力等神经功能紊乱等主诉。但在生产中是否存在慢性中毒国内外均未见病例报道</td></tr>
<tr><td>急救</td><td colspan="5">眼：若有冻伤，就医治疗。
皮肤：若有冻伤，就医治疗。
吸入：迅速脱离现场至空气新鲜处。保持呼吸道通畅。如呼吸困难，给输氧。如呼吸停止，立即进行人工呼吸。就医</td></tr>
<tr><td>防护</td><td colspan="5">工程防护：密闭操作，提供良好的自然通风条件。
呼吸系统防护：一般不需要特殊防护，高浓度接触时可佩戴空气呼吸器。
眼睛防护：一般不需要特殊防护。
身体防护：穿一般作业工作服。
手防护：戴一般作业防护手套。
其他：避免高浓度吸入。进入罐、限制性空间或其它高浓度区作业，须有人监护</td></tr>
<tr><td>泄漏处理</td><td colspan="5">迅速撤离泄漏污染区人员至上风处，并进行隔离，严格限制出入。建议应急处理人员戴自给正压式呼吸器，穿一般作业工作服。尽可能切断泄漏源。合理通风，加速扩散。漏气容器要妥善处理，修复、检验后再用</td></tr>
<tr><td>贮运</td><td colspan="5">包装标志：5   UN编号：1013   包装分类：Ⅲ   包装方法：钢质气瓶
储运条件：不燃性压缩气体。储存于阴凉、通风仓间内。仓内温度不宜超过30℃。远离火种、热源。防止阳光直射。应与易燃或可燃物分开存放。验收时要注意品名，注意验瓶日期，先进仓的先发用。搬运时轻装轻卸，防止钢瓶及附件破损</td></tr>
</table>

事故直接原因：该气瓶装有甲烷、氧气、氮气的混合气体，气瓶内甲烷含量达到爆炸极限范围，开启气瓶阀门时，气流快速流出引起的摩擦热能或静电，导致瓶内气体反应爆炸。

事故间接原因：实验人员在实验时操作不当；违规配制实验用气，对甲烷混合气的危险性认识不足；爆炸气瓶属超期服役；擅自变更实验场所；安全教育培训不足、安全管理意识淡薄等。

这是一起由违规操作、安全管理不到位、安全规章制度执行不到位造成的责任事故。压力容器一般爆炸事故原因分析见表 9-11。

表 9-11　压力容器一般爆炸事故原因分析

序号	原因		事故原因分析
1	直接原因	发生事故时瓶内混合气体处于爆炸临界状态	按照甲烷在空气中的爆炸特性，甲烷在标准状况空气中爆炸极限是 5.0%～16%。高校实验室负责人在 2015 年 4 月 3 日配制混合气时，主观意识是将气瓶中甲烷浓度控制在 16% 以上。据实验室负责人自述，当时配制气体时，原瓶中余有 0.5MPa（表压）的甲烷，为模拟空气状态，模拟空气按 4:1 比例充入氮气、氧气，先从另一只装有氮气的气瓶向甲烷气瓶导入做稀释气的氮气，甲烷瓶内压力升高约 1.2MPa 达到 1.7MPa，再从装有纯氧气瓶中导入氧气，瓶内压力升高约 0.3MPa，此时气瓶内压力达到 2.0MPa。 分析认为，压力表未经检验及精度误差等原因，瓶爆气瓶内的甲烷在模拟空气中的浓度处于爆炸极限浓度的上限附近，在 17% 左右的可能性很大
		甲烷在非标准状况空气中爆炸极限发生改变	虽然甲烷在标准状况空气中爆炸极限是 5.0%～16%，按照国内近年研究成果，初始压力增大导致甲烷与空气混合气的爆炸极限范围变宽，即上限变大，下限变小，相同条件下对上限影响比下限明显。瓶内压力 2.0MPa 是标准状况的 20 倍，爆炸上限明显超出 16%，发生事故时瓶内混合气体应处于爆炸临界状态。另外，开启气瓶阀门时，气流快速流出引起的摩擦热能或静电，就成为了处于爆炸极限甲烷混合气的"点火源"。事故发生时，是 4 月 3 日配制甲烷混合气瓶后第一次操作
		可燃气体化学反应引起爆炸事故	此次事故的特征符合化学爆炸的特点： ① 瞬间发生，伴随大量能量释放，实验室墙体和门窗破坏严重。 ② 瓶体残片留有明显过火痕迹，瓶阀铜阀芯明显烧热变色，对瓶体内壁残留物的红外和拉曼光谱分析也表明残留物主要成分为甲烷或烷烃、含氧官能团结构物质（主要来源于空气中水分、CO_2 及由甲烷燃烧或爆炸后形成的醇）。 ③ 气瓶解体至少 6 块，其中瓶底整体与瓶身断开，其他断口也是明显呈撕裂状态，断口微观形貌分析也没发现明显裂纹扩展区，说明伴随瓶内气体体积迅速膨胀及大量能量释放，气瓶迅速解体
2	间接原因	违规配制试验用气，对甲烷混合气的危险性认识不足	国家和省有关法规及标准对气瓶充装有严格规定，事故实验室缺少配制试验用气的专用充装系统及仪器设备。存在随意改变气瓶介质、直接瓶对瓶导气、使用超过使用年限的气瓶等行为，违反了国家《气瓶安全监察规定》《气瓶安全技术监察规程》等规定；没有完善的配制气体的操作规程和可靠的控制气瓶内气体成分的操作工艺和检测手段，人员未经相应培训，对气瓶内介质存在的危险估计不足，存在侥幸心理
		爆炸气瓶属超期服役	事故中爆炸的气瓶出厂日期为 1972 年 6 月，超过相关法规标准规定的 30 年使用年限，其最后一次检验是 2001 年 2 月。瓶体金相分析也表明，存在带状组织且内表面有脱碳，材质强度有所下降
		擅自变更实验场所	某某科技股份有限公司未经高校同意或变更合同的情况下，擅自将实验搬到事故实验室进行，该实验室不具备必要的安全条件
		安全教育培训不足、安全管理意识淡薄	高校及二级学院对有关人员的安全教育培训不足，对国家有关法律法规和标准不熟悉不了解，实验室设在三楼，气瓶没有单独存放，实验室安全管理制度不完善。高校及二级学院实验室安全管理存在薄弱环节。长期以来，气瓶安全管理意识淡薄，对存在的安全隐患未引起足够的重视，存在重科研轻安全的思想，随意购进和存放装有易燃易爆介质的气瓶，实验室兼顾储存及配制试验用气体，缺少合理的安全管理制度

（3）事故教训及防范措施

从这起事故可以看出，事发高校、二级学院对科研实验室管理存在漏洞，疏于监管；对易燃易爆气体、压力容器管理不到位、安全教育培训不到位、安全意识淡薄等问题。为吸取事故教训，有效预防和减少类似事故发生，事故调查专家组提出防范和整改措施如下：

① 事故单位要认真总结这起事故血的教训，举一反三，全面做好本单位的安全生产工作。某某科技股份有限公司要加强对被派遣人员安全教育，认真学习和掌握安全生产工作法律、法规，全面落实安全责任。事发高校要加强科研实验室集中统一管理，科研实验室要远离人员密集场所；要加强实验室人员的安全意识教育和培训，严格执行规章制度和操作规程。

② 高校应进一步重视实验室安全工作，加强督促检查，建立健全隐患排查治理制度，深入开展隐患排查治理。学习并贯彻国家有关法律法规，完善并落实安全责任制。

③ 应加强对有关实验室安全管理，特别是对从事危险性较高的试验项目及试验用设备、仪器或设施的安全管控；对易燃易爆气体要加强统一管理。完善有关分级管理责任，建立健全安全管理制度，并切实落实到位。

④ 加强对所使用的气瓶的安全检查。杜绝私自配制瓶装气体的违规行为，不使用超检验期和报废期的气瓶，不使用瓶内介质与标识不符的气瓶，不使用来路不明的气瓶。做好实验室的设置和气瓶存放管理，加强检查力度，督促整改安全隐患。

⑤ 加强对实验室人员的安全知识培训和法规教育，提高安全意识。加强操作人员教育培训，提高操作技能。

⑥ 完善高校应急管理，全面提高应急处置水平。根据高校的特点，制定有针对性的专项应急预案和现场处置方案，建立政府与学校沟通协调机制，并定期组织演练。

（4）事故责任人及责任单位处理建议及整改落实情况

依据《安全生产违法行为行政处罚办法》（国家安监总局 2007 第 15 号令，2015 修正）、《中华人民共和国安全生产法》、《中国共产党纪律处分条例》等规定，对事发二级学院院长、科研副院长、行政副院长及职能管理部门保卫处处长等事故责任人及责任单位问责处理。

压力容器爆炸事故发生后，高校从多个方面进行积极整改。

1）校长办公会专题研究校园安全工作，推动相关安全规章制度建设

审议并通过了《实验室安全管理办法》《易燃易爆危险物品安全管理办法（试行）》《易燃易爆危险物品安全责任书》《易燃易爆危险物品实验安全承诺书》以及易燃易爆危险物品使用申请表、备案表等材料，突出易燃易爆危险物品的存放、使用、管理、防护保障等安全措施。对全校涉及易燃易爆危险物品整改情况进行监督检查，对提出申请恢复正常实验的单位，学校组织专家进行现场考察。

制订和完善有关加强危险化学品、压力容器、特种设备、气电设施等专项安全管理办法。

2）成立"实验室安全管理委员会"

委员会由分管本科实验和科研实验的校领导担任实验室安全管理委员会主任，教务部部长、科研院常务副院长担任副主任，成员单位由保卫处、教务部、科研院、研究生院、财务资产部、学生处、后勤管理处等 7 个单位组成。其中综合安全监管由保卫处负责，本科实验与实习安全监管由教务部负责，科研平台安全监管由科研院负责，研究生工作部、学生处要加强对研究生、本科生的日常安全教育和管理工作，后勤处要加强实验室维修审核工作。

3）对事故负责人的处分

同时根据事故调查组调查报告意见，实验室负责人对这起事故负主要责任，给予行政记大过处分。同时依据《事业单位工作人员处分暂行规定》第十七条第三款和第九款，学校给予实验室负责人降低岗位等级的处分（从教师四级岗位降至教师五级岗位），处分期为 24 个月。

9.3.2 火灾爆炸事故

（1）事故基本情况

实验室金属钠火灾事故

1）事发时实验室条件

事故现场位于某大学东校区东教 2 号楼。该建筑为砖混结构，中间两层建筑为市政与环境工程实验室（以下简称"环境实验室"），东西两侧三层建筑为电教教室。环境实验室一层由西向东依次为模型室、综合实验室、微生物实验室、药品室、大型仪器平台；二层由西向东分别为水质工程学Ⅱ、水质工程学Ⅰ、流体力学、环境监测实验室；一层南侧设有 5 个南向出入口；一、二层由东、西两个楼梯间连接；一层模型室和综合实验室南墙外码放 9 个集装箱，环境实验室建筑布局见图 9-2。

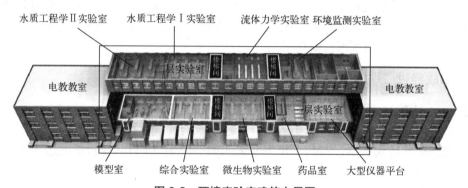

图 9-2　环境实验室建筑布局图

2）事发科研项目情况

事发项目为某大学垃圾渗滤液污水处理横向科研项目，由该大学所属某科技中心和某环保科技有限公司合作开展，目的是制作垃圾渗滤液硝化载体。该项目由李某教授申请立项，经学校批准，并由该教授负责实施。

2018 年 11 月至 12 月期间，李某与该环保科技有限公司签订技术合作协议；科技中心和环保科技有限公司签订销售合同，约定 15 天内制作 2m³ 垃圾渗滤液硝化载体。环保科技有限公司按照与李某的约定，从河南某镁业有限公司购买 30 桶镁粉（1t、易制爆危险化学品），并通过互联网购买项目所需的搅拌机（饲料搅拌机）。李某从天津市某化工厂购买了项目所需的 6 桶磷酸（0.21t、危险化学品）和 6 袋过硫酸钠（0.2t、危险化学品）以及其他材料。

垃圾渗滤液硝化载体制作流程分为两步：首先，通过搅拌镁粉和磷酸反应，生成镁与磷酸镁的混合物。其次，在镁与磷酸镁的混合物内加入镍粉等其他化学物质生成胶状物，并将胶状物制成圆形颗粒后晾干。

3）实验室和危险化学品管理情况

关于实验室管理情况，事发大学对校内实验室实行学校、学院、实验室三级管理，学校层级的管理部门为国资处、保卫处、科技处等；学校设立实验室安全工作领导小组，领导小组办公室设在国资处。发生事故的环境实验室隶属于该大学建筑工程学院，学院层级管理部门为建筑工程学院实验中心，日常具体管理为环境实验室。学校各管理部门对危险化学品管理的岗位职责见表 9-12。

表 9-12　危险化学品管理部门岗位职责

序号	管理部门	岗位职责
1	保卫处	负责各学院危险化学品、易制爆危险化学品等购置（赠予）申请的审批、报批，以及实验室危险化学品的入口管理
2	国资处	负责监管实验室危险化学品、易制爆危险化学品的储存、领用及使用的安全管理情况
3	科技处	负责对涉及危险化学品等危险因素科研项目进行风险评估
4	二级学院	负责本院实验室危险化学品、易制爆危险化学品等危险物品的购置、储存、使用与处置的日常管理

事发前，李某违规将试验所需镁粉、磷酸、过硫酸钠等危险化学品存放在一层模型室和综合实验室，且未按规定向学院登记。事发后经核查，建筑工程学院登记科研用危险化学品现有存量约 160L 和 30kg，未登记易制爆危险化学品；登记本科教学用危险化学品现有存量约 43L 和 8kg，未登记易制爆危险化学品。

（2）事故经过

2018 年 2 月至 11 月期间，李某先后开展垃圾渗滤液硝化载体相关试验 50 余次。11 月 30 日，事发项目所用镁粉运送至环境实验室，存放于综合实验室西北侧；12 月 14 日，磷酸和过硫酸钠运送至环境实验室，存放于模型室东北侧；12 月 17 日，搅拌机被运送至环境实验室，放置于模型室北侧中部。

12 月 23 日，李某带领刘某某、胡某某等 7 名学生在模型室地面上，对镁粉和磷酸进行搅拌反应，未达到试验目的。

12 月 24 日，李某带领上述 7 名学生尝试使用搅拌机对镁粉和磷酸进行搅拌，生成了镁与磷酸镁的混合物。因第一次搅拌过程中搅拌机料斗内镁粉粉尘向外扬出，李某安排学生用实验室工作服封盖搅拌机顶部活动盖板处缝隙。当天消耗约 3 至 4 桶（每桶约 33kg）镁粉。

12 月 25 日，李某带领其中 6 名学生将 24 日生成的混合物加入其他化学成分混合后，制成圆形颗粒，并放置在一层综合实验室实验台上晾干。其间，两桶镁粉被搬运至模型室。

12 月下旬某日上午 9 时许，刘某某、胡某某等 6 名学生按照李某安排陆续进入实验室，准备重复 24 日下午的操作。视频监控录像显示：当日 9 时 27 分 45 秒，刘某某、胡某某进入一层模型室；9 时 33 分 21 秒，模型室内出现强烈闪光；9 时 33 分 25 秒，模型室内再次出现强烈闪光，并伴有大量火焰，随即视频监控中断。

事故发生后，爆炸及爆炸引发的燃烧造成一层模型室、综合实验室和二层水质工程学Ⅰ、Ⅱ实验室受损。其中，一层模型室受损程度最重。模型室外（南侧）邻近放置的集装箱均不同程度过火。事故造成 3 名学生遇难。

（3）事故原因分析和性质

实验过程及作业场所危险源及有害因素：参考《化学品分类和危险性公示　通则》（GB 13690—2009）、《危险化学品目录》，实验过程及场所涉及危化品为磷酸、镁粉、过硫酸钠，主要危化品安全技术说明书见表9-13、表9-14、表9-15，反应过程产物氢气安全技术说明书见表9-9。实验过程可能存在镁粉、氢气燃烧爆炸等。

事故直接原因：在使用搅拌机对镁粉和磷酸搅拌、反应过程中，料斗内产生的氢气被搅拌机转轴处金属摩擦、碰撞产生的火花点燃爆炸，继而引发镁粉粉尘云爆炸，爆炸引起周边镁粉和其他可燃物燃烧。

事故间接原因：违规开展试验、冒险作业；违规购买、违法储存危险化学品；对实验室和科研项目安全管理不到位等。

鉴于上述原因分析，本起事故是一起责任事故。较大爆炸事故原因分析见表9-16。

（4）事故责任人及责任单位处理建议

依据《中国共产党问责条例》《中华人民共和国高等教育法（2015年修正）》《事业单位工作人员处分暂行规定》《中国共产党纪律处分条例》《教育部党组贯彻落实〈中国共产党问责条例〉实施办法（试行）》等规定，对事发二级学院项目负责人、实验室管理员移交公安机关立案侦查，依法追究其刑事责任；对学校党委书记、校长、副校长（分管实验室安全），职能部门国资处处长、科技处处长、保卫处处长，二级学院党委书记、院长、副院长（分管实验室安全）、实验中心主任、副主任、系主任等事故责任人及责任单位进行问责处理。

表9-13　磷酸安全技术说明书

标识	中文名：磷酸		英文名：phosphoric acid；orthophosphoric acid		
	分子式：H₃PO₄	分子量：98.00		CAS号：7664-38-2	
	危规号：81501				
理化性质	性状：纯磷酸为无色结晶，无臭，具有酸味				
	溶解性：与水混溶，可混溶于乙醇				
	熔点（℃）：42.4（纯品）	沸点（℃）：260		相对密度（水＝1g/cm³）：1.87（纯品）	
	临界温度（℃）：/	临界压力（MPa）：/		相对蒸气密度（空气=1g/cm³）：3.38	
	燃烧热（kJ/mol）：/	最小点火能（mJ）：/		饱和蒸气压（kPa）：0.67（25℃，纯品）	
燃烧爆炸危险性	燃烧性：不燃		燃烧分解产物：氧化磷		
	闪点（℃）：/		聚合危害：不聚合		
	爆炸下限（%）：/		稳定性：/		
	爆炸上限（%）：/		最大爆炸压力（MPa）：/		
	引燃温度（℃）：/		禁忌物：强碱、活性金属粉末、易燃或可燃物。		
	危险特性：遇金属反应放出氢气，能与空气形成爆炸性混合物。受热分解产生剧毒的氧化磷烟气。具有腐蚀性				
	灭火方法：用雾状水保持火场中容器冷却。用大量水灭火				
毒性	LD₅₀：1530mg/kg（大鼠经口） 2740mg/kg（兔经皮）				

对人体危害	侵入途径：吸入、食入、经皮肤吸收。 蒸气或雾对眼、鼻、喉有刺激性。口服液体可引起恶心、呕吐、腹痛、血便和休克。皮肤或眼接触可致灼伤。 慢性影响：鼻黏膜萎缩、鼻中隔穿孔。长期反复皮肤接触，可引起皮肤刺激
急救	皮肤接触：立即脱去污染的衣着，用大量流动清水冲洗至少15min。就医。 眼睛接触：立即提起眼睑，用大量流动清水或生理盐水彻底冲洗至少15min。就医。 吸入：迅速脱离现场至空气新鲜处，保持呼吸道通畅。如呼吸困难，给输氧。如呼吸停止，立即进行人工呼吸。就医。 食入：误服者立即漱口，给饮牛奶或蛋清。就医
防护	工程防护：密闭操作，注意通风。尽可能机械化、自动化。提供安全淋浴和洗眼设备。 个人防护：可能接触其蒸气时，必须佩戴自吸过滤式防毒面具（半面罩），可能接触其粉尘时，建议佩戴自吸过滤式防尘口罩。戴化学安全防护眼镜。穿胶布耐酸碱服。戴橡胶耐酸碱手套。工作现场禁止吸烟、进食和饮水，饭前要洗手。工作毕，淋浴更衣。单独存放被毒物污染的衣服，洗后备用。保持良好的卫生习惯
泄漏处理	隔离泄漏污染区，限制出入。建议应急处理人员戴自给式呼吸器，穿防酸碱工作服。不要直接接触泄漏物。 小量泄漏：用洁净的铲子收集于干燥、洁净、有盖的容器中。大量泄漏：收集回收或运至废物处理场所处置
贮运	包装标志：20　　　　UN编号：1805　　　　包装分类：Ⅱ 包装方法：小开口塑料桶；玻璃瓶、塑料桶外木板箱或半花格箱；塑料瓶、镀锡薄钢板桶外满底花格箱。 储运条件：储存于阴凉、干燥、通风良好的仓间内。远离火种、热源。防止阳光直射。保持容器密封。应与碱类、H发泡剂等分开存放。分装和搬运作业要注意个人防护。搬运时轻装轻卸，防止包装及容器损坏

表 9-14　镁粉安全技术说明书

标识	中文名：镁		英文名：magnesium powder	
	分子式：Mg	分子量：24.31		CAS号：7439-95-4
	危规号：43012			
理化性质	外观与性状：粉末			
	溶解性：不溶于水、碱液，溶于酸			
	熔点（℃）：651	沸点（℃）：1107		相对蒸气密度（空气=1g/cm³）：/
	临界温度（℃）：/	临界压力（MPa）：/		相对密度（水=1g/cm³）：1.74
	饱和蒸气压（kPa）：0.13（621℃）	引燃温度（℃）：550		燃烧热（kJ/mol）：609.7
燃烧爆炸危险性	燃烧性：易燃		燃烧分解产物：氧化镁	
	闪点（℃）：无意义		聚合危害：不聚合	
	爆炸上限%（体积分数）：59		稳定性：稳定	
	爆炸下限%（体积分数）：44		自燃温度（℃）：550	
	避免接触的条件：空气、潮湿空气		禁忌物：酸类、酰基氯、卤素、强氧化剂、氯代烃、水、氧、空气	
	危险特性：易燃，燃烧时产生强烈的白光放出高热。遇水或潮气猛烈反应放出氢气，大量放热，引起燃烧和爆炸。遇氯、溴、碘、硫、磷、砷和氧化剂剧烈反应，有燃烧爆炸危险。粉体与空气可形成爆炸性混合物，当达到一定浓度时，遇火星会发生爆炸			
	灭火方法：严禁用水、泡沫、二氧化碳扑救。最好的灭火方法是用干燥石墨粉和干砂闷熄火苗，隔绝空气。施救时对眼睛和皮肤须加保护，以免飞来炽粒烧伤身体、镁光灼伤视力			
毒性	接触限值（mg/m³）：中国MAC 未制定 美国 TLV-TWA 未制定标准		苏联MAC 未制定 美国TLV-STEL 未制定标准	
	毒性：口服LD₅₀（大鼠）>5000mg/kg（低毒）。吸入镁烟可能引发金属烟热（类似流感症状）			

危害	侵入途径：吸入、食入 健康危害：对眼、上呼吸道和皮肤有刺激性。吸入可引起咳嗽、胸痛等。口服对身体有害
急救	皮肤接触：脱去被污染的衣着，用肥皂水和清水彻底冲洗皮肤。 眼睛接触：立即提起眼睑，用大量流动清水或生理盐水彻底冲洗。就医。 吸入：迅速脱离现场至空气新鲜处，保持呼吸道通畅。如呼吸困难，给输氧，如停止呼吸，立即进行人工呼吸。就医。 食入：饮足量温水，催吐，就医
防护	工程防护：加强局部排风。提供安全淋浴和洗眼设备。 个人防护：空气中粉尘浓度超标时，应该佩戴自吸过滤式防尘口罩。必要时，建议佩戴空气呼吸器。戴化学安全防护眼镜。穿防静电工作服。戴一般作业防护手套。工作现场严禁吸烟。保持良好的卫生习惯
泄漏	隔离泄漏污染区，限制出入。切断火源。建议应急处理人员戴自给正压式呼吸器，穿防静电工作服。不要直接接触泄漏物。小量泄漏：避免扬尘，用洁净的铲子收集于干燥、洁净、有盖的容器中。转移回收。大量泄漏：用塑料布、帆布覆盖。在专家指导下清除
贮运	包装标志：10　　UN编号：1418　　包装类别：Ⅱ 包装方法：塑料袋或二层牛皮纸袋外全开口或中开口钢桶；塑料袋或二层牛皮纸袋外全开口或中开口钢桶；金属桶（罐）或塑料桶外花格箱；螺纹口玻璃瓶、铁盖压口玻璃瓶、塑料瓶或金属桶（罐）外普通木箱。 储运条件：储存于阴凉、干燥、通风良好的库房。远离火种、热源。库温不宜超过30℃。包装要求密封，不可与空气接触。应与氧化剂、酸类、卤素、氯代烃等分开存放，切忌混储。采用防爆型照明、通风设施。禁止使用易产生火花的机械设备和工具。储区应备有合适的材料收容泄漏物。运输时运输车辆应配备相应品种和数量的消防器材及泄漏应急处理设备。装运本品的车辆排气管须有阻火装置。运输过程中要确保容器不泄漏、不倒塌、不坠落、不损坏。严禁与氧化剂、酸类、卤素、氯代烃、食用化学品等混装混运。车辆运输完毕应进行彻底清扫。铁路运输时要禁止溜放

表 9-15　过硫酸钠安全技术说明书

标识	中文名：过硫酸钠（高硫酸钠）		英文名：sodium persulfate	
	分子式：Na$_2$S$_2$O$_8$	分子量：238.13	CAS 号：7775-27-1	
	危规号：51504			
理化性质	外观与性状：白色晶状粉末，无臭			
	溶解性：溶于水			
	熔点（℃）：无资料	沸点（℃）：无资料	相对蒸气密度（空气=1g/m³）：2.4	
	临界温度（℃）：无意义	临界压力（MPa）：无意义	相对密度（水=1g/m³）：无资料	
	饱和蒸气压（kPa）：无资料	引燃温度（℃）：无意义	燃烧热 （kJ/mol）：无意义	
燃烧爆炸危险性	燃烧性：助燃，具刺激性		燃烧分解产物：氧化硫	
	闪点（℃）：无意义		聚合危害：不聚合	
	爆炸上限%（体积分数）：无意义		稳定性：稳定	
	爆炸下限%（体积分数）：无意义		自燃温度（℃）：/	
	爆炸极限（体积分数%）：/		禁忌物：强还原剂、活性金属粉末、强碱、醇类、水、硫、磷	

燃烧爆炸危险性	危险特性：无机氧化剂。与有机物、还原剂、易燃物如硫、磷等接触或混合时有引起燃烧爆炸的危险。急剧加热时可发生爆炸	
	灭火方法：强还原剂、活性金属粉末、强碱、醇类、水、硫、磷	
毒性	接触限值（mg/m³）：中国MAC 未制定 美国TLVTN ACGIH 5mg（S₂O₈）/m³	苏联MAC 未制定 美国TLVWN 未制定标准
	毒性：LD₅₀226mg/kg（小鼠腹腔）	LC₅₀无资料
危害	健康危害：本品对眼、上呼吸道和皮肤有刺激性。某些敏感个体接触本品后，可能发生皮疹和（或）哮喘	
急救	皮肤接触：脱去污染的衣着，用大量流动清水冲洗。 眼睛接触：提起眼睑，用流动清水或生理盐水冲洗。就医。 吸入：迅速脱离现场至空气新鲜处。保持呼吸道通畅。如呼吸困难，给输氧。如呼吸停止，立即进行人工呼吸。就医。 食入：饮足量温水，催吐。就医	
防护	工程防护：生产过程密闭，加强通风。提供安全淋浴和洗眼设备。 个人防护：可能接触其粉尘时，应该佩戴头罩型电动送风过滤式防尘呼吸器。高浓度环境中，建议佩戴自给式呼吸器。穿聚乙烯防毒服。戴橡胶手套。工作现场禁止吸烟、进食和饮水。工作完毕，淋浴更衣。保持良好的卫生习惯	
泄漏	隔离泄漏污染区，限制出入。建议应急处理人员戴防尘面具（全面罩），穿防毒服。不要直接接触泄漏物。勿使泄漏物与有机物、还原剂、易燃物接触。小量泄漏：将地面洒上苏打灰，收集于干燥、洁净、有盖的容器中。也可以用大量水冲洗，洗水稀释后放入废水系统。大量泄漏：用塑料布、帆布覆盖。然后收集回收或运至废物处理场所处置	
贮运	包装标志：11　　UN编号：1505　　包装类别：II 包装方法：塑料袋或二层牛皮纸袋外全开口或中开口钢桶；塑料袋或二层牛皮纸袋外普通木箱；螺纹口玻璃瓶、铁盖压口玻璃瓶、塑料瓶或金属桶（罐）外普通木箱。 储运条件：储存于阴凉、干燥、通风良好的库房。远离火种、热源。库温不超过30℃，相对湿度不超过80%。包装密封。应与还原剂、活性金属粉末、碱类、醇类等分开存放，切忌混储。储区应备有合适的材料收容泄漏物。铁路运输时应严格按照交通运输部《危险货物运输规则》中的危险货物配装表进行配装。运输时单独装运，运输过程中要确保容器不泄漏、不倒塌、不坠落、不损坏。严禁与酸类、易燃物、有机物、还原剂、自燃物品、遇湿易燃物品等并车混运。运输车辆装卸前后，均应彻底清扫、洗净，严禁混入有机物、易燃物等杂质	

表 9-16　较大爆炸事故原因分析

序号	原因		事故原因分析
1	直接原因	排除人为故意因素	公安机关对涉事相关人员和各种矛盾的情况进行了全面排查，并对死者周边亲友、老师、同学进行了走访，结合事故现场勘查、相关视频资料分析，以及尸检报告、爆炸燃烧形成痕迹等，排除了人为故意纵火和制造爆炸案件的嫌疑
		确定爆炸中心位置	经勘查，爆炸现场位于一层模型室，该房间东西长12.5米、南北宽8.5米、高3.9米。事故发生后，模型室内东北部（距西墙4.7米、距北墙2.9米）发现一台金属材质搅拌机，其料斗安装于金属架上。搅拌机料斗顶部的活动盖板呈鼓起状，抛落于搅拌机东侧地面，出料口上方料斗外壁有明显物质喷溅和灼烧痕迹。搅拌机料斗顶部的活动盖板与固定盖板连接的金属铰链被爆炸冲击波拉断。上述情况表明：爆炸中心位于搅拌机处，爆炸首先发生于搅拌机料斗内

序号	原因		事故原因分析
1	直接原因	爆炸物质分析	通过理论分析和实验验证，磷酸与镁粉混合会发生剧烈反应并释放出大量氢气和热量。氢气属于易燃易爆气体，爆炸极限范围为 4%至 76%（体积分数），最小点火能 0.02mJ，爆炸火焰温度超过1400℃。 因搅拌、反应过程中只有部分镁粉参与反应，料斗内仍剩余大量镁粉。镁粉属于爆炸性金属粉尘，遇点火源会发生爆炸，爆炸火焰温度超过2000℃。 模型室视频监控录像显示，9时33分21秒至25秒之间室内出现两次强光；第一次强光光线颜色发白，符合氢气爆炸特征； 第二次强光光线颜色泛红，符合镁粉爆炸特征。 综上所述，爆炸物质是搅拌机料斗内的氢气和镁粉
		点火源分析	经勘查，料斗内转轴盖片通过螺栓与转轴固定，搅拌机转轴旋转时，转轴盖片随转轴同步旋转，并与固定的转轴护筒（以上均为铁质材料）接触发生较剧烈摩擦。运转一定时间后，转轴盖片上形成较深沟槽，沟槽形成的间隙可使转轴盖片与转轴护筒之间发生碰撞，摩擦与碰撞产生的火花引发搅拌机内氢气发生爆炸
		爆炸过程分析	搅拌过程中，搅拌机料斗内上部形成了氢气、镁粉、空气的气固两相混合区；料斗下部形成了镁粉、磷酸镁、氧化镁（镁与水反应产物）等物质的混合物搅拌区。 转轴盖片与护筒摩擦、碰撞产生的火花，点燃了料斗内上部氢气和空气的混合物并发生爆炸（第一次爆炸），爆炸冲击波超压作用到搅拌机上部盖板，使活动盖板的铰链被拉断，并使活动盖板向东侧飞出。同时，冲击波将搅拌机料斗内的镁粉裹挟到搅拌机上方空间，形成镁粉粉尘云并发生爆炸（第二次爆炸）。爆炸产生的冲击波和高温火焰迅速向搅拌机四周传播，并引燃其他可燃物
2	间接原因	实验室责任分析	事发科研项目负责人违规试验、作业；违规购买、违法储存危险化学品；违反该大学《实验室技术安全管理办法》等规定，未采取有效安全防护措施；未告知试验的危险性，明知危险仍冒险作业。事发实验室管理人员未落实校内实验室相关管理制度； 未有效履行实验室安全巡视职责，未有效制止事发项目负责人违规使用实验室，未发现违法储存的危险化学品
		学院责任分析	学院对实验室安全工作重视程度不够，未发现违规购买、违法储存易制爆危险化学品的行为；未对申报的横向科研项目开展风险评估；未按学校要求开展实验室安全自查；在事发实验室主任岗位空缺期间，未按规定安排实验室安全责任人并进行必要培训。学院下设的实验中心未按规定开展实验室安全检查、对实验室存放的危险化学品底数不清，报送失实；对违规使用教学实验室开展试验的行为，未及时查验、有效制止并上报
		学校责任分析	高校未能建立有效的实验室安全常态化监管机制；未发现事发科研项目负责人违规购买危险化学品，并运送至校内的行为；对土木建筑工程学院购买、储存、使用危险化学品、易制爆危险化学品情况底数不清、监管不到位；实验室日常安全管理责任落实不到位，未能通过检查发现土木建筑工程学院相关违规行为；未对事发科研项目开展安全风险评估；未落实《教育部 2017 年实验室安全现场检查发现问题整改通知书》有关要求

（5）高校整改落实情况

事故发生后，学校积极组织校-院实验室签订安全责任书及《实验室技术安全管理办法》宣贯会，校领导高度重视，要从"政治的高度、全局的高度、人性的高度"来认识实验室安全工作，深刻吸取较大爆燃事故的教训。同时为做好实验室安全管理工作提出具体要求：提高政治站位，高度重视学校实验室安全工作；明确工作职责，切实落实实验室安全管理责任；加强实验室安全检查，全面排查风险隐患；狠抓安全宣传教育培训，提高师生安全知识水平。

职能部门领导也对实验室安全工作做出部署，要求各单位相关负责人高度重视实验室安全管理工作，强化责任担当，切实落实各级安全责任，逐级签订安全责任书，确保实验室安全责任落实到房间、落实到人；防患于未然，切实做好各项基础工作；提高师生安全意识，营造安全文化氛围，各学院要在此次《实验室技术安全管理办法》宣贯会后组织学院内部的宣讲，让学院师生能够熟知文件内容。职能部门领导对《学校实验室技术安全管理办法》进行宣讲解读。落实学院与实验室签订实验室安全责任书工作和实验室与本室师生员工及外来人员签订实验室安全责任书工作。扎实推进学校、学院及实验室三级管理，确保安全责任层层落实。

9.3.3　化学灼伤事故

（1）事故基本情况

某大学研二研究生 G 某根据其导师 L 某的要求，指导研一研究生甲和研究生乙进行氧化石墨烯制备实验。其间，G 某告知研究生甲和研究生乙，在反应体系中添加浓硫酸，浓硫酸遇水会产生高温，需要用冰，G 某帮研究生甲和研究生乙取冰，并帮研究生甲和研究生乙搭建了一个温度控制体系。

当日 10 时 40 分许，研究生乙向 G 某询问，如何向反应体系添加高锰酸钾的步骤，G 某某让研究生乙称 100g 高锰酸钾后，向研究生乙示范如何将高锰酸钾加入盛有 750mL 浓硫酸的锥形瓶中，在将高锰酸钾添加了大约三分之一时，发生了爆炸。

（2）事故调查情况

事发时，G 某及研究生甲和研究生乙均未佩戴护目镜，也未在通风橱内拉下安全门后进行实验，三名学生共同的导师 L 某未在场，实验室内也无其他实验室安全管理工作人员或指导人员在场。受伤后，G 某被送往医院救治，诊断为二度化学性灼伤，眼和附器化学性灼伤，多发性切割伤。G 某又辗转各地多家医院进行后续治疗。

根据司法鉴定意见书显示：G 某右眼盲目 5 级，左眼重度视力损害，构成四级伤残；面部增生性皮肤瘢痕形成，构成八级伤残；右侧眼睑轻度畸形，构成十级伤残，张口受限 I 度，构成十级伤残。

事发时实验室墙壁上张贴有《实验室学生守则》《实验室日常管理规则》《实验室安全管理规定》。其中，《实验室安全管理规定》写明："必须设置一名安全员，负责宣传、监督和落实本实验室的各种安全措施。对每间实验用房应指定专人负责室内的安全，实验结束后负责对水、电、气、门窗及橱柜进行检查并作好记录。对初次进入实验室操作的师生员工和一切外来人员，必须由本实验室的安全员及有关领导先对他们进行安全教育，在掌握必要的安全操作知识后才能动手操作。"

该校研究生手册中印有《实验室安全管理办法》，该办法包含以下内容，"第八条教学、科研实验室负责人或课题组负责人：为所在实验室安全管理工作的直接责任人，对所在实验室安全负直接责任，指定一名正式教职工为实验室安全管理人员，负责实验室安全管理的具体工作。第十二条危险化学品安全管理：（四）根据实验室存放和使用的化学品特性配备必要的防护器具，并配置通风、消防、喷淋等装置。第二十一条实验室人员准入：

实验室实行人员安全准入制度，所有人员必须经过必要的安全教育培训，在掌握各项实验室安全管理办法和基本知识、熟悉各项操作规程后，通过实验室准入考试，并接受实验室实践操作培训合格后，方可开始实施操作。未经实验室安全教育培训，未接受培训合格者不得进入实验室"。

（3）反应机理分析

目前在化学法制备氧化石墨（GO）的方法中，Hummers 法是使用最广泛的一种方法，原始的 Hummers 法工艺流程如下。

将 2g 石墨粉加入 250mL 的烧杯中，加入 1g $NaNO_3$，缓慢加入 46mL 浓硫酸并搅拌均匀，烧杯置于冰水浴中，在搅拌情况下缓慢加入 6g $KMnO_4$，此过程温度不宜超过 20℃。5min 后撤去冰水浴，升温到 35℃维持 30min。加入 92mL 去离子水，搅拌 15min，然后加入 80mL 温度在 60℃的 3% H_2O_2 溶液来还原多余的 $KMnO_4$，直到无明显气泡为止。

上述过程可以分为三个阶段，低温共混、中温反应、高温反应与终止。总体上，石墨的氧化过程涉及石墨粉的硫酸插层，高锰酸钾对石墨烯层的氧化，加水稀释过程中氧化石墨层间硫酸的扩散去除。从通报信息看来，应该是在第一阶段发生了事故，我们重点分析这个阶段的潜在危险。

石墨粉中加入浓硫酸搅拌均匀后再加入高锰酸钾，紫色的高锰酸钾在浓硫酸中溶解并混合均匀后溶液从紫色逐渐向暗绿色转变，上述过程为一个自放热过程！因此在实验过程中要使用冰水浴。反应式如下：

$$H_2SO_4（浓）+2KMnO_4 \!=\!\!= K_2SO_4+Mn_2O_7（又称高锰酸酐）+H_2O$$

浓硫酸与高锰酸钾反应主要生成 Mn_2O_7（一种墨绿色的油状物质）。这个反应不是传统的氧化还原反应，而是浓硫酸将高锰酸钾脱水得到相应的酸酐。需要注意的是，七氧化二锰不稳定，容易爆炸分解成二氧化锰和氧气，遇到有机物也容易爆炸燃烧。

$$2Mn_2O_7 \!=\!\!= 4MnO_2+3O_2\uparrow$$

（4）危险有害因素分析

实验过程及场所涉及危化品为高锰酸钾（易制毒、易制爆）、浓硫酸（易制毒），主要危化品安全技术说明书见表 9-17、表 9-18。实验过程可能存在玻璃容器爆炸、化学品灼烧等。

事故直接原因：在进行氧化石墨烯制备实验过程中，高锰酸钾固体与浓硫酸混合时会生成危化品七氧化二锰，暗红色具有特殊臭味的油状物。具有吸湿性，在湿空气中边释放含有臭氧的氧气边分解。七氧化二锰氧化性极强，能溶于硫酸。55℃分解，95℃或真空下10℃爆炸，与有机物极易发生爆炸性反应。在爆炸时分解生成 α 型，但当慢慢分解时生成 γ 型。

事故间接原因：对反应过程危险性认识欠缺，安全防护设施配备不足；安全教育培训不到位、安全管理意识淡薄等。

表 9-17 硫酸安全技术说明书

标识	中文名：硫酸		英文名：sulfuric acid
	分子式：H₂SO₄	分子量：98.08	CAS 号：7664-93-9
	危规号：81007		

理化性质	性状：纯品为无色透明油状液体，无臭

理化性质	溶解性：与水混溶		
	熔点（℃）：10.5	沸点（℃）：330.0	相对密度（水=1g/cm³）：1.83
	临界温度（℃）：218.3	临界压力（MPa）：6.4	相对蒸气密度（空气=1g/cm³）：3.4
	燃烧热（kJ/mol）：无意义	最小点火能（mJ）：/	饱和蒸气压（kPa）：0.13（145.8℃）

燃烧爆炸危险性	燃烧性：不燃	燃烧分解产物：氧化硫
	闪点（℃）：无意义	聚合危害：不聚合
	爆炸下限（%）：无意义	稳定性：稳定
	爆炸上限（%）：无意义	最大爆炸压力（MPa）：无意义
	引燃温度（℃）：无意义	禁忌物：碱类、碱金属、水、强还原剂、易燃或可燃物
	危险特性：遇水大量放热，可发生沸溅。与易燃物（如苯）和可燃物（如糖、纤维素等）接触会发生剧烈反应，甚至引起燃烧。遇电石、高氯酸盐、雷酸盐、硝酸盐、苦味酸盐、金属粉末等猛烈反应，发生爆炸或燃烧。有强烈的腐蚀性和吸水性	
	灭火方法：消防人员必须穿全身耐酸碱消防服。灭火剂：干粉、二氧化碳、沙土。避免水流冲击物品，以免遇水会放出大量热量发生喷溅而灼伤皮肤	

毒性	接触限值：中国 MAC（mg/m³）2　　苏联 MAC（mg/m³）1 美国 TVL-TWA　ACGIH　1mg/m³　美国 TLV-STEL　ACGIH　3mg/m³ 急性毒性：LD₅₀　2140mg/kg（大鼠经口） 　　　　　LC₅₀　510mg/m³，2h（大鼠吸入）；　　320mg/m³，2h（小鼠吸入）

对人体危害	侵入途径：吸入、食入 健康危害：对皮肤、黏膜等组织有强烈的刺激和腐蚀作用。蒸气或雾可引起结膜炎、结膜水肿、角膜混浊，以致失明；引起呼吸道刺激，重者发生呼吸困难和肺水肿；高浓度引起喉痉挛或声门水肿而窒息死亡。口服后引起消化道灼伤以致溃疡形成；严重者可能有胃穿孔、腹膜炎、肾损害、休克等。皮肤灼伤轻者出现红斑，重者形成溃疡，愈合瘢痕收缩影响功能。溅入眼内可造成灼伤，甚至角膜穿孔、全眼球炎以至失明。慢性影响：酸蚀症、慢性支气管炎、肺气肿和肺硬化

急救	皮肤接触：立即脱除被污染的衣着。用大量流动清水冲洗，至少15min。就医。 眼睛接触：立即提起眼睑，用大量流动清水或生理盐水彻底冲洗至少15min。就医。 吸入：迅速脱离现场至空气新鲜处，保持呼吸道通畅。如呼吸困难，给输氧。如呼吸停止，立即进行人工呼吸。就医。 食入：误服者用水漱口，给饮牛奶或蛋清。就医

防护	工程防护：密闭操作，注意通风。尽可能机械化、自动化。提供安全淋浴和洗眼设备。 个人防护：可能接触其烟雾时，佩戴自吸过滤式防毒面具（全面罩）或空气呼吸器。紧急事态抢救或撤离时，建议佩戴氧气呼吸器；穿橡胶耐酸碱服；戴橡胶耐酸碱手套。工作现场严禁吸烟、进食和饮水。工作毕，淋浴更衣。单独存放被毒物污染的衣服，洗后备用。保持良好的卫生习惯

泄漏处理	迅速撤离泄漏污染区人员至安全区，并进行隔离，严格限制出入。建议应急处理人员戴自给正压式呼吸器，穿防酸碱工作服。不要直接接触泄漏物。尽可能切断泄漏源。防止进入下水道、排洪沟等限制性空间。小量泄漏：用沙土、干燥石灰或苏打灰混合。也可以用大量水冲洗，洗水稀释后放入废水系统。大量泄漏：构筑围堤或挖坑收容；用泵转移至槽车或专用收集器内。回收或运至废物处理场所处置

贮运	包装标志：20　　UN编号：1830　　包装分类：I　　包装方法：螺纹口或磨砂口玻璃瓶外木板箱；耐酸坛、陶瓷罐外木板箱或半花格箱。 储运条件：储存于阴凉、干燥、通风良好的仓间。应与易燃或可燃物、碱类、金属粉末等分开存放。不可混储混运。搬运要轻装轻卸，防止包装及容器损坏。分装和搬运作业要注意个人防护

表 9-18　高锰酸钾安全技术说明书

标识	中文名：高锰酸钾		英文名：potassium permanganate	
	分子式：KMnO₄		分子量：158.03	CAS 号：7722-64-7
	危规号：51048			
理化性质	性状：深紫色细长斜方柱状结晶，有金属光泽			
	溶解性：溶于水、碱液，微溶于甲醇、丙酮、硫酸			
	熔点（℃）：240	沸点（℃）：280		相对密度（水=1g/cm³）：2.7
	临界温度（℃）：200	临界压力（MPa）：/		相对蒸气密度（空气=1g/cm³）：/
	燃烧热（kJ/mol）：−1313.2	最小点火能（mJ）：/		饱和蒸气压（kPa）：5.33
燃烧爆炸危险性	燃烧性：不燃	燃烧分解产物：/		
	闪点（℃）：/	聚合危害：不聚合		
	爆炸下限（%）：/	稳定性：稳定		
	爆炸上限（%）：/	最大爆炸压力（MPa）：/		
	引燃温度（℃）：150	禁忌物：强还原剂，铝、锌及其合金，易燃或可燃物		
	危险特性：强氧化剂。遇硫酸、铵盐或过氧化氢能发生爆炸。遇甘油、乙醇能引起自燃。与有机物、还原剂、易燃物如硫、磷等接触或混合时有引起燃烧爆炸的危险			
	灭火方法：灭火剂：水、雾状水、沙土			
毒性	急性毒性：LD₅₀　1090mg/kg（大鼠经口）			
对人体危害	侵入途径：吸入、食入。 健康危害：吸入后可引起呼吸道损害。溅落眼睛内，刺激结膜，重者致灼伤。刺激皮肤。浓溶液或结晶对皮肤有腐蚀性。口服腐蚀口腔和消化道，出现口内烧灼感、上腹痛、恶心、呕吐、口咽肿胀等。口服剂量大者，口腔黏膜呈棕黑色、肿胀糜烂，剧烈腹痛，呕吐，血便，休克，最后死于循环衰竭			
急救	皮肤接触：立即脱除被污染的衣着，用大量流动清水冲洗，至少15min。就医。 眼睛接触：立即提起眼睑，用大量流动清水或生理盐水彻底冲洗，至少15min。就医。 吸入：迅速脱离现场至空气新鲜处，保持呼吸道通畅。如呼吸困难，给输氧。如呼吸停止，立即进行人工呼吸。就医。 食入：误服者用水漱口，给饮牛奶或蛋清。就医			
防护	工程防护：生产过程密闭，加强通风。提供安全淋浴和洗眼设备 个人防护：可能接触其粉尘时，建议佩戴头罩型电动送风过滤式防尘呼吸器。 身体防护：穿胶布防毒衣。 手防护：戴氯丁橡胶手套。 其他：工作现场禁止吸烟、进食和饮水。工作毕，淋浴更衣。保持良好的卫生习惯			
泄漏处理	隔离泄漏污染区，限制出入。建议应急处理人员戴自给式呼吸器，穿防毒服。不要直接接触泄漏物。小量泄漏：用沙土、干燥石灰和苏打灰混合。用洁净的铲子收集于干燥、洁净、有盖的容器中。转移至安全场所。大量泄漏：收集回收或运至废物处理场所处置			
贮运	包装标志：11　　　UN编号：1490　　　包装分类：Ⅰ 包装方法：塑料袋、多层牛皮纸袋外全开口钢桶；塑料袋、多层牛皮纸袋外木板箱；螺纹口玻璃瓶、塑料瓶或塑料袋再装入金属桶（罐）或塑料桶（罐）外木板箱。 储运条件：储存于阴凉、通风仓间内。远离火种、热源。防止阳光直射。注意防潮和雨淋。保持容器密封。应与易燃或可燃物，还原剂，硫、磷、铵化合物，金属粉末等分开存放。切忌混储混运。搬运时要轻装轻卸，防止包装及容器损坏			

章节习题

1.高校实验室安全管理工作的特征有哪些？

2.根据事件的性质、严重程度等因素将事件依次分为哪几个等级？并简述分级的依据。

3.简述化学实验室常见事故及其原因。

4.发生事故启动了应急预案，对于火灾事件现场处置要点是什么？

5.发生事故启动了应急预案，对于易燃、易爆或有毒物质泄漏事件现场处置要点是什么？

6.压力容器爆炸事故，可能存在的原因有哪些？

7.某大学化工学院研究生进行氧化石墨烯制备实验发生化学灼伤事故，该事故的危险有害因素有哪些？

 参考文献

[1]中国应急管理报.安全投入少、安全意识薄弱……高校实验室安全管理难题怎么破？[N].中国应急管理报，2021-11-30.

[2]任鹏，曹继军.破解高校实验室安全风险难题[N].光明日报，2021-3-11（6）.

[3]中国民主同盟网.关于打造安全和谐高校实验环境的提案，（2019-2-28）[2024-10-11].https://www.mmzy.org.cn/mmzt/2019rdzx/mmzyta/81971.aspx.

[4]李超.高校实验室危化品亟须全流程监管[N].中国应急管理报，2022-3-8.

[5]现代快报.出台国家级强制性高校实验室安全管理规范[N].现代快报，2024-3-6.

[6]冯建跃，杜奕，张新祥，等.高校实验室安全三年督查总结（Ⅰ）——回顾与思考[J].实验技术与管理，2018，35（7）：1-4.

[7]杜奕，冯建跃，张新祥，等.高校实验室安全三年督查总结（Ⅱ）——从安全督查看高校实验室安全管理现状[J].实验技术与管理，2018，35（7）：5-11.

[8]冯建跃，张新祥.开展实验室安全督查 提升高校安全管理水平[J].实验技术与管理，2016，33（9）：1-4.

[9]冯建跃，金海萍，阮俊，等.高校实验室安全检查指标体系的研究[J].实验技术与管理，2015，32（2）：1-10.

[10]吴祝武，白向玉，王冰洁，等.新时期加强高校实验室安全治理能力建设的探索与实践[J].实验技术与管理，2022，39（12）：211-216.

[11]吴祝武，白向玉，孙志强，等.高校实验室安全管理的探索与实践[J].实验技术与管理，2019，36（12）：1-4.

[12]魏永前，陈洪霞，姜享旭.高校实验室安全"双体系"预防机制的探索与实践[J].实验技术与管理，2019，36（11）：15-18.

[13]陈洪霞，魏永前.高校实验室安全管理体系建设与实践[J].实验室研究与探索，2020，39（7）：305-307.

[14]李款，黄开胜，艾德生，等.氮气窒息的实验室临界面积测算[J].实验技术与管理，2022，39（3）：225-227.

[15]沈子靖，黄开胜，艾德生，等.化学类实验室设施安全建设[J].实验技术与管理，2021，38（11）：

286-288.

[16] 李冰洋, 黄开胜, 艾德生. 高校实验室安全教育要素与体系构建探究 [J]. 实验技术与管理, 2019, 36（11）: 248-253.

[17] 黄开胜, 艾德生. 高校实验室安全体系架构研究 [J]. 实验技术与管理, 2018, 35（9）: 11-15, 33.

[18] 郭英姿, 黄开胜, 艾德生. 实验室安全检查研究与系统开发 [J]. 实验室研究与探索, 2019, 38（10）: 303-306.

[19] 姜周曙, 许杭慧, 樊冰, 等. 高校化学试剂库标准化建设与信息化服务 [J]. 实验技术与管理, 2018, 35（11）: 1-5.

[20] 林海旦, 姜周曙, 亓文涛, 等. 高校实验室化学试剂安全管理规范化探究 [J]. 实验室研究与探索, 2017, 36（7）: 299-301, 305.

[21] 孙万付. 危险化学品安全技术全书 [M]. 3 版. 北京: 化学工业出版社, 2017.

附录1 高等学校实验室安全分级
分类管理办法（试行）

附录2 常见化学毒性物质
中毒症状与急救方法

附录3 突发危险化学品事件
应急处置方案

附录4 突发剧毒化学品
事件应急处置方案

附录5 教学实验仪器
借用管理

附录6 实验室安全责任书
（学院、教师、学生）

附录7 外来实验室
人员管理

附录8 实验项目安全
风险评估

附录9 ××大学管制化学品
购买申请表

附录10 ××大学管制类
危险化学品安全承诺书

附录11 实验室危险化学品
废弃物回收处置细则

附录12 实验室安全
奖惩办法

实验室安全准入考试
模拟题（一）

实验室安全准入考试
模拟题（二）

实验室安全准入考试
模拟题（三）

参考答案